U0238430

总主编　张　磊　李晓宁　赵　勇　许　新

农网配电营业工
技能等级认证(四、五级)基础实训

配电分册

主编　张　磊　许　新

山东大学出版社
SHANDONG UNIVERSITY PRESS
·济南·

图书在版编目(CIP)数据

农网配电营业工技能等级认证基础实训:四、五级/
张磊等主编 . —济南:山东大学出版社,2021.7
ISBN 978-7-5607-7113-7

Ⅰ. ①农… Ⅱ. ①张… Ⅲ. ①农村配电－职业技能－
鉴定－自学参考资料 Ⅳ. ①TM727.1

中国版本图书馆 CIP 数据核字(2021)第 160588 号

责任编辑 王桂琴
文案编辑 曲文蕾
封面设计 杜 婕

出版发行 山东大学出版社
社 址 山东省济南市山大南路 20 号
邮政编码 250100
发行热线 (0531)88363008
经 销 新华书店
印 刷 济南新科印务有限公司
规 格 720 毫米×1000 毫米 1/16
44.25 印张 672 千字
版 次 2021 年 7 月第 1 版
印 次 2021 年 7 月第 1 次印刷
总 定 价 99.00 元

前　言

　　农网配电营业工是农村供电服务的关键保障,为进一步提高农网配电营业工学习知识、掌握技能的积极性,树立他们岗位成才的观念,全面促进其综合素质和业务服务水平的提高,使他们满足新形势下农村供电服务工作的需要,国网滨州供电公司根据国家电网公司制定的《国家职业标准·农网配电营业工》(四、五级)对农网配电营业工的要求,总结多年生产现场及培训经验,组织编写了《农网配电营业工技能等级认证(四、五级)基础实训》。

　　本教材按照农网配电营业工技能等级认证(四、五级)要求进行编写,内容针对性强,有的放矢,重点突出,理论知识深入浅出,案例引用图文并茂,准确生动。

　　本教材分为配电和营销两个分册,共包含十一章内容,涵盖了触电急救,常用仪器仪表的正确使用,安全工器具选取及检查等通用技能,绝缘子顶扎法、颈扎法绑扎,更换直线杆横担,更换 10kV 跌落式熔断器,钢芯铝绞线插接法等配电实操技能,以及直接接入式电能表安装及接线,瓦秒法粗测电能表误差,经电流互感器接入式低压三相四线电能表安装及接线,低压客户抄表核算等营销实操技能。通过学习本书内容,可以系统掌握农网配电营业工技能等级认证(四、五级)所要求的核心知识点和关键技能项。

　　由于编写人员水平有限,书中的错误和不足之处在所难免,敬请读者给予批评指正。

编者

2020 年 10 月 9 日

目 录

第一章　触电急救 ·························· (1)

一、培训目标 ·························· (1)

二、培训设施 ·························· (1)

三、培训时间 ·························· (2)

四、基础知识点 ·························· (3)

五、技能培训步骤 ·························· (37)

六、技能等级认证标准 ·························· (68)

第二章　常用仪器仪表的正确使用 ·········· (74)

一、培训目标 ·························· (74)

二、培训设施 ·························· (74)

三、培训时间 ·························· (75)

四、基础知识点 ·························· (75)

五、技能实训步骤 ·························· (98)

六、技能等级认证标准 ·························· (126)

第三章　安全工器具的选取及检查 ·········· (128)

一、培训目标 ·························· (128)

二、培训设施 ·························· (128)

三、培训时间 ……………………………………………… (129)

四、基础知识点 …………………………………………… (130)

五、技能实训步骤 ………………………………………… (186)

六、技能等级认证标准 …………………………………… (219)

第四章　绝缘子顶扎法、颈扎法绑扎 …………………… (223)

一、培训目标 ……………………………………………… (223)

二、培训方式 ……………………………………………… (223)

三、培训设施 ……………………………………………… (224)

四、培训时间 ……………………………………………… (225)

五、基础知识点 …………………………………………… (225)

六、技能实操步骤 ………………………………………… (250)

七、技能等级认证标准 …………………………………… (295)

第五章　更换直线杆横担 ………………………………… (297)

一、培训目标 ……………………………………………… (297)

二、培训方式 ……………………………………………… (297)

三、培训设施 ……………………………………………… (298)

四、培训时间 ……………………………………………… (299)

五、基础知识点 …………………………………………… (299)

六、技能实训步骤 ………………………………………… (322)

七、技能等级认证标准 …………………………………… (339)

第六章　更换 10kV 跌落式熔断器 ……………………… (342)

一、培训目标 ……………………………………………… (342)

二、培训方式 ……………………………………………… (342)

三、培训设施 ……………………………………………… (343)

四、培训时间 ……………………………………………… (344)

五、基础知识点 …………………………………………… (344)

六、技能培训步骤 ………………………………………… (359)

七、技能等级认证标准 …………………………………………（389）

第七章　钢芯铝绞线插接法连接 …………………………（392）

一、培训目标 …………………………………………………（392）

二、培训方式 …………………………………………………（392）

三、培训设施 …………………………………………………（393）

四、培训时间 …………………………………………………（394）

五、基础知识点 ………………………………………………（394）

六、技能培训步骤 ……………………………………………（415）

七、技能等级认证标准 ………………………………………（438）

第一章　触电急救

对于电力企业员工来说,特定的工作环境使得触电成为工作中最常见的危险事故。随着电能替代工作的不断推进,电能在生活工作各方面发挥着越来越重要的作用,如何保证日常用电安全也成为每一个人关注的重点之一。因此,如何增强用电安全意识,掌握触电急救基本技能,避免因盲目施救带来的触电人员或救援人员的二次伤害显得尤为重要。本章以触电急救知识及相关技能操作为核心,旨在有效提升学员的安全意识和安全技能。

一、培训目标

通过理论学习和技能操作训练,学员们能够掌握科学、有效的急救措施,能够熟练运用心肺复苏法进行触电急救,使人员伤亡率显著降低。

二、培训设施

触电急救实训所需的工具、器材如表 1-1 所示。

表 1-1 实训工具及器材(每个工位)

序号	名称	规格型号	单位	数量	备注
1	心肺复苏模拟人	KAP/CPR500 全自动电脑心肺复苏模拟人或 GD/CPR500 高级心肺复苏模拟人	个	1	现场准备
2	模拟电源开关	—	个	1	现场准备
3	模拟电源导线	—	米	5	现场准备
4	金属棒	—	根	1	现场准备
5	干木棒	—	根	1	现场准备
6	绝缘杆	—	根	1	现场准备
7	电源插座	220V	个	1	现场准备
8	医用酒精	—	瓶	1	现场准备
9	脱脂棉球	—	个	若干	现场准备
10	屏障消毒面膜	—	片	若干	现场准备
11	秒表	—	个	1	现场准备
12	安全帽	—	顶	1	考生自备
13	绝缘鞋	—	双	1	考生自备
14	急救箱(配备外伤急救用品)	—	个	1	现场准备

三、培训时间

学习触电急救专业知识 ………………………… 6.0 学时

心脏复苏法急救操作讲解、示范 ………………… 2.0 学时

分组技能操作训练 ………………………………… 4.0 学时

技能测试 …………………………………………… 2.0 学时

合计:14.0 学时。

四、基础知识点

（一）触电的基本知识

1. 基本概念

触电是指人体直接接触或接近电源后，使得一定量的电流通过人体，这将会导致人体组织损伤和功能障碍，甚至会导致死亡。触电时间越长，人体所受电损伤越严重。自然界的雷击也是一种触电形式，其电压可高达几千万伏特，造成极强的电流电击，危害极大。

按照人体触及带电体的方式和电流流过人体的途径，触电方式可分为直接接触触电、间接触电和其他类型触电。

1）直接接触触电

直接接触触电是指电气设备在完全正常的运行条件下，人体的任何部位触及运行中的带电导体（包括中性导体）所造成的触电。这种类型的触电，触电者受到的电击电压为系统的工作电压，其危险性较大。直接接触触电包括单相触电、两相触电。

（1）单相触电

当人站在地面或其他接地体上，人体的某一部位触及三相导线中的任意一根相线时，电流就会从接触相线通过人体流入大地，这种情形称为单相触电（或称单线触电）。另外，当人体距离高压带电体（或中性线）小于规定的安全距离时，高压带电体将对人体放电，造成触电事故，也称为单相触电。单相触电的危险程度与电网运行的方式有关。

①中性点接地系统中的单相触电。中性点接地系统就是把中性线扩展到了"地"上，所有与"地"相连的电位均可实现与三相线的单相回路，这时只要人一边连着"地"，另一边连着单相线就会产生触电，这种触电方式称为中性点接地系统的单相触电，其特征就是经由"地"导通。当人触及一相带电体时，该相电流经人体流入大地再回到中性点，由于人体电阻远大于中性点接地电阻，所以加在人体上的电压值接近于电源的相电压，是很危险的。

②中性点不接地中的单相触电。中性点不接地是指在正常情况下电气设备对地绝缘电阻很大,当人体触及一相带电体时,电流通过人体、大地和输电线间的分布电容构成回路,通过人体的电流较小,触电对人体的伤害就会大大减轻。人只有在单相和中性线之间才会单相触电。如图1-1所示。

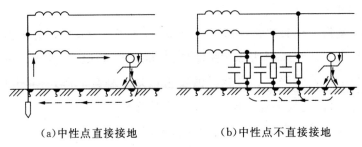

(a)中性点直接接地　　　　　(b)中性点不直接接地

图 1-1　单相触电

(2)两相触电

两相触电是指人体两处,如两手或手和脚,同时触到两根不同的相线,或是人体同时接触电气两个不同相的带电部分,就会有电流经过相线、人体到另一相线从而形成通路,这种情况称为两相触电。在两相触电时,虽然人体与地有良好的绝缘,但因人同时和两根相线接触,人体处于电源线电压下,受电源线电压的作用,电流大部分通过心脏,所以不论电网的中性点是否接地,其触电的危险性都很大。如图1-2所示。

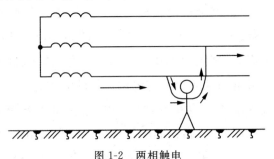

图 1-2　两相触电

2)间接触电

间接触电是指由于绝缘损坏导致设备外壳带电,是在电气设备故障的条件下形成的,如果人体接触到这些设备就会导致触电。间接触电包括跨步电压触电、接触电压触电。

（1）跨步电压触电

当电力系统和设备的接地装置中有电流或架空线路的一相断线落地时，电流经埋没在土壤中的接地体向周围土壤中流散，使接地体附近的地表任意两点之间都可能存在电压。如果以大地为零电位，即接地体以外15～20m处可以认为是零电位，则接地体附近地面各点的电位分布是以接地点为圆心向周围扩散，并逐步降低。

当人在接地装置附近行走时，由于两足所在地面的电位不相同，其两脚之间存在电位差，则人体所承受的电压称为跨步电压。由跨步电压引起的人体触电，称为跨步电压触电。

跨步电压的大小受接地电流大小、鞋和地面性质、两脚之间的跨距、两脚的方位以及离接地点的远近等多种因素的影响，人的跨距一般按0.8m考虑，由于跨步电压受很多因素的影响，且地面电位分布比较复杂，不同的人在同一地带遭到跨步电压电击完全可能出现截然不同的后果。下列情况可能发生跨步电压电击：

①带电导体，特别是高压导体故障接地处，流散电流在地面各点产生电位差；

②接地装置流过故障电流时，流散电流在附近地面各点产生电位差；

③正常时有较大工作电流流过的接地装置附近，流散电流在地面各点产生电位差；

④防雷装置接受雷击时，极大的流散电流在其接地装置附近地面各点产生电位差；

⑤高大设施或高大树木遭受雷击时，极大的流散电流在附近地面各点产生电位差。

跨步电压的大小取决于人体站立点与接地点的距离，距离越小，其跨步电压越大。当距离超过20m时，可认为跨步电压为零，不会发生触电的危险。

（2）接触电压触电

当人站在发生接地短路的设备旁边，身体触及接地装置的引出线或触及与引出线连接的电气设备外壳时，作用于手与脚之间的电压称为接触电压。

设备接地后,不但会产生跨步电压触电,也会产生另一种形式的触电,即接触电压触电。当人触及漏电设备外壳时,电流通过人体和大地形成回路,这时在人体手和脚之间的电位差即接触电压。在电气安全技术中,接触电压以站立在距漏电设备接地点水平距离为 0.8m 处的人,手触及的漏电设备外壳距地 1.8m 高时,手脚间的电位差作为衡量基准。接触电压值的大小取决于人体站立点的位置,若距离接地点越远,则接触电压值越大。当超过 20m 时,接触电压值为最大,等于漏电设备的对地电压;当人体站在接地点与漏电设备接触时,接触电压为零,如图 1-3 所示。

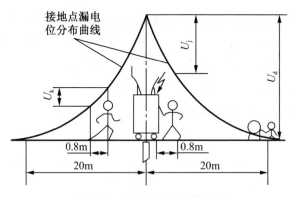

图 1-3　跨步电压和接触电压

3)其他类型触电

(1)感应电压触电

由于带电体的电磁感应和静电感应作用,会在靠近带电体停电设备或金属导体时感应出一定的电压,由此导致的触电称为感应电压触电。感应电压的大小取决于带电体的电压强度和靠近带电体的平行距离。感应电压触电在实践中常有发生,甚至可能造成死亡。

例如,一些不带电的线路由于大气变化(如雷电活动),会产生感应电荷。此外,停电后一些可能感应电压的设备和线路未接临时地线,这些设备和线路对地均存在感应电压。在强、弱电系统互相靠近的线路上,由于形成感应电压,可能引起弱电系统设备烧毁;靠近高压的未做接地的金属体时,如金属门窗、金属导线等,由于在强电场的作用下,也会产生感应电压,造成金属体损坏。

(2)雷电电击

雷电是一种常见的大气放电现象。雷雨天,高耸物体(如旗杆、高树、塔尖、烟囱等)可以作为闪电通道,所带感应电荷比地面大,人在下面就有可能会被击伤。接触因雷击产生的感应电荷所引起的电伤害,称为雷电电击。

人体若直接遭受雷击,其后果不堪设想。大多数雷电事故是由于避雷针、构架、建筑物或其他高型物体等在遭受雷击时,电流通过以上物体及其接地部分流入大地,并在其上产生很高的冲击电位,当附近有人或其他物体时,将可能对人体或其他物体放电。

(3)残余电荷触电

残余电荷触电是指当人触及带有剩余电荷的设备时,带有电荷的设备对人体放电造成的触电事故。设备带有残余电荷,通常是由于检修人员在检修中摇表测量停电后的并联电容器、电力电缆、电力变压器及大容量电动机等设备时,检修前后没有对其充分放电所造成的。此外,并联电容器因其电路发生故障而不能及时放电,退出运行后又未被人工放电,也会导致电容器的极板上带有大量的残余电荷。当人体接触这类电气设备时,残余电荷会通过人体而放电,形成电击。

(4)静电电击

静电主要是由于不同物质相互摩擦产生的,摩擦速度越高、距离越长、压力越大,摩擦产生的静电越多。产生静电的多少还与发生摩擦的两种物质的性质相关。

静电可能会引起火灾或爆炸,当静电电荷大量积累形成高电位时,一旦放电也会对人造成危害。

2. 触电事故类型

电流通过人体,对人的身体和内部组织造成不同程度的损伤;电击伤会使人觉得全身发热、发麻,肌肉不由自主地抽搐,逐渐失去知觉;如果电流继续通过人体,将使触电者的心脏、呼吸机能和神经系统受损,直到停止呼吸,心脏活动停顿而死亡。

触电事故是由于电流通过人体或带电体与人体间发生放电而引起人体的病理、生理效应,造成人身伤害的事故。按照触电事故的构成方式,触电事故可分为电击和电伤。

1）电击

电击是指电流通过人体内部，可能会破坏人体内部组织，影响呼吸系统、心脏及神经系统的正常功能，甚至会危及生命。发生电击时，由于人直接触及或将要触及带电体部分，电流经人体与大地形成回路，通过人体的电流如果达到一定数值，就会使与带电体相接触的肌肉发生痉挛（抽筋），开始时发麻、发热，然后破坏人体皮肤最外面的角质层，人体的电阻迅速下降，通过人体的电流增大，最后全身肌肉发生痉挛，呼吸困难，以致死亡。大部分触电死亡事故是由电击造成的。人体触及带电的导线、漏电设备的外壳或其他带电体，以及雷击或电容放电，都可能导致电击。

电击的具体临床表现：轻者为恶心、心悸、头晕或短暂意识丧失；重者为"假死"，即心跳停止仍能呼吸、呼吸停止但心跳脉搏极其微弱、心跳与呼吸都停止这三种情况。第三种情况最为严重，但第一和第二种情况如不及时抢救会转变成第三种情况，因为人体心跳停止，血液循环将会中断，呼吸系统也将失去功能，若呼吸停止，心脏也会因严重缺氧而停止跳动。

电击的危险程度和人体的变化、通过人体的电流的大小、电流的种类、电流通过的持续时间、电流通过人体的路径、电流频率、电压的高低以及人体的健康状况等因素有关。

2）电伤

电伤是指电流的热效应、化学效应、机械效应及电流本身作用造成的人体伤害。电伤多发生在高压带电体上，它会在人体皮肤表面留下明显的伤痕，常见的有灼伤、烙伤和皮肤金属化等现象。电伤可以由电流通过人体直接引起，也可以由电弧或电火花引起，包括电烧伤、金属溅伤、电烙印、机械性损伤、电光眼等不同形式的伤害（电工高空作业时不小心坠落造成的骨折或跌伤也算作电伤），其临床表现为头晕、心跳加剧、出冷汗或恶心、呕吐。

电伤的主要特征有：

（1）电烧伤

电烧伤是电流的热效应造成的伤害，分为电流灼伤和电弧烧伤。

①电流灼伤。它是人体与带电体接触,电流通过人体由电能转换成热能造成的伤害。电流灼伤一般发生在低压设备或低压线路上。

②电弧烧伤。它是由弧光放电造成的伤害,分为直接电弧烧伤和间接电弧烧伤。前者是带电体与人体发生电弧,有电流流过人体造成的烧伤;后者是电弧发生在人体附近对人体造成的烧伤。间接电弧烧伤还包含熔化了的炽热金属溅出对人体造成的烫伤。直接电弧烧伤是与电击同时发生的。

电弧温度高达 8000℃ 以上,可造成大面积、大深度的烧伤,甚至烧焦、烧掉四肢及其他部位。大电流通过人体,也可能烘干、烧焦机体组织。高压电弧的烧伤较低压电弧严重,直流电弧的烧伤较工频交流电弧严重。

发生直接电弧烧伤时,电流进、出口位置烧伤最为严重,体内也会受到烧伤。与电击不同的是,电弧烧伤都会在人体表面留下明显痕迹,而且致命电流较大。

(2)金属溅伤

金属溅伤是在电弧高温的作用下,金属熔化、汽化,金属微粒渗入皮肤,使皮肤粗糙而张紧的伤害。皮肤受伤部分形成粗糙坚硬的表面,并呈现特殊颜色。皮肤溅伤后出现的特殊颜色与人体所接触的带电金属种类有关,如紫铜可使皮肤呈现褐色,黄铜可使皮肤呈现蓝色,铝可使皮肤呈现灰色等。皮肤溅伤是局部性的,日久结痂会逐渐脱落。皮肤金属化多与电弧烧伤同时发生。

(3)电烙印

电烙印是由电流的化学效应和机械效应所引起的电伤。通常是在人体和导体有良好接触的情况下才会发生,会在皮肤表面留有圆形或椭圆形的肿块痕迹,受伤部位颜色呈现灰色或淡黄色,并有明显的受伤边缘、皮肤硬化现象。

(4)机械性损伤

机械性损伤是电流作用于人体时,由于中枢神经反射和肌肉强烈收缩等作用导致的机体组织断裂、骨折等伤害。

(5)电光眼

电光眼是发生弧光放电时,由红外线、可见光、紫外线对眼睛造成的伤害。电光眼表现为角膜炎或结膜炎。

在触电事故中，电击和电伤经常会同时发生，但是绝大多数的触电死亡是由其中的电击造成的。

3. 触电对人体的影响

1）安全电压与安全电流

（1）安全电压

安全电压是指不致人直接死亡或残疾的电压。从安全角度来看，在确定对人安全的条件时，不用安全电流而用安全电压，这是因为影响电流变化的因素很多。比如人体电阻，在不同的条件下同一个人的电阻值会随条件变化而有所改变。在周围是水汽、化学气体、毒气、导电粉尘等环境下，人体电阻值会大大降低。在这种情况下，同样的电压，通过人体的电流会大大增加。

我国确定的安全电压标准是 42V、36V、24V、12V、6V，应根据作业场所、操作员条件、使用方式、供电方式、线路状况等因素选用。通常，特别危险环境中使用的手持电动工具应采用 42V 安全电压；有电击危险环境中使用的手持式照明灯应采用 36V 或 24V 安全电压；金属容器内、特别潮湿处等特别危险环境中使用的手持式照明灯应采用 12V 安全电压；在水下作业等场所工作应使用 6V 安全电压。

（2）安全电流

由实验得知，在摆脱电流范围内，人若被电击后一般多能自主地摆脱带电体，从而解除触电危险。因此，通常便把摆脱电流看作是人体允许电流。通常，成年男性的允许电流约为 16mA，成年女性的允许电流约为 10mA。因此，我国规定：交流安全电流为 10mA，直流安全电流为 50mA。

如果通过人体的交流电流超过 20mA 或直流电流超过 80mA，人就会感觉麻痛或剧痛，呼吸困难，自己不能摆脱电源，会有生命危险。随着电流的增大，危险性也增大，当有 100mA 以上的工频电流通过人体时，人在很短的时间内就会窒息，心脏停止跳动，失去知觉，危及生命安全。

（3）人体电阻

人体的电阻不是一个定值，它由两部分组成：皮肤电阻和体内电阻。一般体内电阻是恒定不变的，其值在 500Ω 左右；皮肤电阻大小不仅取决于皮肤表面的干燥程度,还与接触电压有关,接触电压越高,皮肤电阻越小。

2)电流对人体的影响

电流通过人体时,人会有麻、疼等感觉,会引起颤抖、痉挛、心脏停止跳动甚至死亡等现象,这些现象称为人体的生理反应。

通过人体的电流越大,人体的生理反应越明显,感觉越强烈,破坏心脏正常工作所需的时间越短,致命的危险性越大。按照通过人体电流大小的不同,以及人体呈现状态的不同,可将电流分为感知电流、摆脱电流和致命电流。

(1)感知电流

感知电流是指引起人体感知的最小电流。实验表明,当通过人体的交流电达到 0.6～1.5mA 时,触电者便感到微麻和刺痛。感知电流的大小因人而异,对于不同的人,感知电流也不相同,成年男性平均感知电流有效值约为 1.1mA,成年女性约为 0.7mA。感知电流一般不会对人体造成伤害,但当电流增大时,感知增强,反应变大,可能造成坠落等间接事故。

(2)摆脱电流

摆脱电流是指人触电后能自行摆脱电源的最大电流。实验表明,对于不同的人,摆脱电流也不相同,一般成年男性的平均摆脱电流约为 16mA,成年女性约为 10.5mA,儿童的摆脱电流较成年人小。摆脱电流是人体可以忍受而一般不会造成危险的电流。若通过人体的电流略大于摆脱电流时,人的中枢神经便会麻痹,呼吸也可能会停止。如果立即切断电源,就可恢复呼吸。若通过人体的电流超过摆脱电流且时间过长,会使人昏迷、窒息,甚至死亡。因此,人摆脱电源的能力随时间的延长而降低。

(3)致命电流

致命电流是指在较短时间内危及生命的最小电流。当电流达到 50mA 以上时,就会引起人的心室颤动,有生命危险;如果通过人体的工频电流超过 100mA 时,其心脏便开始颤动,即心脏肌肉无规律的收缩和软弱无力,此时心脏停止跳动,血液停止循环;当电流大于 5A 时,心脏立即停止跳动,呼吸立即中断。如果电流作用的时间很短,温度升高和灼伤未伤害心脏,则在切断电流后,触电者的心脏还能自主恢复正常跳动,但此时需要采取人工呼吸等急救措施。因此,通电持续时间越长,越容易引起心室颤动,越危险。

(4)电流对人体的影响

以工频电流为例,当1mA左右的电流通过人体时,会产生麻、刺等不舒服的感觉;当10～30mA的电流通过人体时,会产生麻痹、剧痛、痉挛、血压升高、呼吸困难等症状,但通常不会有生命危险;当电流达到50mA以上时,就会引起心室颤动而有生命危险;当通过人体的电流达到100mA以上时,会致人死亡。电流对人体的影响如表1-2所示。

表 1-2　　　　　　　　　　　　电流对人体的影响

电流(mA)	交流电(50Hz)	直流电
0.6～1.5	手指开始感觉发麻	无感觉
2～3	手指感觉强烈发麻	无感觉
5～7	手指肌肉痉挛	手指感灼热和刺痛
8～10	手指关节与手掌感觉疼痛,手已难以脱离电源,但尚能摆脱电源	灼热增加
20～25	手指感觉剧痛,迅速麻痹,不能摆脱电源,呼吸困难	灼热继续增加,手的肌肉开始痉挛
50～80	呼吸麻痹,心房开始震颤	强烈灼痛,手的肌肉痉挛,呼吸困难
90～100	呼吸麻痹,持续 3s 或更长时间后,心脏麻痹或心房停止跳动	呼吸麻痹
300 以上	作用 0.1s 以上时,呼吸和心脏麻痹,机体组织遭到电流的热破坏	—

3)电压对人体的影响

当人体电阻一定时,作用于人体的电压越高,通过人体的电流越大。但实际上通过人体的电流与作用于人体的电压并不成正比,这是因为随着作用于人体的电压的升高,人体电阻急剧下降,致使电流迅速增加而对人体造成更为严重的伤害。

人体电阻除人的自身电阻外,还应附加上人体以外的衣服、鞋等带有的电阻,虽然人体电阻一般可达5000Ω,但是影响人体电阻的因素很多,如皮肤潮湿出汗、带有导电性粉尘、加大与带电体的接触面积和压力以及衣服、鞋、袜的潮湿油污等情况,均能使人体电阻降低,所以通常流经人体电流的大小是无法事先计算出来的。因此,为确定安全条件,往往不采用安全电流,而是采用安全电压来进行估算。

安全电压是不致人直接死亡或残疾的电压。触电往往是触及非安全电压所致,如果电压作用于人体并形成回路,那么,作用在人体上的电压越高,通过人体的电流就越大,电流穿透机体的强度也越强,对人体的损害也就越严重。电压对人体的影响如表1-3所示。

表 1-3　　　　　　　　电压对人体的影响

电压	电流(mA)	作用特征
DC 28.5V	28.5	热感觉大大增加,手部肌肉不强烈收缩
DC 36V	36	强烈的热感觉,手部肌肉收缩、痉挛
DC 270V	270	瞬间导致死亡
AC 115V 400Hz	115	呼吸麻痹,延续3s就会造成心脏麻痹
AC 220V 50Hz	220	呼吸麻痹,延续3s就会造成心脏麻痹

4. 触电后伤害程度的影响因素

电流对人体的危害程度,除了与电流和电压的大小有关外,还与通过人体的电流频率、人体电阻、通电持续时间、电流路径以及外部环境等多种因素有关。

1)电流频率的影响

经实验与分析可知,在电流频率为25Hz时,人体可忍受较大电流,在3~10Hz时能忍受更大电流,在雷击时能忍受几百安的大电流,但人们非常容易受到40~60Hz电流的伤害。因此,一般认为40~60Hz的交流电对人体最危险。随着频率的增高,电流对人体的施险性将降低(如高频20000Hz的电流不仅不伤害人体,还能用于理疗)。从设计电气设备的角度考虑,工频电流的频率为50Hz比较合理,但这个频率可能会对人体造成严重伤害。

2)人体电阻的影响

人体电阻是确定和限制人体容许安全电流的参数之一,在接触工频交流电与直流电的情况下,人体可用一个非感应电阻来代替,这个电阻是手足之间的电阻,它包括体内电阻和皮肤电阻。人体组织的电阻从大到小依次是骨、脂肪、皮肤、肌肉、神经、血管。皮肤电阻在人体电阻中占有较大的比例,会因角质层的厚薄和干湿程度而不同,角质层越厚,电阻越大。皮肤越干燥,电阻越大,当皮肤有水、皮肤扭伤、皮肤表面沾有导电性粉尘时,人体电阻会急剧下降。在其他条件不变的情况下,人体触电时,若皮肤电阻大,则产生的热量多,局部损伤较重;若皮肤电阻小,则电流在穿过皮肤后会沿电阻低的体液和血管运行,容易发生严重的全身性损伤。世界上普遍认为人体电阻为$500\sim1000\Omega$,一般情况下,人体电阻不低于1000Ω,在计算安全电压时,常取人体电阻为800Ω。一般的人体电阻,女子比男子小,儿童比成年人小,青年人比中年人小。

3)通电持续时间的影响

电流通过人体的持续时间越长,电流在心脏间歇期内通过心脏的可能性越大,对人体组织的破坏越严重,人体受到的伤害越大;人体电阻由于出汗、击穿、电解而下降,体内积累局外电能越多,中枢神经反射越强烈,且可能与心脏易损期重合,对人体的危险性越大。

4)电流路径的影响

人体在电流的作用下,没有绝对安全的路径。电流通过人体的脊椎、心脏等重要器官时最危险,而电流从两脚通过危险性最小。电流通过心脏会引起心室颤动,流过心脏的电流越多、电流路线越短危险性越大,最终使心脏停止跳动而导致死亡。电流通过中枢神经及有关部位会引起中枢神经强烈失调而导致死亡。电流通过头部,严重损伤大脑,亦可能使人昏迷不醒而死亡。电流通过脊髓会使人截瘫。电流通过人的局部肢体亦可能引起中枢神经强烈反射而导致严重后果。

5)外部环境的影响

在不同的外部环境下,人体电阻会受到不同程度的影响,从而触电伤害程度也会受到影响。在潮湿的环境中,落在皮肤上的水汽,能溶解皮肤中的矿物质和有机物,从皮肤中分解出脂肪酸,从而使人体电阻降低;在高温环境中,皮肤分泌出来的汗水是良导体,从而会大大降低人体电阻;周围空气中含有化学活性气体和毒性气体时,这些气体进入人的肌体会减小肌体的电阻;在导电粉尘飞扬的环境中,人的皮肤粘上粉尘和污泥等赃物也将大大降低人体电阻,从而增大触电的危险性。

(二)触电症状、原因及预防措施

1. 触电症状

人触电后,受伤害程度不同表现出的症状也不同。

1)局部表现

(1)低压电击伤:创面小,直径一般为 0.5～2cm,呈圆形或椭圆形,局部烧伤较轻,皮肤受伤较轻,受伤皮肤呈焦黄色或褐黑色,有时可见水疱,与健康皮肤分界清楚,边缘规则整齐,电流进口处烧伤较出口处严重。烧伤较深时,可使皮下组织,甚至肌肉、肌腔、神经、骨骼等炭化。

(2)高压电击伤:烧伤面积大,伤口深,受伤皮肤呈特有的树枝样斑纹,可深达肌肉骨筋,使骨质断裂。有时电离子的穿透作用会使深部组织因严重烧伤而导致变性坏死。

2)全身表现

(1)轻型:触电患者常表现为精神紧张,表情呆滞,四肢软弱,全身无力,有短暂的面色苍白,对周围事物失去反应,一般很快就会恢复,恢复后会有肌肉疼痛、疲乏、头痛及神经兴奋等症状。

(2)中型:呼吸快而浅,心跳加速或伴有期前收缩,可能会短暂昏迷,但瞳孔不散大,对光反应存在,血压无明显改变。

(3)重型:神志清醒患者极度恐惧、惊慌、心悸,可能会立即昏迷;严重者呼吸心脏停搏,瞳孔散大。

2. 触电原因

造成触电事故的原因是多方面的,归纳起来,主要有两个方面:一是电气设备、线路的问题。例如,接线错误,特别是电源接线错误造成的触电事故;由于电气设备运行管理不当,使绝缘损坏而漏电,又没有采取切实有效的安全措施,也会造成触电事故。二是人的问题。大量触电事故的统计资料表明,有 90% 及以上的触电事故是由"三违"造成的。

1)电气设备安装不合理、维护不及时

为保证用电安全,电气设备安装必须符合安全用电的各项要求。很多触电事故发生在不符合安装要求的电气设备上,如照明电路的开关要接在相线上,如果没有按照规范而是将开关接在了零线上,虽然开关断开时灯也不亮,但灯头的相线仍是接通的,此时触及灯头容易碰到带电的部位,造成触电事故。

电气设备(包括线路、开关、插座、灯头等)使用久了,就会出现导线绝缘层老化、设备老化、开关失灵等现象,如不及时发现、维修,极其容易导致触电事故的发生。

2)人的因素

电既能造福于人类,也可能因用电人的疏忽而危害人的生命安全,造成财产的损失,所以在用电过程中必须特别注意电气安全。要防止触电事故,应在思想上高度重视,严格遵守安全工作的规章制度,如检修线路或更换设备前,应先拉闸断电,并且在开关前挂上"禁止合闸,线路有人工作"的警告牌。缺乏安全用电常识也是造成触电事故的一个原因,如晒衣服的铁丝与低压线太近,在高压线附近放风筝,用手摸破损的开关等。

3. 触电预防措施

保证安全的组织措施和技术措施是防止操作中、工作中人身遭受触电伤害的基本措施,是长期安全生产实践经验教训的结晶,是用生命和鲜血换来的宝贵经验。历年来的事故教训表明,凡是发生触电事故都是因为违反了组织措施和技术措施,相反,只要认真执行这些措施,作业中的人身安全就有保障,触电事故就可以避免。

1)组织措施

在电气设备的设计、制造、安装、运行、使用、维护以及专用保护装置的配置等环节,要严格遵守国家规定的标准和法规,加强安全教育,普及安全用电知识。对从事电气工作的人员,应加强教育、培训和考核,以增强安全意识和防护技能,杜绝违章操作。企业要建立健全安全生产规章制度,如安全操作规程、电气安装规程、运行管理规程、维护维修制度等,并在实际工作中严格执行。保证安全的组织措施包括工作票制度,工作许可制度,工作监护制度,工作间断、转移和终结制度。这四个制度是一个有机的整体,执行顺序不可以颠倒。

2)技术措施

(1)停电工作中的安全措施

保证安全的技术措施指在停电、验电、装设接地线、悬挂标示牌和装设遮栏等操作中能够直接保护、防护作业人员免遭触电伤害的措施。

当工作人员要在线路上作业或检修设备时,应在停电后进行,并采取下列安全技术措施:

①切断电源。工作地点必须停电的设备有:检修的设备与线路、与工作人员工作时正常活动范围的距离小于规定的安全距离的设备以及无法制作必要的安全防护措施而又影响工作的带电设备。切断电源时必须按照停电操作顺序进行,来自各方面的电源都要断开,并保证各电源有一个明显断点。对多回路的线路,要防止从低电压侧反送电,严禁带负荷切断隔离开关,刀闸的操作把手要锁住。

②验电。对线路和设备在停电后再确认其是否带电的过程称为验电。停电检修的设备或线路必须在验明电气设备或线路无电后,才能确认无电,否则应视为有电。验电时,应选用电压等级相符、经试验合格且在试验有效期内的验电器对检修设备的进出线两侧各相分别验电,确认无电后方可工作。对 6kV 以上带电体验电时,禁止验电器接触带电体。高压验电时应戴绝缘手套,穿绝缘鞋。不许以电压表和信号灯的有无指示作为判断有无电压的依据。

③装设临时地线。对于可能送电到检修的设备或线路,以及可能产生感应电压的地方,都要装设临时地线。装设临时地线时,应先接好接地端,在验明电气设备或线路无电后,立即接到被检修的设备或线路上,拆除时与之相反。操作人员应戴绝缘手套,穿绝缘鞋,人体不能触及临时接地线,并有人监护。

④悬挂警告牌和装设遮栏。该措施可使检修人员与带电设备保持一

定的安全距离,又可隔绝不相关人员进入现场,标示牌可提醒人们有触电危险。停电工作时,对一经合闸即能送电到检修设备或线路的开关和隔离开关的操作手柄,要在其上面悬挂"禁止合闸,线路有人工作"的警告牌,必要时派专人监护或加锁固定。

(2)带电工作中的安全措施

在一些特殊情况下必须带电工作时,应严格按照带电工作的安全规定进行。在低压电气设备或线路上进行带电工作时,应使用合格的、有绝缘手柄的工具,穿绝缘鞋,戴绝缘手套,并站在干燥的绝缘物体上,同时派专人监护。对工作中可能碰触到的其他带电体及接地物体,应使用绝缘物隔开,防止相间短路和接地短路。检修带电线路时,应分清相线和地线。断开导线时,应先断开相线,后断开地线。搭接导线时,应先接地线,后接相线;接相线时,应将两个线头搭实后再进行缠接,切不可使人体或手指同时接触两根线。此外,对电气设备还应采取下列一些安全措施:

①电气设备的金属外壳要采取保护接地或接零。

②安装自动断电装置。自动断电装置有漏电保护、过流保护、过压或欠压保护、短路保护等功能。当带电线路、设备发生故障或触电事故时,自动断电装置能在规定时间内自动切断电源,起到保护人身和设备安全的作用。

③尽可能采用安全电压。为了保障操作人员的生命安全,各国都规定了安全操作电压。所谓安全操作电压是指人体较长时间接触带电体而不发生触电危险的电压,其数值与人体可承受的安全电流及人体电阻有关。国际电工委员会规定安全电压限定值为50V。我国的安全电压规定50～500Hz的交流电压的安全额定值(有效值)为42V、36V、24V、12V、6V,共五个等级,供不同场合选用,还规定安全电压在任何情况下均不得超过50V的有效值。

当电气设备采用高于24V的安全电压时,必须有防止人体直接触及带电体的保护措施。根据这一规定,凡手提式的照明灯以及用于机床工作台局部照明的、高度不超过2.5m的照明灯,要采用不高于36V的安全电压;在潮湿、易导电的地沟或金属容器内工作时,行灯采用12V电压;某些继电器保护回路、指示灯回路和控制回路也采用安全电压。

安全电压的电源必须采用双绕组的隔离变压器,严禁用自耦变压器提供低压。使用隔离变压器时,一、二次侧绕组必须加装短路保护装置,并有明显标志。

④保证电气设备具有良好的绝缘性能。要用绝缘材料把带电体封闭起来。对一些携带式电气设备和电动工具(如电钻等)还须采用工作绝缘和保护绝缘的双重绝缘措施,以提高绝缘性能。电气设备具有良好的绝缘性能是保证电气设备和线路正常运行的必要条件,也是防止触电的主要措施。

⑤采用电气安全用具。电气安全用具分为基本安全用具和辅助安全用具,其作用是把人与大地或设备外壳隔离开来。基本安全用具是操作人员操作带电设备时必需的用具,其绝缘必须足以承受电气设备的工作电压。辅助安全用具的绝缘不足以完全承受电气设备的工作电压,但操作人员使用它,可使人身安全得到进一步的保障,例如绝缘手套、绝缘鞋、绝缘垫、绝缘站台、验电器、临时接地线及警告牌等。

⑥设立屏护装置。为了防止人体直接接触带电体,常采用一些屏护装置(如遮栏、护罩、护套和栅栏等)将带电体与外界隔开。屏护装置须有足够的机械强度和良好的耐热、耐火性能。若使用金属材料制作屏护装置,应妥善接地或接零。

⑦保证人或物与带电体的安全距离。为防止人或车辆等移动设备触及或过分接近带电体,带电体与地面之间、带电体与带电体之间、带电体与其他设备之间应保持一定的安全距离,距离多少取决于电压的高低、设备类型、安装方式等因素。

⑧定期检查用电设备。为保证用电设备的正常运行和操作人员的安全,必须对用电设备定期检查,并进行耐压试验。对有故障的电气线路、电气设备要及时检修,确保安全。

⑨配电系统必须实行分级配电,作业现场内所有电闸箱的内部设置必须符合规定,箱内电器必须可靠、完好,其选型、定值要符合规定,开关电器应标明用途。现场所有的配电箱都要标明箱的名称、控制的各线路称谓、编号、用途等。保持配电线路、配电箱、开关箱内的电缆、导线对地绝缘良好,不得有破损、硬伤、带电体裸露、电线受挤压、腐蚀、漏电等隐

患,以防发生触电事故。

⑩独立的配电系统必须采用三相五线制的接零保护系统,非独立的配电系统可根据现场的实际情况采取相应的接零或接地保护方式,各种电气设备和电力施工机械的金属外壳、金属支架和底座必须采取接零或接地保护。在采取接地和接零保护方式的同时,必须对配电系统设两级漏电保护装置,实行分级保护,形成完整的保护系统。漏电保护装置的选择应符合规定。

(三)现场触电急救

1. 人员触电后脱离电源的原则及方法

脱离电源就是要把触电者接触的那一部分带电设备的断路器、隔离开关或其他断路设备断开;或设法将触电者与带电设备脱离。

在触电之后,大多数人会有不自主的肌肉痉挛,如果触电者手握电线,一定会抓得很紧,在没有切断电源的情况下,要让他松开是不太容易的。因此,首先要迅速使触电者脱离电源。

1)人员触电后脱离电源的原则

(1)迅速脱离电源。触电急救,首先要使触电者迅速脱离电源,越快越好。因为电流作用的时间越长,伤害越重。

(2)施救人员也要保护自己。在脱离电源过程中,施救人员既要救人,也要注意保护自身的安全。

(3)不能直接用手接触触电者。触电者未脱离电源前,施救人员不能直接用手触及触电者,因为会有触电的危险。

(4)预防高处坠落。若触电者处于高处,解脱电源后会从高处坠落,因此要采取预防措施。

2)低压触电时使触电者脱离电源的方法

(1)触电者触及低压带电设备时,施救人员应设法迅速切断电源。可根据实际情况,采取以下任何一种方法。

①如果触电地点附近有电源开关或电源插座(头),可立即拉开开关或拔出插头,断开电源。但应注意拉线开关或墙壁开关等是否为只控制一根线的开关,如果是则有可能因安装问题只能切断中性线而没有断开

电源的相线。

②如果触电地点附近没有电源开关或电源插座（头），可用有绝缘柄的电工钳或有干燥木柄的斧头切断电线，断开电源。但必须注意应切断电源侧的导线，且切断的电源线不可触及其他施救人员。

③当电线搭落在触电者身上或压在身下时，可用干燥的衣服、手套、绳索、皮带、木板、木棒等绝缘物作为工具，拉开触电者或挑开电线，使触电者脱离电源。

④如果触电者的衣服是干燥的，又没有紧缠在身上，可以用一只手抓住他的衣服，拉离电源。但因触电者的身体是带电的，其鞋的绝缘也可能遭到破坏，施救人员不得接触触电者的皮肤，也不能抓他的鞋。

⑤若触电发生在低压带电的架空线路或配电台架、进户线上，对可立即切断电源的，则应迅速断开电源，救护者迅速登杆或登至可靠地方，并做好自身防触电、防坠落的安全措施，用带有绝缘胶柄的钢丝钳、绝缘物体或干燥不导电物体等工具将触电者脱离电源。

施救人员不可直接将手、其他金属及潮湿的物体作为救护工具，而应使用适当的绝缘工具。施救人员最好用一只手操作，以防自己触电。

（2）触电者紧握电线的脱离电源方法。如果电流通过触电者入地，并且触电者紧握电线，可设法将干木板塞到其身下，与地隔离，也可用干木把斧子或有绝缘柄的钳子等将电线剪断。剪断电线要分相，一根一根地剪断，并尽可能站在绝缘物体或干木板上。

3）高压触电时使触电者脱离电源的方法

高压触电时，可采用下列方法使触电者脱离电源：

（1）立即通知有关供电单位或用户停电。

（2）戴上绝缘手套，穿上绝缘靴，用相应电压等级的绝缘工具按顺序拉开电源开关或熔断器。

（3）抛掷裸金属线使线路短路接地，迫使保护装置动作，断开电源。注意抛掷金属线之前，应先将金属线的一端可靠接地，然后另一端系上重物抛掷，注意抛掷的一端不可触及触电者和其他人。抛掷者抛出金属线后，要迅速离开接地的金属线（8m以外）或双腿并拢站立，防止跨步电压伤人。在抛掷短路线时，应注意防止电弧伤人，或断线危及人员安全。

4）架空线路杆塔上使触电者脱离电源的方法

如果触电发生在架空线杆塔上，则对于低压带电路，能立即切断线路电源的，应迅速切断电源，或者由救护人员迅速登杆，束好自己的安全皮带后，用带绝缘胶柄的钢丝钳、干燥的不导电物体或绝缘物体将触电者拉离电源；若为高压带电线路，又不可能迅速切断电源开关的，可采用抛挂足够截面的适当长度的金属短路线的方法，使电源断路器跳闸。抛挂前，将短路线一端固定在铁塔或接地引下线上，另一端系重物，但抛掷短路线时，应注意防止电弧伤人或熔断危及人员安全。不论是在何级电压线路上触电，救护人员在使触电者脱离电源时要注意防止发生高处坠落的可能和再次触及其他有电线路的可能。

5）使触及断落在地上的带电高压导线的触电者脱离电源的方法

触电者触及断落在地上的带电高压导线时，若尚未确定线路无电，施救人员在未做好安全措施（如穿绝缘靴或临时双脚并紧跳跃地接近触电者）前，不能接近断线点 8～10m 范围内，防止跨步电压伤人。触电者脱离带电导线后，应迅速带至 8～10m 以外的地方，并立即开始触电急救。只有在确定线路已经无电时，才可在触电者离开触电导线后，立即就地进行急救。

6）切除电源时应考虑事故照明问题

（1）切除电源时，有时会同时使照明失电，因此应考虑使用事故照明、应急灯等进行临时照明。新的照明要符合使用场所防火、防爆的要求，但不能因此延误切除电源和进行急救的时间。

（2）若事故发生在夜间，应设置临时照明灯，以便于抢救，避免意外事故，但不能因此延误切除电源和进行急救的时间。

2. 触电急救救护原则和对触电者伤情判断

1）触电急救救护原则

（1）迅速。争分夺秒地使触电者脱离电源。

（2）就地。必须在现场附近就地抢救，伤者有意识后送往就近医院抢救。从触电时算起，5min 以内及时抢救，救生率为 90% 左右；10min 以内抢救，救生率为 6.15%，生还希望甚微。

（3）准确。人工呼吸施救动作必须准确。

（4）坚持。只要有百万分之一的希望，就要尽百分百的努力。

触电急救必须分秒必争，一旦出现心跳、呼吸停止，须立即进行心肺复苏抢救，并坚持不断地进行。同时，尽快与医疗急救中心（医疗部门）联系，争取医务人员接替救治。

2）对触电者伤情判断

在医务人员未接替救治前，不应放弃现场抢救，更不能只根据没有呼吸或脉搏的表现，擅自判定伤员死亡，放弃抢救，只有医生有权作出伤员死亡的诊断。与医务人员接替时，应提醒医务人员在触电者转移到医院的过程中不得间断抢救。

（1）判断触电者有无意识

当发现有人触电后，在迅速使其脱离电源之后，可立即呼喊其姓名或喊话并摇动触电者。如果触电者能够应答，证明其神志清醒，若无反应，则表示其神志不清。触电者若神志不清，应就地仰面躺平，且确保气道通畅，并用 5s 时间，呼叫触电者或轻拍其肩部，以判断触电者是否意识丧失，此时禁止摇动触电者头部。

（2）呼吸、心跳情况的判定

①若触电者意识丧失，应在 10s 内，用看、听、试的方法，判断触电者的呼吸、心跳情况。

看——看触电者的胸部、腹部有无起伏动作；

听——将耳朵贴近触电者的口鼻处听有无呼气声；

试——测试触电者口鼻有无呼气的气流，再用两手指轻试喉结旁凹陷处的颈动脉有无搏动。

诊断心脏停止最有效的方法是摸颈动脉。因为该部位最靠近抢救者，动脉粗大，最为可靠。抢救者跪于触电者身旁，一只手置于触电者前额，使其头部保持后仰位，另一只手在靠近抢救者的一侧，触诊触电者的颈动脉脉搏，用手指尖轻轻置于甲状软骨水平胸锁乳突肌前缘的气管上，然后将手指向靠近抢救者一侧的气管旁软组织滑动，如有脉搏即可触知，如未触及颈动脉搏动，表明心脏已停跳，应立即进行胸外挤压抢救。在双人抢救时，此项工作应由吹气者来完成。此外，抢救者也可解开触电者的衣扣，耳朵紧贴在胸部听心脏是否有跳动。

若看、听、试结果，既无呼吸又无颈动脉搏动，可判定触电者呼吸、心跳停止。

②抢救过程中的再判定。按压吹气 1min 后，应再用看、听、试的方法在 5～7s 内完成对伤员呼吸和心跳是否恢复的再判定。若判定颈动脉已有搏动但无呼吸，则暂停胸外按压，而再进行二次人工呼吸，接着每 5s 吹气一次（即每分钟 12 次）。如脉搏和呼吸均未恢复，则继续坚持心肺复苏抢救。

在抢救过程中，要每隔数分钟再判定一次，每次判定时间均不得超过 5～7s。

3. 脱离电源后的急救方法处理

1）判断意识

根据触电者是否神志清醒采用不同的急救方法。

（1）对神志清醒的触电者的急救方法。对神志清醒的触电者，应将其就地躺平，严密观察呼吸、脉搏等生命特征和指标，暂时不要让其站立或走动。

（2）对神志不清醒的触电者的急救方法。对神志不清的触电者，应用 5s 时间呼叫触电者或轻拍其肩部，掐压触电者的人中，以判定触电者是否丧失意识。禁止摇动触电者头部呼叫，如无反应，则高声呼救，寻求他人帮助，并立即进行心肺复苏抢救，同时拨打当地紧急救援电话通知紧急救援中心。

2）将触电者摆至正确抢救体位

一旦初步确定触电者神志昏迷，应立即呼叫周围的人前来协助抢救，因为一个人进行心肺复苏抢救不可能坚持较长时间，而且劳累后动作易走样。叫来的人除协助做心肺复苏外，还应立即打电话给急救中心或呼叫受过救护训练的人前来帮忙。

正确的抢救体位为仰卧位，患者头、颈、躯干平卧无扭曲，双手放于两侧躯干旁。

若触电者摔倒时面部向下，应在呼救同时小心将其转动，使触电者全身各部成一个整体。尤其要注意保护触电者颈部，可以一只手托住颈部，另一只手扶着肩部，使触电者头、颈、胸平稳地直线转至仰卧，在坚实的平面上将四肢平放。

抢救者应跪于触电者肩颈侧旁，将其手臂举过头，拉直双腿，注意保护触电者颈部。解开触电者上衣，暴露胸部（或仅留内衣），冷天要注意使其保暖。

对需要进行心肺复苏的触电者，将其就地躺平，颈部与躯干始终保持在同一个轴面上，解开触电者领扣和皮带，去除或剪开限制呼吸的胸腹部紧身衣物，立即就地进行有效的心肺复苏抢救。

3）通畅气道

当发现触电者呼吸微弱或停止时，应立即通畅触电者的气道以促进触电者呼吸，便于抢救。通畅气道主要采用仰头举颏法，即一只手置于触电者前额使头部后仰，另一只手的食指与中指置于下颌骨近下颏或下颌角处，抬起下颏。注意，严禁用石头等物垫在触电者头下；手指不要压迫触电者颈前部、颏下软组织，以防压迫气道，颈部上抬时不要过度伸展，有假牙托者应取出。儿童颈部易弯曲，过度抬颈反而使气道闭塞，因此不要抬颈牵拉过甚。成人头部后仰程度应为90°，儿童头部后仰程度应为60°，婴儿头部后仰程度应为30°，颈椎有损伤的触电者应采用双下颌上提法。

通畅气道除了采用仰头抬颏法外还有以下几种方法：

（1）仰头抬颈法。抢救者跪在触电者头部的一侧，一只手放在触电者的颈后将颈部托起，另一只手置于前额，并压住前额使头后仰，要求下颌、耳垂的连线与地面垂直，动作要轻柔，用力过猛可能损伤其颈椎。

仰头抬颈法与仰头抬额法比较：据统计，仰头抬额法较仰头抬颈法更加有效，且易教易学，不易疲劳，如果触电者的牙托已经松动，仰头抬颈法可使牙托更易堵塞气道，仰头抬额法则可支撑下颌，带动牙托，几乎可安全使之复位，使对口吹气更易进行。

（2）推颌法。当触电者颈部有损伤时，可以使用推颌法以使其气道通畅。抢救者用两手抓住并举起触电者两侧的下颌骨，使下颌向前推起，让下坠的舌根离开咽喉壁。

（3）捶背法。当触电者气道因有堵塞物而使气道不通畅时，可使用捶背法，即将触电者翻转至侧卧位，抢救者一只手扶住触电者肩部，另一只手在触电者背后轻轻敲打，使气道堵塞物吐出，从而畅通气道。

　　如发现触电者口内有异物,要清除触电者口中的异物和呕吐物,可用指套或指缠纱布清除口腔中的液体分泌物。清除固体异物时,一只手按压开下颌,迅速用另一只手的食指将固体异物钩出,或用两手指交叉从口角处插入取出异物,操作中要注意防止将异物推到咽喉深部。

　　4)呼吸判断方法和确定无呼吸后的急救方法

　　在通畅呼吸道之后,由于气道通畅可以明确判断呼吸是否存在。维持开放气道位置,用耳朵贴近触电者口鼻,头部侧向触电者胸部,眼睛观察其胸部有无起伏,用面部感觉触电者呼吸道有无气体排出,或用耳朵听呼吸道有无气流通过的声音。

　　(1)看:看触电者的胸部、上腹部有无呼吸起伏动作。

　　(2)听:将耳朵贴近触电者的口鼻处,听有无呼气声音。

　　(3)试:用面部的感觉测试口鼻有无呼气气流,也可用毛发等物放在口鼻处进行测试。

　　若无上述体征,可确定无呼吸。

　　确定无呼吸后,立即进行两次人工呼吸。

　　注意:①保持气道开放位置;②观察 5s 左右时间;③有呼吸者,注意保持气道通畅;④无呼吸者,立即进行人工呼吸;⑤通畅呼吸道,部分触电者因口腔、鼻腔内有异物(分泌物、血液、污泥等)而导致气道阻塞时,应将触电者身体侧向一侧,迅速将异物用手指抠出;⑥因呼吸不通畅而导致窒息,以致心跳减慢的,可在呼吸道畅通后,随着气流冲出,呼吸恢复,而致心跳恢复。

　　5)脉搏判断方法和确定无脉搏后的急救方法

　　在检查触电者的意识、呼吸、气道之后,应对触电者的脉搏进行检查,以判断触电者的心脏跳动情况,具体方法如下:

　　(1)在开放气道的位置下进行(首次人工呼吸后)。

　　(2)一只手置于触电者前额,使头部保持后仰,另一只手靠近抢救者一侧触摸颈动脉。

　　(3)用食指及中指指尖先触及气管正中部位,若触电者为男性可先触及喉结,然后向两侧滑移 2～3cm,在气管旁软组织处轻轻触摸颈动脉搏动。

注意:①触摸颈动脉时,不能用力过大,以免推移颈动脉,妨碍触及。②不要同时触摸两侧颈动脉,造成头部供血中断。③不要压迫气管,造成呼吸道阻塞。④检查时间不要超过 10s。⑤未触及搏动表明心跳已停止,或触摸位置有错误;触及搏动表明有脉搏、心跳,或触摸感觉错误(可能将自己手指的搏动感觉为触电者脉搏)。⑥判断应综合审定,如无意识,无呼吸,瞳孔散大,面色发绀或苍白,再加上触不到脉搏,可以判定心跳已经停止。⑦婴、幼儿因颈部肥胖,颈动脉不易触及,可检查肱动脉。肱动脉位于上臂内侧腋窝和肘关节之间的中点,用食指和中指轻压在内侧,即可感觉到脉搏。

6)现场就地急救

触电者脱离电源以后,现场救护人员应迅速对触电者的伤情进行判断,对症抢救,同时设法联系医疗急救中心(医疗部门)的医生到现场接替救治。要根据触电者的不同情况,采用不同的急救方法。

不同状态下的触电者的急救措施如表 1-4 所示。

表 1-4　　　　　　　　不同状态下的触电者的急救措施

神志	心跳	呼吸	对症救治措施
清醒	存在	存在	静卧、保暖、严密观察
昏迷	停止	存在	胸外心脏按压术
昏迷	存在	停止	口对口(鼻)人工呼吸
昏迷	停止	停止	同时作胸外心脏按压和 口对口(鼻)人工呼吸

(1)触电者神志清醒,有意识,有心跳,但呼吸急促、面色苍白,或曾一度昏迷,但未失去知觉。此时不能用心肺复苏法抢救,应将触电者抬到空气新鲜、通风良好的地方躺下,安静休息 1～2h,让他慢慢恢复正常。天凉时要注意保温,并随时观察呼吸、脉搏变化。

(2)触电者神志不清,判定无意识,有心跳,但呼吸停止或极微弱时,应立即用仰头抬颏法,使气道开放,并进行口对口的人工呼吸,此时切记不能对触电者施行心脏按压。若此时不及时用人工呼吸法抢救,触电者将会因缺氧过久而引起心跳停止。

（3）触电者神志丧失，判定无意识，心跳停止，但有极微弱的呼吸时，应立即采用心肺复苏法抢救。不能认为尚有微弱呼吸，只需做胸外按压，因为这种微弱呼吸已起不到满足人体需要的氧交换的作用，若不及时进行人工呼吸会发生死亡，若能立即施加口对口的人工呼吸和胸外按压，就可能抢救成功。

（4）触电者心跳、呼吸停止时，应立即进行心肺复苏抢救，不得延误或中断。

（5）触电者和雷击伤者心跳、呼吸停止，并伴有其他外伤时，应先迅速进行心肺复苏急救，然后再处理外伤。

（6）触电者衣服被电弧光引燃时，应迅速扑灭其身上的火源，着火者切忌跑动，可利用衣服、被子、湿毛巾等扑火，必要时可就地躺下翻滚，使火扑灭。

4. 口对口（鼻）的人工呼吸方法

当判断触电者确实不存在呼吸时，应立即进行口对口（鼻）的人工呼吸，具体方法是：

（1）在保持呼吸通畅的位置下进行。用按于前额的手的拇指与食指，捏住触电者鼻孔（或鼻翼）下端，以防气体从口腔内经鼻孔排出，施救者深吸一口气屏住并用自己的嘴唇包住（套住）触电者微张的嘴。

（2）用力快而深地向触电者口中吹（呵）气，同时仔细地观察触电者胸部有无起伏，如无起伏，说明气未吹进。

（3）一次吹气完毕后，应即与触电者口部分离，轻轻抬起头部，面向触电者胸部，吸入新鲜空气，以便做下一次人工呼吸。同时使触电者的口张开，捏鼻的手也可放松，以便触电者从鼻孔通气，观察触电者胸部向下恢复时，则有气流从触电者口腔排出。

抢救一开始，应立即向触电者先吹气两口，吹气有起伏者，人工呼吸有效；吹气无起伏者，则表示气道通畅不够，或鼻孔处漏气，或吹气不足，或气道有梗阻。

注意：①每次吹气量不要过大，大于 1200mL 会造成胃扩张。②吹气时不要按压胸部。③对儿童的吹气量需视年龄不同而异，其吹气量约为 800mL，以胸廓能上抬时为宜。④抢救一开始吹气两次，每次时间 1～

1.5s。⑤有脉搏无呼吸的触电者,则每5s吹一口气,每分钟吹气12次。⑥口对鼻的人工呼吸,适用于有严重的下颌及嘴唇外伤、牙关紧闭,下颌骨骨折等难以采用口对口吹气法的触电者。⑦婴幼儿急救操作时,婴幼儿韧带、肌肉松弛,头不可过度后仰,以免气管受压,影响气道通畅,可用一只手托颈,以保持气道平直;由于婴幼儿口鼻开口均较小,位置又很靠近,抢救者可用口贴住婴幼儿口与鼻的开口处,施行口对口鼻的人工呼吸。

5. 胸外心脏按压

人工建立的循环方法有两种:第一种是体外心脏按压(胸外按压),第二种是开胸直接压迫心脏(胸内按压)。在现场急救中,采用的是第一种方法,应牢记掌握。

1)触电者体位

触电者应仰卧于硬板床或地上,如为弹簧床,则应在触电者背部垫一块硬板。硬板长度及宽度应足够大,以保证按压胸骨时,触电者身体不会移动。但不可因找寻垫板而延误按压的时间。

未进行按压前,先手握空心拳,快速垂直击打触电者胸前区胸骨中下段1~2次,每次1~2s,力量中等。捶击1~2次后,若无效,则立即进行胸外心脏按压,不能耽搁时间。

2)按压部位

按压部位为胸骨中1/3与下1/3交界处,如图1-4所示。

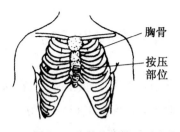

图 1-4　胸外按压位置

3)快速测定按压部位的方法

正确按压位置是保证胸外按压效果的重要前提,可用以下两种方法来确定。

方法一：胸部正中，双乳头之间，胸骨的下半部即为正确的按压位置。

方法二：沿伤员肋弓下缘向上，找到肋骨和胸骨接合处的中点，两手指并齐，中指放在切迹中点（剑突底部），食指平放在胸骨干部，另一只手的掌根紧靠食指上缘，置于胸骨上，即为正确按压位置。

快速测定按压部位可分五个步骤，如图 1-5 所示。

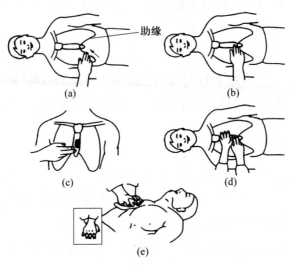

图 1-5　快速测定按压部位分解图

（1）首先触及触电者上腹部，用食指及中指沿触电者肋弓处向中间滑移。

（2）在两侧肋弓交点处寻找胸骨下切迹。以切迹作为定位标志，不要以剑突下定位。

（3）然后将食指及中指两横指放在胸骨下切迹上方，食指上方的胸骨正中部即为按压区。

（4）以另一只手的掌根部紧贴食指上方，放在按压区。

（5）再将定位的手取下，重叠将掌根放于另一只手的手背上，两只手的手指交叉抬起，使手指脱离胸壁。

4）按压姿势

正确的按压姿势：抢救者双臂绷直，双肩在触电者胸骨上方正中，靠自身重力垂直向下按压，如图 1-6 所示。

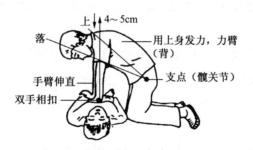

图 1-6　胸外按压示意图

5）按压用力方式

（1）按压应平稳、有节律地进行，不能间断。

（2）不能冲击式的猛压。

（3）下压及向上放松的时间应相等。压按至最低点处，应有明显的停顿。

（4）垂直用力向下，不要左右摆动。

（5）放松时定位的手掌根部不要离开胸骨定位点，但应尽量放松，务必使胸骨不受任何压力。

6）按压频率

按压频率应保持在 100 次/min。

7）按压与人工呼吸比例

按压与人工呼吸的比例关系通常是单人为 30∶2，双人复苏（成人吹气）为 30∶2，婴儿、儿童为 15∶2。按压与人工呼吸需反复进行。

8）按压深度

通常，成人的按压深度为 4～5cm，5～13 岁的按压深度为 3cm，婴幼儿的按压深度为 2cm。

9）胸外心脏按压常见错误

（1）按压除掌根部贴在胸骨外，手指也压在胸壁上，这容易引起骨折（肋骨或肋软骨）。

（2）按压定位不正确，向下按压易使剑突受压折断而致肝破裂。向两侧按压易致肋骨或肋软骨骨折，导致气胸、血胸。

（3）按压用力不垂直，导致按压无效或肋软骨骨折，特别是摇摆式按压更易出现严重并发症。

(4)抢救者按压时肘部弯曲，因而用力不够，按压深度达不到4～5cm。

(5)按压采用冲击式猛压，效果差，且易导致骨折。

(6)放松时抬手离开胸骨定位点，造成下次按压部位错误，引起骨折。

(7)放松时未能使胸部充分松弛，胸部仍承受压力，使血液难以回到心脏。

(8)按压速度不自主地加快或减慢，影响按压效果。

(9)双手掌不是重叠放置，而是交叉放置，这是胸外心脏按压常见错误。

6. 心肺复苏法

1)操作过程步骤

(1)首先判断昏倒的人有无意识。

(2)若触电者无反应，立即呼救，如呼叫"来人啊！救命啊！"等。

(3)迅速将触电者放置于仰卧位，并放在地上或硬板上。

(4)开放气道(仰头举颏或颌)。

(5)判断触电者有无呼吸(通过看、听和试来进行)。

(6)若触电者无呼吸，立即口对口吹两口气。

(7)保持头后仰，另一只手检查颈动脉有无搏动。

(8)若触电者有脉搏，表明心脏尚未停跳，可仅做人工呼吸，每分钟做12～16次。

(9)若伤员无脉搏，立即在正确定位下在胸外按压位置进行心前区叩击1～2次。

(10)叩击后再次判断有无脉搏，如有脉搏即表明心跳已经恢复，可仅做人工呼吸。

(11)若触电者无脉搏，立即在正确的位置进行胸外按压。

(12)每做15次按压，需作2次人工呼吸，然后在胸部重新定位，再做胸外按压，如此反复进行，直到协助抢救者或专业医务人员赶来。按压频率为100次/min。

(13)开始1min后检查一次脉搏、呼吸、瞳孔，以后每4～5min检查一次，检查不超过5s，最好由协助抢救者来检查。

(14)如用担架搬运触电者,应该持续作心肺复苏,中断时间不超过5s。

2)心肺复苏法操作的时间要求

(1)0～5s:判断意识。

(2)5～10s:呼救并将触电者放置为正确体位。

(3)10～15s:开放气道,并观察呼吸是否存在。

(4)15～20s:口对口呼吸2次。

(5)20～30s:判断脉搏。

(6)30～50s:进行胸外心脏按压15次,并再进行人工呼吸2次,以后连续反复进行。

以上程序尽可能在50s以内完成,最长不宜超过1min。

3)心肺复苏法双人操作要求

(1)两人应协调配合,吹气应在胸外按压的松弛时间内完成。

(2)按压频率为100次/min。

(3)按压与呼吸比例为15∶2,即15次心脏按压后,进行2次人工呼吸。

(4)为达到配合默契,可由按压者数口诀"1,2,3,4,…,14,吹",当吹气者听到"14"时,做好准备,听到"吹"后,即向触电者嘴里吹气;按压者继而重数口诀"1,2,3,4,…,14,吹",如此周而复始循环进行。

(5)人工呼吸者除了需要通畅触电者呼吸道、吹气外,还应经常触摸其颈动脉和观察瞳孔等,如图1-7所示。

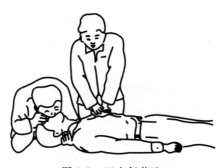

图1-7 双人复苏法

4)心肺复苏法注意事项

(1)吹气不能与向下按压心脏同时进行。数口诀的速度应均衡,避免快慢不一。

(2)施救者应站在伤员侧面便于操作的位置,单人急救时应站立在触电者的肩部位置;双人急救时,吹气人应站在触电者的头部,按压心脏者应站在触电者胸部,与吹气者相对的一侧。

(3)人工呼吸者与心脏按压者可以互换位置,互换操作,但中断时间不超过5s。

(4)第二个施救者到达现场后,应首先检查触电者的颈动脉搏动,然后再开始进行人工呼吸。若心脏按压有效,则应触及搏动,若不能触及,应观察心脏按压者的技术操作是否正确,必要时应增加按压深度并重新定位。

(5)可以由第三个施救人员及更多的施救人员轮换操作,以保持精力充沛、姿势正确。

5)心肺复苏法的有效指标

心肺复苏术操作是否正确,主要靠平时的严格训练来掌握正确的方法,而在急救中判断复苏是否有效,可以根据以下五方面综合考虑:

(1)瞳孔。复苏有效时,可见触电者瞳孔由大变小。若瞳孔由小变大、固定、角膜混浊,则说明复苏无效。

(2)面色(口唇)。复苏有效,可见触电者面色由发绀转为红润,若变为灰白,则说明复苏无效。

(3)颈动脉搏动。按压有效时,每一次按压可以摸到一次搏动,若停止按压,搏动亦消失,应继续进行心脏按压;若停止按压后,脉搏仍然跳动,则说明触电者心跳已恢复。

(4)神志。复苏有效,可见触电者有眼球活动、睫毛反射以及对光反射出现,甚至手脚开始抽动,肌张力增加。

(5)自主呼吸。触电者自主呼吸出现,并不意味可以停止人工呼吸。如果自主呼吸微弱,仍应坚持口对口人工呼吸。

6)心肺复苏的终止

在现场抢救时,应力争抢救时间,切勿为了方便或让触电者舒服而移动触电者,从而延误现场抢救的时间。

现场心肺复苏应坚持不断地进行,抢救者不应频繁更换,即使送往医院途中也应继续进行抢救。鼻导管给氧绝不能代替心肺复苏法。如需将触电者由现场移往室内,中断操作时间不得超过 7s;通道狭窄、上下楼层、送上救护车等操作中断不得超过 30s。

将心跳、呼吸恢复的触电者用救护车送往医院时,应在触电者背部放一块适当的硬板,以备随时进行心肺复苏。将触电者送到医院而专业人员尚未接手前,仍应继续进行心肺复苏。

何时终止心肺复苏是一个涉及医疗、社会、道德等方面的问题。不论在什么情况下,终止心肺复苏应由医生决定,或医生组成的抢救组的首席医生决定,否则不得放弃抢救。高压或超高压电击的触电者出现心跳、呼吸停止时,更不应随意放弃抢救。

7)电击伤伤员的心脏监护

被电击伤并经过心肺复苏抢救成功的电击伤员,应让其充分休息,并在医务人员指导下进行不少于 48h 的心脏监护。因为伤员在被电击过程中,由于电压、电流、频率的直接影响和组织损伤而出现高钾血症,以及由于缺氧等因素引起心肌损害和心律失常,在经过心肺复苏抢救心跳恢复后,有的伤员还可能会出现继发性心脏跳停止,故应进行心脏监护,以及时对心律失常和高钾血症的伤员予以治疗。

8)婴幼儿的心肺复苏法

由于婴幼儿的语言表达能力较差,在判断有无意识时可以掐人中或合谷穴(即虎口),若有啼哭或痛楚表情则说明有意识;若无反应则说明已丧失意识。

做人工呼吸时,由于婴幼儿口鼻较小且部位邻近,可采用口对口鼻吹气法。开放呼吸道时不要使婴幼儿头部过度后仰,以免压迫气管,阻碍呼吸。

胸外心脏按压的部位也与成人略有不同,按压点在两乳头连线与胸骨正中线交会点下方一横指处。按压的力量和使胸壁下陷的程度均较成人小得多,仅用食指和中指并拢按压即可,按压深度为 1~2cm,按压频率每分钟可大于 100 次。按压时抢救者可将婴幼儿托于手掌上或用手掌垫在婴幼儿背后，用另一只手按压，切忌用力过猛。

7. 抢救过程注意事项

1) 救护人员注意与周围带电体保持安全距离

救护人员在抢救过程中应注意与周围带电物体保持必要的安全距离。不论是在何级电压线路上触电，救护人员在使触电者脱离电源时，要注意防止发生从高处坠落和再次触及其他带电线路的可能。

2) 头部降温

经现场抢救，触电者呼吸心跳恢复后，应立即对头部进行降温，如用冰帽、冰袋等进行物理降温，紧急情况下亦可将冰棍放在触电者的头部或用冷毛巾置于额部进行降温。

3) 抢救过程中的再判定

(1) 按压吹气 1min 后（相当于单人抢救时做了 4 个 15：2 压吹循环），应用看、听、试的方法在 5～7s 时间内完成对触电者呼吸和心跳是否恢复的再判定。

(2) 若判定颈动脉已有搏动但无呼吸，则暂停胸外按压，而再进行 2 次口对口的人工呼吸，接着每 5s 吹气一次（即每分钟 12 次）。如脉搏和呼吸均未恢复，则继续进行心肺复苏法抢救。

(3) 抢救过程中，要每隔数分钟再判定一次，每次判定时间均不得超过 5～7s。在医务人员未接替抢救前，抢救人员不得放弃现场抢救。

4) 按压力度和交换角度

(1) 在按压时不能用力过大，因为用力过大易导致肋骨、胸骨骨折，甚至引起气胸、血胸等并发症，这是复苏失败的原因之一。

(2) 双人或多人复苏应每 2min（按压吹气 5 组循环）交换角色一次，以避免因胸外按压者疲劳而引起的胸外按压质量和频率下降。在交换角色时，其抢救操作中断时间不应超过 5s。

5) 使用自动体外除颤器

在抢救过程中，应迅速、准确地使用简易自动体外心脏除颤器，以提高抢救的成功率。

6) 触电者的移动和转院

(1) 心肺复苏应在现场就地坚持进行，不要为方便而随意移动触电者。若确实需要移动时,抢救中断时间不应过长。

（2）移动触电者或将触电者送往医院时,除了使触电者平躺在担架上,并在其背部垫一块硬木板外,还应继续进行抢救,心跳呼吸停止者应继续用心肺复苏法进行抢救,并做好保暖工作。

（3）在转送触电者去医院前,应充分利用通信手段,与有关医院取得联系,请求做好接收触电者的准备,同时应对触电者的其他合并伤,如骨折、体表出血等作相应处理。

7）触电者好转后的处理

若触电者的心跳和呼吸经抢救后均已恢复,则可暂停心肺复苏操作,但心跳、呼吸恢复后的早期有可能再次出现骤停,应严密监护,不能疏忽大意,要随时准备再次抢救。

8）现场触电抢救采用肾上腺素药物问题

现场触电抢救时,对肾上腺素等药物的使用应持慎重态度。若没有必要的诊断设备、条件和足够的把握,不得乱用。在医院内抢救触电者时,由医务人员经医疗仪器、设备的诊断,根据诊断结果决定是否采用。

五、技能培训步骤

(一)准备工作

1. 工作现场准备

准备 4 个工位,可以同时进行作业;每个工位需要一个模拟人,准备材料齐全,模拟触电环境。布置现场工位时,间距不小于 3m,各工位之间用遮栏隔离,场地清洁,无干扰。

2. 工器具及使用材料准备

对进场的工器具进行检查,确保能够正常使用,并整齐摆放于工位上。工器具要求质量合格、安全可靠、数量满足需要。

3. 安全措施及风险点分析

安全措施及风险点分析如表 1-5 所示。

表 1-5   安全措施及风险点分析

序号	危险点	原因分析	控制措施和方法
1	触电伤人	触碰电源线发生触电事故	防触电伤害：严格执行操作规范，防止出现触碰电源线等行为
2	人员交叉感染	模拟人消毒不彻底，成为疾病传染源	对模拟人操作前，要用医用酒精对模拟人口腔进行消毒，彻底对模拟人进行消毒处理可消除传染源

（二）操作步骤

1. 操作准备

（1）使用医用酒精及脱脂棉球对模拟人进行口腔消毒。操作人员按规定进行着装，穿工作服（扣紧所有扣子），戴安全帽，穿绝缘鞋，戴线手套，如图 1-8 所示。

图 1-8　正确着装

☞注

　　未穿工作服、绝缘鞋，未戴安全帽、线手套，每缺少一项扣2分；着装穿戴不规范，每处扣1分；工具未检查试验、检查不全，每件扣1分；未对模拟人进行口腔消毒、隔离、消毒方法不正确，扣2分。

(2)向考官问好并请求整理工位,口述"考官好!请求整理工位",如图 1-9 所示。

图 1-9 请求整理工位

(3)请求试压。口述"报告考官!请求试压",得到允许后,脱解安全帽、线手套,按压 10 次,吹气 2 次。试压结束后,根据测试结果决定按压及吹气力度。

将托盘放入考场,位置在模拟人头部后方区域,既便于取用面膜,又不会干扰紧急救护过程,如图 1-10 所示。

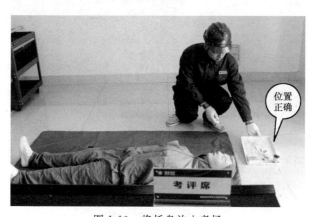

图 1-10 将托盘放入考场

摘下安全帽,要求动作规范、迅速到位,如图 1-11 所示。

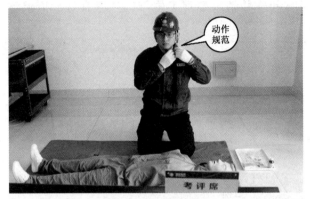

图 1-11　解下安全帽

摘下线手套，并将线手套放入安全帽内，再将安全帽反扣在地面上，要求动作迅速到位，如图 1-12 所示。

图 1-12　解下线手套

使用医用酒精对模拟人口腔进行消毒，消毒动作应正确规范，如图 1-13所示。

图 1-13　对模拟人进行消毒

进行试压,试压 10 次,以此来检验模拟人的标准按压力度,可以尝试采取不同按压力度,如图 1-14 所示。

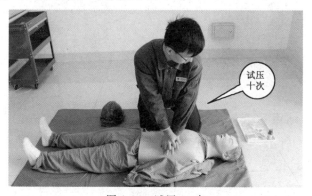

图 1-14　试压 10 次

按压结束之后进行试吹气,试吹 2 次,以此来掌握模拟人的吹气力度,要求动作规范到位,如图 1-15 和图 1-16 所示。

图 1-15　试吹气

图 1-16　正确吸气

（4）试压结束后恢复工位。将模拟人拉链及衣服整理工整，气道恢复，如图 1-17 所示。整理垫子并穿戴好安全帽、线手套，起身后口述"X号工位准备完毕"。

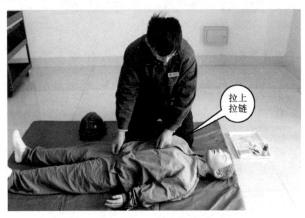

图 1-17　拉上拉链

整理体位,用手将一下模拟人手脚,平整衣服,调整位置,如图 1-18 所示。

图 1-18 整理体位

整理结束后,戴好安全帽及线手套,回到起始位置,汇报"X 号工位准备完毕",如图 1-19 所示。

图 1-19 准备完毕

2. 实施救护

(1)对工器具进行检查,并对模拟人的口腔进行消毒。首先对工器具进行检查,如图 1-20 所示。

图 1-20 检查工器具

然后对模拟人口腔进行消毒，消毒方法应正确规范，如图 1-21 所示。

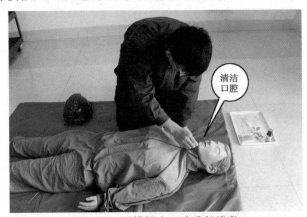

图 1-21 对模拟人口腔进行消毒

（2）断开电源并采取正确方式将触电者迅速脱离电源。断开电源后，从干木棒、金属棒及绝缘棒中选择绝缘棒将电线挑离模拟人，如图 1-22 和图 1-23 所示。

☞注

断开电源时间超过时限 5s，扣 2 分；脱离电源超过时限 10s，该项目不得分；出现任何使救护者或触电者处于不安全状况的错误行为，该项目不得分。

图 1-22　断开电源

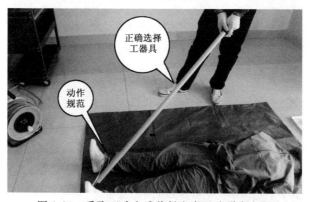

图 1-23　采取正确方式将触电者迅速脱离电源

（3）双腿呈跪姿，与肩同宽，左膝与模拟人肩膀平齐；摘安全帽、线手套；拍双肩，检查瞳孔，掐人中。

👉 注

判断意识时，轻拍触电者肩部，高声呼叫模拟人，"喂！你怎么啦?"检查触电者瞳孔，眼球固定，瞳孔放大，若无反应，立即用手指甲掐压人中穴或合谷穴约 5s，缺少每项扣 2 分，操作时间超过 10s 扣 2 分。

摘安全帽及线手套时，要求动作准确到位，如图 1-24 所示。

图 1-24　解下安全帽

首先拍模拟人双肩 2 次，此时计时开始，拍双肩时力度要适当，不能过大，要目视模拟人面部，如图 1-25 所示。

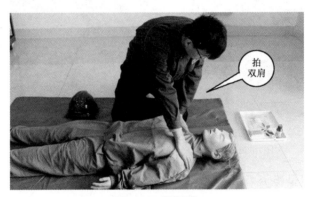

图 1-25　拍双肩

分别检查模拟人双眼瞳孔，动作规范到位，让眼睛睁开漏出瞳孔，使用指肚触及模拟人眼皮，如图 1-26 所示。

图 1-26　检查瞳孔

掐模拟人人中,用拇指尖端掐人中,其余四指并拢,食指第二关节抵住下巴,持续 5～10s,在心里默念"1101,1102,1103,1104,1105,1106,1107",如图 1-27 所示。

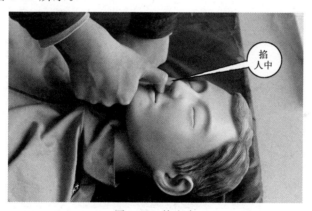

图 1-27　掐人中

(4)分别对模拟人的双耳呼叫"喂!你怎么啦?"转身招手呼救,口述"来人啊!救命啊!"拨打 120,口述"喂 120,快来人救命。"呼救声响亮,转身、摆臂、招手动作标准明显,拨打 120 的动作简洁到位。

☞注

大叫"来人啊!救命啊!"并打 120 电话通知医院时,未呼救、声音小、未模拟打电话通知医院等动作,每项扣 2 分。

分别对模拟人的双耳呼叫"喂！你怎么啦?"双耳呼叫时嘴离模拟人头部小于10cm，但不能贴上，如图1-28所示。

图1-28　双耳呼救

转身招手呼救，口述"来人啊！救命啊!"转身、摆臂、招手的动作标准明显。如图1-29所示。

图1-29　转身招手呼救

拨打120，口述"喂120，快来人救命。"呼救声响亮，拨打120的动作简洁到位，如图1-30所示。

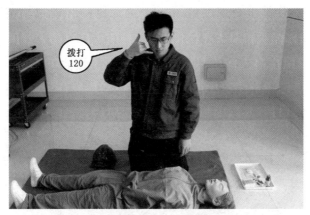

图 1-30　拨打 120

（5）捋一下模拟人的双手双腿，并口述"整理体位"。拉开拉链后露出全部胸膛，口述"拉开拉链"。松开模拟人的腰带，口述"松解腰带"。

☞注

迅速将模拟人放置于仰卧位，并放在地上或硬板上。模拟人头、颈、躯干平卧无扭曲，双手放于两侧躯干旁，体位放置不正确，扣 3 分。解开模拟人上衣，暴露胸部（或仅留内衣），冬季要注意使其保暖，未做扣 2 分。

捋一下模拟人的双手双腿，口述"整理体位"，动作规范到位，如图 1-31 所示。

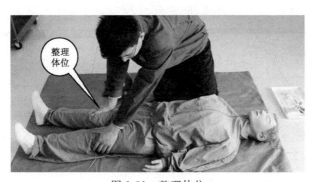

图 1-31　整理体位

拉开拉链后露出全部胸膛，口述"拉开拉链"，动作规范到位，如图1-32所示。

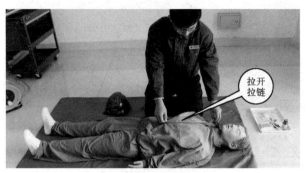

图1-32 拉开拉链

松开模拟人的腰带，口述"松解腰带"，动作规范到位，如图1-33所示。

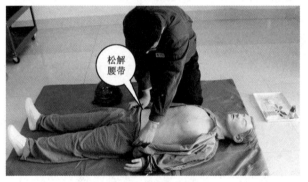

图1-33 松解腰带

（6）双手保护模拟人脸部，向左转动模拟人头部（见图1-34），左手固定脖子，整个过程中后脑勺不能离地。右手食指清理口腔异物，口述"清理口腔异物"，随后将头复位。

☞注

清除口腔异物时，将伤员头部侧转，用一根手指或两根手指交叉从口角处插入，取出异物，未做清除口腔异物操作扣1分。

图 1-34　转动头部

用右手食指清理口腔异物,口述"清理口腔异物",如图1-35所示。

图 1-35　清理口腔异物

双手保护模拟人的脸部,向右转动模拟人头部,将模拟人头部复位,整个过程中后脑勺不能离地,如图 1-36 所示。

图 1-36　复位头部

（7）左手呈手刀状切发际线，右手两指托下颌骨，一次开放到位，口述"开放气道"。判断呼吸时，耳朵贴近模拟人口鼻，头侧向模拟人胸部，停留5～10s，口述"触电者无自主呼吸"。所有的判断都须保持耳朵在模拟人口鼻正上方，距离不大于10cm但不能贴上。

注

用一只手置于模拟人前额，另一只手的食指与中指置于下颌骨近下颏处，两手协同使头部后仰90°；未做通畅气道操作、操作不当，每项扣1分。

判断有无呼吸时，需要执行看、听、试操作。看模拟人的胸部、腹部有无起伏动作；用耳贴近模拟人的口鼻处，听有无呼气声音；用面部的感觉测试口鼻有无呼吸的气流。未正确执行看、听、试每项扣1分。观察过程中要求始终保持气道开放位置，未开放扣2分，操作时间超过10s扣2分。

左手竖直切模拟人发际线，右手两指伸直，托下颏骨，压头抬颏，一次做到位，口述"开放气道"，如图1-37所示。开放气道后，左肘着地作为支撑，两膝不能移动。开放到位后会听到气道开关打开的声音。

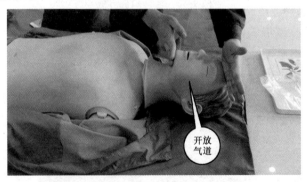

图1-37　开放气道

双手保持开放气道姿势，耳朵贴近模拟人面部进行自主呼吸判断，耳朵距模拟人鼻子约10cm，如图1-38所示。眼睛盯住模拟人胸膛，同时观察模拟人胸膛有无呼吸起伏，判断时间为5～10s。

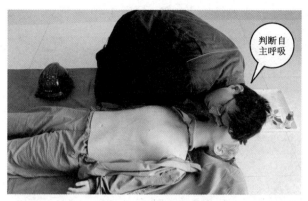

图 1-38 判断自主呼吸

判断结束后,起身口述"触电者无自主呼吸",如图 1-39 所示。

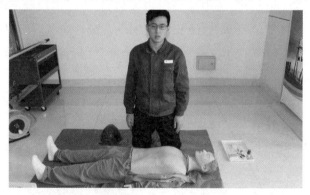

图 1-39 汇报自主呼吸判断结果

(8)盖面膜,开放气道,人工呼吸 2 次。吹气不漏气,吹气量标准,捏、放鼻翼动作要标准。

☞注

未保持气道畅通,扣 5 分;抢救一开始的两次吹气,每次时间为 1～1.5s,吹气时不要按压胸部,吹气量不要过大,约 600mL,未按要求规范操作的每次扣 2 分;人工呼吸错误,每次扣 2 分;吹气时间超过 5s,扣 2 分。

将面膜覆盖到模拟人面部,尽量用双手伸展面膜,让面膜贴合模拟人口鼻，面膜通气部分覆盖模拟人口鼻，如图 1-40 所示。

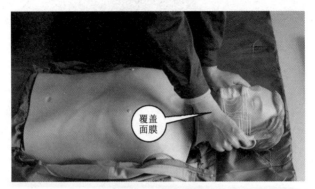

图 1-40 覆盖面膜

保持开放气道动作，左手捏紧模拟人鼻翼，不得出现漏气现象。嘴唇包裹模拟人的口部进行吹气，不得出现漏气现象。进气量要适当，否则会造成吹气过大或吹气过小。吹气过程不能太急促，否则会造成吹气进胃。如图 1-41 所示。

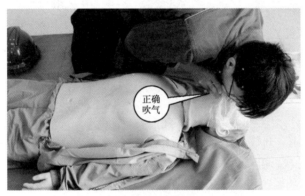

图 1-41 正确吹气

保持开放气道动作，吹气完成之后，左手松开模拟人鼻翼并迅速切换成为切发际线手势。与此同时，头部迅速切换为判断呼吸动作，嘴部张开进行吸气，为下一次吹气做好准备。第一次吹气结束后紧接着进行第二次吹气。正确吸气的动作如图 1-42 所示。

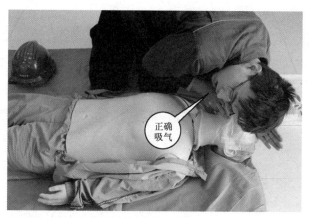

图 1-42　正确吸气

（9）再次判断呼吸 5～10s，判断完呼吸起身判断脉搏 5～10s，手从下颌滑到模拟人喉结，向近身侧下滑 2cm。用画十字法判断颈动脉搏动，画十字过程中另一只手把面膜抬起，用手指的指肚寻找脉搏，手腕弯曲让手与手臂成直角。

吹气结束之后再次判断呼吸 5～10s，如图 1-43 所示。

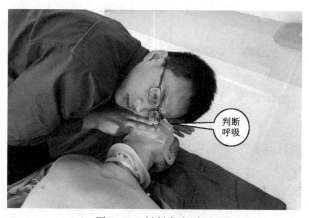

图 1-43　判断自主呼吸

判断呼吸结束后，起身利用画十字方法进行颈动脉搏动判断。首先用右手指肚触及模拟人下颌，左手置于模拟人前额，如图1-44所示。

☞注

一只手置于模拟人前额，使头部保持后仰，另一只手的食指及中指指尖靠近模拟人颈部一侧，轻轻触摸喉结旁 2～3cm 凹陷处的颈动脉，判断有无搏动，操作不规范、检查位置不对的每次扣 2 分；操作时间为 10s，不符合要求扣 1 分；对心跳停止者，在按压前先手握空心拳，快速垂直击打胸前区胸骨中下段 1～2 次，每次 1～2s，力量中等，未击打模拟人胸前区扣 2 分。

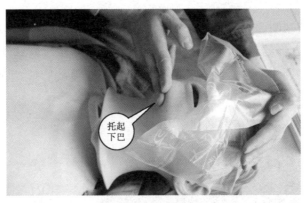

图 1-44　托起下巴

右手竖直向下滑，滑至模拟人喉结，左手将面膜掀起，模拟人喉结处有可触及突出，如图 1-45 所示。

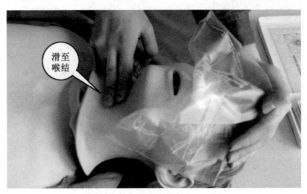

图 1-45　滑至喉结

右手在喉结处横向移动,移至模拟人颈动脉处,位置在喉结与颈部边缘中间,左手将面膜掀起,找到颈动脉后判断颈动脉搏动5~10s,如图1-46所示。

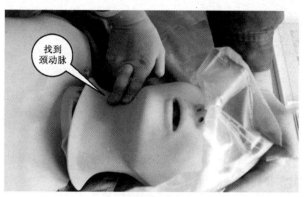

图 1-46　找到颈动脉

(10)砸空心拳2次,但不要真砸,以免造成按压不足,再次判断脉搏5~10s,并口述"触电者颈动脉搏动消失,进行胸外心脏按压第一组"。

☞注

寻找按压位置时,食指及中指沿模拟人肋弓下缘向中间移滑,在两侧肋弓交点处寻找胸骨下切迹,食指及中指并拢横放在胸骨下切迹上方,另一只手的掌根紧贴食指上方并置于胸骨正中部,将定位之手取下,重叠将掌根放于另一只手的手背上,两手的手指交叉抬起,使手指脱离胸壁。操作时,缺少每项扣2分,未按规范操作每次扣1分。按压姿势要正确,两臂绷直,双肩位于伤员胸骨上方正中,靠自身重量垂直向下按压,未按规范操作扣5分。按压用力方式要正确、平稳、有节律,不得间断,不能用冲击式的按压,下压及向上放松的时间相等,下压至按压深度(成人伤员为3.8~5cm),停顿后全部放松,按压时垂直用力向下,放松时手掌根部不得离开胸壁,缺少每项扣2分,操作不规范、按压错误每次扣1分。按压频率超过设定值的±5%,扣5分。

首先右手食指和中指并拢,找到模拟人最后一根肋骨下沿,如图1-47所示。

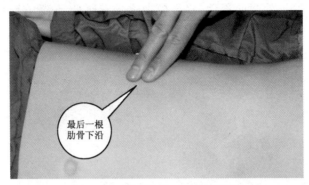

图 1-47　找到最后一根肋骨下沿

右手沿最后一根肋骨的下沿上滑，滑至胸骨末端。胸骨末端有可触及的凹陷，如图 1-48 所示。

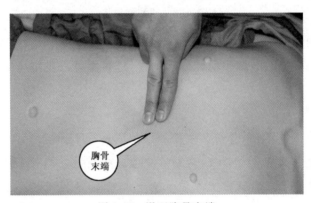

图 1-48　滑至胸骨末端

右手保持不动，左手张开保持上翘，用左手手掌与手腕连接处中心点按在右手两根手指左侧。左手所在处即为按压位置，如图 1-49 所示。

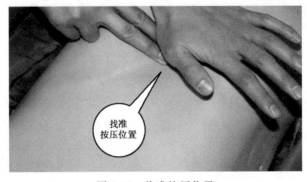

图 1-49　找准按压位置

左手不动,右手砸空心拳两次。力度不能大,否则会出现按压不足。如图 1-50 所示。

图 1-50 砸空心拳 2 次

砸空心拳完成之后,再次进行颈动脉搏动判断 5~10s,如图 1-51 所示。

图 1-51 判断颈动脉搏动

颈动脉判断完成之后,口述"触电者颈动脉搏动消失,进行胸外心脏按压第一组",如图 1-52 所示。

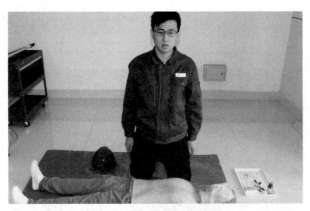

图 1-52　汇报颈动脉判断结果

（11）沿侧方最后一根肋骨上滑到尖部，尖部上方两指为按压部位。左手五指分开，手的根部接触按压部位，右手五指攥紧左手五指，使得左手五指保持翘起（按压时一般右手拇指正好悬空在模拟人左侧乳头上方，按压不费力，无明显阻尼感），两臂绷直，竖直下压，注意保持摆头观察模拟人面部姿势，按压过程中左手保持与模拟人皮肤始终接触，不能翘起，但是要始终提醒自己注意充分回弹。

采用画十字法寻找按压位置，找到最后一根肋骨下沿，如图 1-53 所示。

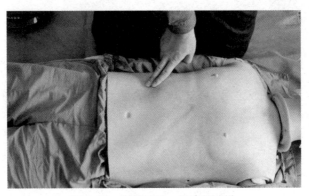

图 1-53　找到最后一根肋骨下沿

采用画十字法寻找按压位置，找到胸骨，如图 1-54 所示。

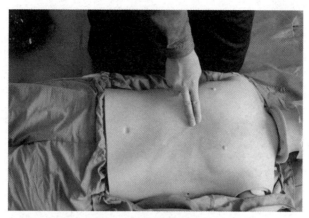

图 1-54　滑至胸骨末端

采用画十字法找到按压位置，如图 1-55 所示。

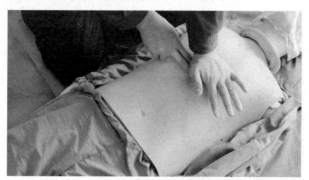

图 1-55　找到按压位置

左手找到按压位置不动，右手手指扣在左手手指上，使得左手保持上翘，进行按压。按压同时头部转向模拟人面部，观察模拟人面部情况。按压力度要适当，否则会出现力度过大或过小的情况。按压位置要保持住，否则会使按压位置错误。两臂保持挺直，手肘不得弯曲，按压过程中要保证充分回弹。腰部及腿部用力，上身保持不动，使得双臂垂直对模拟人胸部进行按压，按压频率为每分钟 100～120 次。如图 1-56 所示。

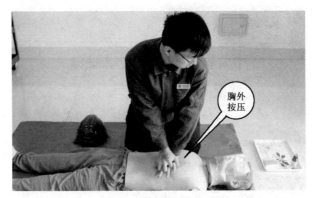

图 1-56　胸外心脏按压

　　按压过程中，右手拇指保持悬于模拟人左侧乳头上方，如图 1-57 所示。

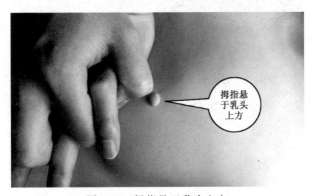

图 1-57　拇指悬于乳头上方

　　按压过程中保持身体笔直，不能出现歪斜。按压之前先摆正身子再斜头，按压 30 次，吹气 2 次，共 5 组，每组按压开始时口述"第 X 组"。衔接动作要迅速到位，吹两口气共用 3s，寻找按压位置动作要规范明显。

　　按压完成之后进行吹气，首先开放气道，动作标准规范，如图 1-58 所示。

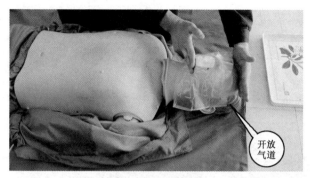

图 1-58　开放气道

未保持气道畅通扣 5 分;用按于前额一手的拇指与食指捏住模拟人鼻翼下端,深吸一口气屏住,并用自己的嘴唇包住模拟人微张的嘴,用力、快而深地向模拟人口中吹气,同时仔细观察模拟人胸部有无起伏,未按要求规范操作、出现错误的每次扣 2 分;一次吹气完毕后,脱离模拟人口部,吸入新鲜空气,同时使模拟人的口张开,并放松捏鼻的手,漏气不规范,每次扣 1 分;每个吹气循环需连续吹气两次,每次 1.5~2s,5s 内完成,每个吹气循环超过时间扣 2 分。

开放气道完成后进行 2 次吹气,动作要标准规范。俯身吹气时,应保证手势正确不变形。如图 1-59 所示。

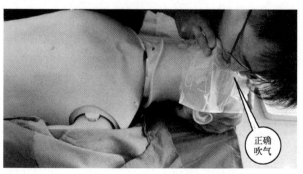

图 1-59　正确吹气

吹气完成，模拟人呼气时，动作要标准规范，如图1-60所示。

正确吸气

图1-60 正确吸气

(12)第五组按压吹气结束后（计时结束），不要立即起身，要先听呼吸和判断脉搏5～10s，然后起身并口述"触电者自主呼吸恢复，可触及颈动脉搏动，心肺复苏成功"。

☞注

在5～10s时间内完成对模拟人呼吸和心跳是否恢复的再判定，未作再判定、超时间，每项扣3分；未口述模拟人瞳孔、脉搏和呼吸情况，扣2分。

第五组按压吹气结束后，进行自主呼吸及颈动脉搏动判断，判断时间为5～10s。两种判断同时进行，在保持判断自主呼吸的同时，右手采用画十字法进行颈动脉搏动判断，如图1-61和图1-62所示。

图 1-61　找到喉结

图 1-62　判断颈动脉搏动

颈动脉搏动判断完成之后,起身口述"触电者自主呼吸恢复,可触及颈动脉搏动,心肺复苏成功",如图 1-63 所示。

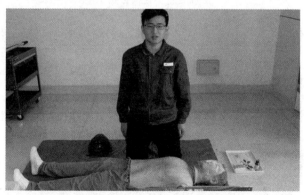

图 1-63　口述心肺复苏成功

3.整理场地

(1)清理恢复现场。

(2)整理模拟人和铺垫（注意整理模拟人头部位置，用开放气道的动作让气道恢复，衣服拉链要拉到顶，衣服和铺垫要整理平整）。

☞注 ....

出现不安全行为，每次扣5分；作业完毕，现场未清理恢复扣5分，不彻底扣2分；损坏工器具，每件扣3分。

....

(3)向考官报告工作结束，口述"报告考官，X号学员操作结束"。

对模拟人进行衣服整理，将模拟人气道恢复，衣服拉链要拉到顶，如图1-64所示。

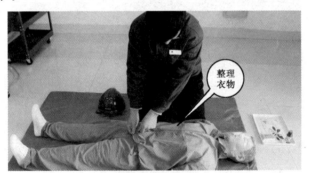

图1-64 整理衣物

整理体位，用手捋一下模拟人的手脚，平整衣服，调整位置，如图1-65所示。

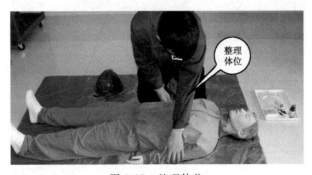

图1-65 整理体位

整理铺垫,将褶皱伸展开,恢复原样,如图 1-66 所示。

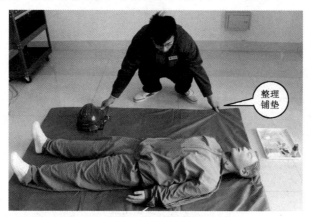

图 1-66　整理铺垫

模拟人整理完毕之后,将托盘放入小车内,并将所有工器具复位,如图 1-67 所示。

图 1-67　整理工器具

将用完的面膜、安全帽及线手套拿起,口述"报告考官,X 号学员操作结束",如图 1-68 所示。

图 1-68　操作结束

4. 注意事项

（1）所有动作务必简洁、标准、到位，所有口述要洪亮、清晰。

（2）几处 5～10s 判断，务必保证时间。

（3）吹气时气道一次开放到位并保持住，按压时找对位置，身体保持紧张状态，保证按压时能够充分回弹。

六、技能等级认证标准

触电急救考核评分记录表，如表 1-6 所示。

表 1-6　　　　　　　　触电急救考核评分记录表

姓名：　　　　　　准考证号：　　　　单位：　　　　时间要求：15min

序号	项目	考核要点	配分	评分标准	得分	扣分	备注
1				工作准备			
1.1	着装穿戴	穿工作服、绝缘鞋；戴安全帽、线手套	5	1.未穿工作服、绝缘鞋，未戴安全帽、线手套，每缺少一项扣 2 分 2.着装穿戴不规范，每处扣 1 分			

续表

序号	项目	考核要点	配分	评分标准	得分	扣分	备注
1.2	检查清理工器具	检查工器具齐全,符合使用要求;对模拟人进行消毒、隔离	5	1.工具未检查试验、检查不全,每件扣1分 2.未对模拟人进行口腔消毒、隔离,消毒方法不正确,扣2分			
2				工作过程			
2.1	迅速脱离电源(10s)	断开电源,采取正确方式使模拟人迅速脱离电源	5	1.断开电源的时间超过时限5s扣2分 2.脱离电源的时间超过时限10s,该项目不得分 3.任何使救护者或触电者处于不安全状况的错误行为,该项不得分			
2.2	判断伤员意识(10s)	正确的意识判断	5	1.判断意识:轻拍模拟人肩部,高声呼叫模拟人"喂!你怎么啦?"检查模拟人瞳孔,若眼球固定,瞳孔放大,无反应时,立即用手指甲掐压人中穴或合谷穴约5s,缺少每项扣2分 2.操作时间超过10s扣2分			
2.3	呼救并放好模拟人(10s)	呼救,并将模拟人放好	5	1.大叫"来人啊!救命啊!"并打120电话通知医院,未呼救、声音小、未模拟打电话通知医院的动作,每项扣2分 2.迅速将模拟人放置于仰卧位,并放在地上或硬板上。模拟人头、颈、躯干平卧无扭曲,双手放于两侧躯干旁,体位放置不正确扣3分 3.解开模拟人上衣,暴露胸部(或仅留内衣),冬季要注意使其保暖,未做扣2分			

续表

序号	项目	考核要点	配分	评分标准	得分	扣分	备注
2.4	通畅气道并判断模拟人呼吸（15s）	采用仰头举颏法通畅气道，检查模拟人口、鼻腔有无异物，通过看、听、试的方式判断模拟人呼吸状况	5	1.用一只手置于模拟人前额，另一只手的食指与中指置于下颌骨近下颏处，两手协同使头部后仰90°，未做通畅气道操作、操作不当的每项扣1分 2.清除口腔异物，将模拟人头部侧转，用一个手指或用两手指交叉从口角处插入，取出异物，未做清除口腔异物操作的扣1分 3.看：看模拟人的胸部、腹部有无起伏动作；听：用耳贴近伤员的口鼻处，听有无呼气声；试：用面部的感觉测试口鼻有无呼吸的气流，未正确执行看、听、试的每项扣1分 4.观察过程要求始终保持气道开放位置，未开放扣2分 5.操作时间超过10s扣2分			
2.5	人工呼吸（10s）	确定模拟人无呼吸后，应立即进行两次口对口（鼻）的人工呼吸	5	1.未保持气道畅通扣5分 2.抢救一开始的两次吹气，每次1~1.5s,吹气时不要按压胸部，吹气量不要过大，约600mL,未按要求规范操作每次扣2分 3.人工呼吸错误每次扣2分 4.吹气时间超过5s扣2分			

续表

序号	项目	考核要点	配分	评分标准	得分	扣分	备注
2.6	判断模拟人心跳(10s)	正确判断模拟人心跳,检查时间在5~10s内	5	1.一只手置于模拟人前额,使头部保持后仰,另一只手的食指及中指指尖在靠近救护者一侧轻轻触摸喉结旁2~3cm凹陷处的颈动脉,判断有无搏动,操作不规范、检查位置不对每次扣2分 2.操作时间10s,不符合要求扣1分 3.对心跳停止者,在按压前先手握空心拳,快速垂直击打胸前区胸骨中下段1~2次,每次1~2s,力量中等,未击打模拟人胸前区的扣2分			
2.7	胸外按压(90s)	正确进行胸外按压,按压位置、按压姿势、按压用力方式、按压频率符合要求	25(15)	1.按压位置:食指及中指沿伤员肋弓下缘向中间移滑,在两侧肋弓交点处寻找胸骨下切迹;食指及中指并拢横放在胸骨下切迹上方,以另一只手的掌根紧贴食指上方置于胸骨正中部,将定位之手取下,将掌根放于重叠另一只手的手背上,两手手指交叉抬起,使手指脱离胸壁,缺少每项扣2分,未按规范操作每次扣1分 2.按压姿势:两臂绷直,双肩在伤员胸骨上方正中,靠自身重量垂直向下按压,未按规范操作扣5分 3.按压用力方式:平稳,有节律,不得间断,不能用冲击式的按压,下压及向上放松的时间相等,下压至按压深度(成人模拟人为3.8~5cm),停顿后全部放松,垂直用力向下压,放松时手掌根部不得离开胸壁,缺少每项扣2分,操作不规范、按压错误每次扣1分 4.按压频率:按压频率超过设定值的±5%扣5分			

续表

序号	项目	考核要点	配分	评分标准	得分	扣分	备注
2.8	口对口人工呼吸（25s）	保持气道通畅，正确进行口对口人工呼吸	25（15）	1.未保持气道畅通扣5分 2.用按于前额的手的拇指与食指捏住伤员鼻翼下端，深吸一口气屏住并用自己的嘴唇包住模拟人微张的嘴，用力、快而深地向模拟人口中吹气，同时仔细观察模拟人胸部有无起伏，未按要求规范操作、错误的每次扣2分 3.一次吹气完毕后，脱离模拟人口部，吸入新鲜空气，同时使伤员的口张开，并放松捏鼻的手，漏气不规范每次扣1分 4.每个吹气循环需连续吹气两次，每次1.5～2s，5s内完成，每次吹气循环超过时限扣2分			
3				工作终结验收			
3.1	抢救结束再判定（10s）	用看、听、试的方法对模拟人呼吸和心跳是否恢复进行再判定，并汇报，再根据情况进行二次抢救	3	1.在5～10s时间内完成对模拟人呼吸和心跳是否恢复的再判定，未做再判定、超时间的每项扣3分 2.未口述伤者瞳孔、脉搏和呼吸情况的扣2分			
3.2	安全文明生产	汇报结束前，所选工器具放回原位，摆放整齐，无损坏设备、工具，恢复现场，无不安全行为	7	1.出现不安全行为的每次扣5分 2.作业完毕，现场未进行清理恢复扣5分，清理不彻底的扣2分 3.损坏工器具的每件扣3分			

续表

序号	项目	考核要点	配分	评分标准	得分	扣分	备注
4	完成情况						
4.1	伤员救治情况	1.第一次救治成功，2.7和2.8项合计得分为50分 2.第一次救治不成功，第二次救治成功，2.7和2.8项合计得分为30分 3.第二次救治不成功，2.7和2.8项不得分					
4.2	救治完成时间	每240s为一个抢救时段，在150～190s内完成不扣分，每提前或延后10s扣1分					
合计得分							

否定项说明：1.违反《国家电网公司电力安全工作规程(配电部分)》；2.违反职业技能鉴定考场纪律；3.造成设备重大损坏；4.发生人身伤害事故。

第二章 常用仪器仪表的正确使用

对于电力企业员工来说,仪器仪表在使用前的选用十分重要,如选用不当,不是满足不了生产和试验的要求,达不到测量目的,就是不能充分利用仪器仪表的性能,造成不必要的浪费。因此,在选用时,首先必须明确测量或试验的要求,然后根据这些要求合理地选取测量方法、测量线路和测量仪器,而测量仪器仪表的选择主要应考虑仪表的类型、准确度、量程、内阻、使用场所和绝缘强度等。本章以常用仪器仪表的用途、基本结构、工作原理、使用方法及其使用注意事项为核心,旨在有效提升学员的仪器仪表操作技能。

一、培训目标

通过专业理论学习和技能操作训练,学员能够了解钳形电流表、万用表、绝缘电阻测试仪的用途、基本原理和结构、使用方法、注意事项等内容。通过概念描述、结构介绍、图解示意、要点归纳和实际测量,学员能够掌握三种常用仪器仪表的使用方法。

二、培训设施

培训所需工器具如表 2-1 所示。

表 2-1　　　　　　　　　　工具及器材(每个工位)

序号	名称	规格型号	单位	数量	备注
1	钳形电流表	—	只	1	—
2	万用表	—	只	1	—
3	手套	—	副	1	—
4	绝缘电阻测试仪	—	只	1	—
5	接地电阻测试仪	—	只	1	—
6	低压配电柜	GGD	面	1	—
7	电阻	—	只	若干	—
8	二极管	—	只	若干	—
9	干电池	—	只	若干	—

三、培训时间

学习钳形电流表(万用表)专业知识 ……………………… 2.0 学时

学习绝缘电阻测试仪专业知识 …………………………… 2.0 学时

学习绝缘电阻测试仪测量方法 …………………………… 1.5 学时

现场练习 …………………………………………………… 3.0 学时

技能测试 …………………………………………………… 0.5 学时

合计:9.0 学时。

四、基础知识点

(一)常用电工测量仪表的基本知识

测量各种电学量和磁学量的仪表统称为电工测量仪表,简称电工仪表。电工测量仪表的种类繁多,现实中最常见的是测量基本电学量的仪表。在电气线路及设备的安装、使用与维修过程中,电工仪表对整个电气系统的检测、监视和控制都起着极为重要的作用。因此,学好电工仪表的基本知识,是正确使用和维护电工仪表的基础。

1. 常用电工仪表的分类

电工仪表种类和规格繁多，分类方法也各不相同。按仪表的结构和用途大致可分为以下几类：

1）指示仪表

指示仪表可通过指针的偏转角位移直接读出测量结果，包括各种固定式指示仪表、可携式仪表等。交流和直流电流表、电压表以及万用表大多为指示仪表。

指示仪表具有测量迅速、读数直接等优点，它们的分类如下：

（1）按仪表的工作原理可分为：电磁系、磁电系、电动系、感应系、整流系、静电系、热电系及铁磁电动系等。

（2）按测量的对象可分为：电流表、电压表、功率表、欧姆表、电能表和频率表等。

（3）按被测电流种类可分为：直流表、交流表和交直流两用仪表。

（4）按使用方式可分为：固定式仪表和可携式仪表。固定式仪表安装于开关板上或仪器的外壳上，准确度较低，但过载能力强，价格低廉；可携式仪表便于携带，常在实验室使用，这种仪表的过载能力较差，价格较贵。

（5）按仪表的准确度等级可分为：0.1 级、0.2 级、0.5 级、1.0 级、1.5 级、2.5 级、5.0 级，准确度数值越小，仪表的精确度越高。例如准确度为 0.1 级的仪表，其基本误差极限（即允许的最大引用误差）为 ±0.1%。

（6）按仪表对外界磁场的防御能力可分为：Ⅰ 级、Ⅱ 级、Ⅲ 级、Ⅳ 级。具有 Ⅰ 级防外界磁场的仪表允许产生 0.5% 的测量误差；Ⅱ 级允许产生 1.0% 的误差；Ⅲ 级允许产生 2.5% 的误差；Ⅳ 级允许产生 5.0% 的误差。级数越小，抗外界磁场干扰的能力越强。

（7）按仪表使用环境的不同可分为：A、B、C 三组。

2）比较仪表

用比较法来进行测量的仪器包括直流比较仪器和交流比较仪器。例如，电桥、电位差计、标准电阻箱等为直流比较仪器；交流电桥、标准电感、标准电容等为交流比较仪器。

3）数字式仪表

数字式仪表是通过逻辑控制来实现自动测量的仪表，测量结果以数码形式直接显示,如数字万用表、数字钳形表、数字兆欧表等。

4)记录仪表和示波器

记录仪表和示波器是一种能测量和记录被测量随时间变化的仪表,例如 X-Y 记录仪就是一种记录仪表。电子示波器能够把物理量变化的波形全貌显示出来,使用者既可以在变化的波形中进行定性观察分析,还可以对显示的波形进行定量测量。

5)扩大量程装置和变换器

扩大量程装置包括分流器、附加电阻、电流互感器和电压互感器等;变换器是指将非电量(如温度、压力等)变换成电量的装置。

2. 仪表的测量误差

仪表在进行测量时所得的测量值与实际值之间的差值称为仪表的测量误差。测量误差越小,测量值越接近实际值,说明仪表的测量精度越高。引起测量误差的原因有两方面:一是仪表本身固有的因素所造成的误差,主要是由于仪表结构设计和制造工艺不完善而产生的,如机械结构摩擦力不一致引起的误差、标度尺刻度不精确引起的误差等,这种误差称为系统误差。二是仪表因外界因素的影响而产生的误差,如周围环境温度过低或过高、电源电压的大小、频率的波动及外界磁场干扰都会引起测量误差,这种误差称为随机误差。

电工仪表测量误差有两种表达形式:

1)绝对误差 Δ

绝对误差是指仪表测量的指示值 X 与实际值 X_0 的差值,即

$$\Delta = X - X_0$$

2)相对误差 γ

相对误差是指绝对误差 Δ 与实际值 X_0 的比值的百分数,即

$$\gamma = (\Delta / X_0) \times 100\%$$

可以看出,相对误差给出了测量误差的明确概念,可清楚地表明仪表测量的准确程度,是一种常用的测量误差的表示形式。

3. 电工测量的注意事项

1)正确地选择仪表

电工测量是维修电工的主要工作内容,正确地选择电工仪表是维修

电工的基本技能之一。

如何正确选用电工仪表，主要从以下几方面考虑：

（1）根据测量对象选择相应的仪表。对电路进行监测性测量，采用固定式仪表；对电路进行检测性测量，一般采用可携式仪表。根据被测的电量来决定相应测量种类的仪表，如电压表、电流表、瓦特表或电度表等，并确定仪表型号。

（2）根据被测量的大小，选择合适的量程。量程选择的原则是仪表的量程上限一定要大于被测量，并使指针处于仪表满刻度的 1/2 以上。

（3）根据测量精度的要求，选取适当准确度等级的仪表。选择的原则是在保证测量精度的前提下，选用准确度等级较低的仪表。因为仪表准确度等级越高，价格越贵，对测量环境的要求也越高。

2）认真阅读仪表说明书

每一种仪表都有自己的特点，因此在使用新仪表或接线较复杂的仪表之前，应认真阅读使用说明书，并按要求步骤进行操作。

3）注意人身和设备安全

维修电工由于要经常测量高电压、大电流电路，在测量过程中一定要注意人身和设备安全，除了按仪表使用规则操作外，还必须遵守各种安全操作规程。

（二）万用表

1. 指针式万用表

指针式万用表又称三用表、万能表等，是一种多功能的携带式电工仪表，用以测量交/直流电压、电流，直流电阻等。有的万用表还可以测量电容量、晶体管共射极的直流放大系数和音频电平等参数。

1）结构

万用表的型号很多，但其结构基本相同，均由测量机构（表头）、测量线路和转换开关三部分组成。图 2-1 为 500 型指针式万用表的外形图。

（1）测量机构（表头）

万用表的表头是一个磁电系的微安表，其满刻度电流越小，万用表的灵敏度就越高，一般在 $100\mu A$ 以下。为配合测量不同的被测量和量程，它有一块由多条刻度线组成的标有各种单位的面板(表盘)。

(2)测量线路

测量线路包括分压电阻、分流电阻、半导体整流器(测交流电流时用)和干电池等,只有将它们与表头适当配合,才能通过一个表头进行多种被测量和多量程的测量。

(3)转换开关

转换开关的作用是改变测量线路,以适应测量不同的被测量和量程。有的万用表(如 MF500 型和 MF18 型)有两个转换开关,一个用于选择被测量种类,另一个用于改变量程,使用时先选择测量种类,然后选择量程。万用表的外壳上除了转换开关、面板外,还有接线插孔(或接线柱)、调零旋钮等。

2)工作原理

万用表实际上都是采用磁电系测量机构,配合转换开关和测量线路实现多量程电流电压表、多量程直流电流表、多量程整流式交流电压表和多量程欧姆表等仪表的总和,通过转换开关实现各种功能的选择,并通过表盘上多种刻度线和各种刻度单位指示出被测量的大小。万用表工作原理如图 2-2 所示。

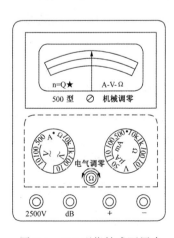

图 2-1　500 型指针式万用表

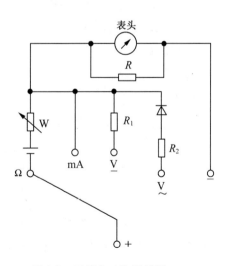

图 2-2　万用表工作原理图

3）直流电流的测量

图 2-3 是测量直流电流的简化电路图，将万用表的转换开关打到相应的直流电流量程挡位，就可按此量程测量直流电流。此时的万用表就是一块直流电流表。被测电流从外电路经万用表的"＋"端流进，经相应的并联分流电阻和微安表头，再由"－"端流出。微安表头的指针偏转到相应的位置，根据相应量程的刻度尺进行读数，就可以测量出电流的数值。选用不同的分流器就可以制成多量程的直流电流表。

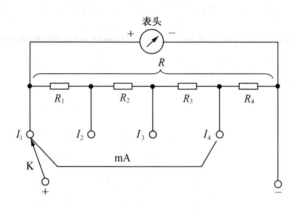

图 2-3　测量直流电流的原理图

在实际使用时，如果对被测电流的大小不了解，应先由最大量程挡试测，以防电流过大损坏指针，然后再选用适当的量程，以减小测量误差。接线方法与测量直流电流方法一样，应把万用表串联在电路中，让电流从"＋"端流进、"－"端流出。

4）直流电压的测量

图 2-4 是测量直流电压的简化电路图，将万用表的转换开关拨至相应的直流电压量程上，此时的万用表就是一块直流电压表。被测电压加在"＋""－"两端，产生的电流流经相应的串联分压电阻和微安表头，使微安表头的指针偏转到相应的位置，根据相应量程的刻度尺进行读数和换算，就可以测量出电压的数值。选择不同的串联分压电阻（转换开关 K 拨至不同的位置），改变了量程，可形成多量程的直流电压表。

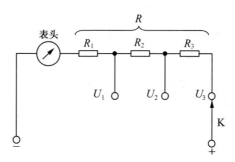

图 2-4　测量直流电压的原理图

5）交流电压的测量

若转换开关拨在交流电压挡上，万用表就成了交流电压表。磁电系仪表本身只能测量直流，但由于在线路中增加了整流元件，被测交流电压经二极管整流（半波整流或桥式整流式）把交流电变成直流电，构成了一个整流系电压表，再选用不同的串联分压电阻就可以制成多量程的交流电压表，其原理如图 2-5 所示。测量交流电压时会产生波形误差，这是因为万用表是按正弦波标注刻度的，而它的测量机构响应于平均值。若被测电压波形失真或者是非正弦波时，其测量结果会有波形误差。仪表的读数为交流电压的有效值，一般万用表可测量频率为 45～1000 Hz 的正弦交流电，不能测量非正弦周期量。

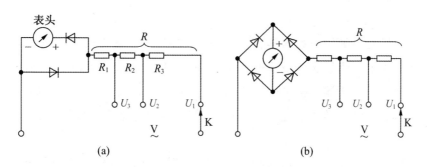

图 2-5　测量交流电压的原理图

6）电阻的测量

将转换开关 K 拨到测量电阻的位置上，并把待测电阻 R_x 两端分别与两支表笔相接触，这时表内电池 E、调节电阻 R、微安表头及待测电阻 R_x 组成回路，便有电流通过表头使指针偏转，如图 2-6 所示。显然，R_x 阻值越大,则电流越小,偏转角也越小,当被测电阻为无限大时,电流为零,指针不动,即电流、电压的 0 刻度为电阻的∞刻度;反之,R_x 阻值越小,电流越大,偏转角也越大,当被测电阻为 0 时,电流最大,则指针指在电压、电流的最大刻度处,即为电阻的 0 刻度。电阻的刻度方向与电流、电压的刻度方向相反,阻值数等于刻度尺上指示数乘以该量程的倍率数。

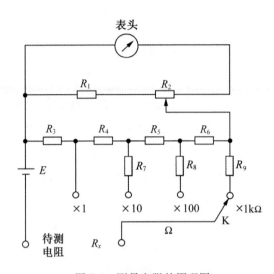

图 2-6　测量电阻的原理图

7)使用方法

(1)测量电压的方法

测量交流电压时将转换开关置于"～"挡,所需量程由被测量电压的高低来确定。测量交流电压时不分正负极,只需将表笔并联在被测电路或被测元器件两端。指针式万用表使用频率范围一般为 45～1000Hz,如果被测交流电压频率超过了这个范围,测量误差将增大,这时的数据只能作为参考。

测量直流电压时,将转换开关置于"－"挡,所需量程由被测电压的高低来确定。测量直流电压时正负极不能搞错,若表笔接反,表头指针会反方向偏转,容易撞弯指针。

(2)测量直流电流的方法

将转换开关置于"直流电流"挡的适当量程位置。测量时必须先断开电路,然后按电流从正到负的方向,将万用表串联到被测电路中。如果误将万用表电流挡与负载并联,由于它的内阻很小,会造成短路,导致电路和仪表被烧毁。

（3）测量电阻的方法

将转换开关置于"电阻"挡的适当量程位置上,先将两根表笔短接,并同时转动零欧姆调整旋钮,使表头指针准确停留在欧姆标度尺的零点上,然后用表笔测量电阻。面板上的符号表示倍率数,将表头的读数乘以倍率数所得结果就是所测电阻的电阻值。

在测量电阻时,不允许带电操作。因为测量电阻的欧姆挡是由干电池供电的,带电测量相当于外加一个电压,不但会使测量结果不准确,而且有可能烧坏表头。另外,不能用万用表的电阻挡直接测量微安表表头,电池发出的电流会烧坏微安表表头。

8）注意事项

使用前要认真阅读说明书,充分了解万用表的性能,正确理解表盘上各种符号和字母的含义及各标度尺的读法。熟悉转换开关旋钮和插孔的作用。

（1）红表笔的插头插入"＋"插口,黑表笔的插头插入"－"插口。

（2）检查表笔是否完好、接线有无损坏、表内电池是否完好（使用电阻挡）,以确保操作安全。要注意电表应放平稳。

（3）检查指针是否在零位,如不在零位,可用小螺丝刀调整表盖上的调零器进行调零。

（4）根据被测量的种类与数值范围,将转换开关拨转到相应位置,且每次测量前都应检查其位置是否正确。要养成习惯,绝不能拿起表笔就测量。错用电阻或电流挡去测量电压时,会烧坏内部电路和表头。

（5）根据转换开关位置,先看清该量程所对应的刻度线及其分格数值,防止在测量过程中寻找,从而影响读数速度和准确度。

（6）注意万用表的红表笔与表内电池负极相连,黑表笔与表内电池正极相连,这一点在测量电子元件时应特别注意。

（7）严禁用电阻挡或电流挡去测量电压,否则将会烧坏仪表甚至危及人身安全。

（8）不要带电拨动转换开关,在测量高电压或大电流时更要注意,以免在切断电流的瞬间产生电弧而损坏开关触点。

（9）万用表欧姆挡不能直接测量微安表、检流计等表头的电阻，也不能直接测量标准电池。

（10）用欧姆挡测晶体管参数时，一般应选用"R×100"挡或"R×1k"挡。因为晶体管所能承受的电压较低，允许通过的电流较小。万用表欧姆低倍率挡的内阻较小，电流较大，如"R×1"挡的电流可达 100mA，"R×10"挡的电流可达 10mA；高倍率挡的电池电压较高，一般"R×10k"以上的倍率挡电压可达十几伏，所以一般不宜用低倍率挡或高倍率挡去测量晶体管的参数。

（11）万用表的表面有很多刻度标尺，应根据被测量的量程在相应的标尺上读出指针所指示的数值。另外，读数时应尽量使视线与刻度盘垂直。对有反光镜的万用表，应使指针与其影像重合，再进行读数。

（12）测量完毕，应将转换开关拨到空挡或交流电压的最大量程挡，以防测电压时忘记拨转换开关，用电阻挡去测电压，会将万用表烧坏。不用时不要把转换开关置于电阻各挡，以防表笔短接时使电池放电。测量含有感抗的电路中的电压时，应在切断电源以前先断开万用表，以防自感现象产生的高压损坏万用表。

（13）应在干燥、无震动、无强磁场、环境温度适宜的条件下使用和保存万用表。长期不用的万用表，应将表内电池取出，以防电池存放过久变质而漏出电解液腐蚀表内元件。

2. 数字万用表

指针式万用表的工作原理是把被测量转换成直流电流信号，使磁电系表头指针偏转。数字万用表采用完全不同于传统的指针式万用表的转换和测量原理。它使用液晶数字显示，使其具有很高的灵敏度和准确度，显示清晰美观，便于观看，并且还具有无视差、功能多样、性能稳定、过载能力强等特点，因而得到了广泛的应用。

数字万用表有手动量程和自动量程、手持式和台式之分。语音数字万用表内含语音合成电路，在显示数字的同时还能用语音播报测量结果。高档智能数字万用表内含单片机，具有数据处理、自动校准、故障自检、通信等多种功能。双显示万用表在数显的基础上增加了模拟条图显示器，后者能迅速反映被测量的变化过程及变化趋势。

1)特点

(1)准确度高。准确度是测量结果中系统误差与随机误差的综合,它表示测量值与实际值的一致程度,也反映了测量误差的大小。准确度愈高,测量误差愈小。

数字万用表的准确度远远高于指针式万用表的准确度。以直流电压挡的基本误差(不含量化误差)为例,指针式万用表通常为 $\pm2.5\%$,而低档数字万用表为 $\pm0.5\%$,中档数字万用表为 $\pm(0.05\sim0.1)\%$,高档数字万用表可达到 $\pm(0.00003\sim0.005)\%$。

(2)显示直观、读数准确。数字万用表采用数显技术,使测量结果一目了然,不仅能使使用者准确读数,还能缩短测量时间。许多新型数字万用表增加了标志符(测量项目、单位、特殊标记等符号)显示功能,使读数更加直观。

数字万用表的显示位数有 $3\frac{1}{2}$ 位、$3\frac{2}{2}$ 位、$3\frac{3}{4}$ 位、$4\frac{1}{2}$ 位、$4\frac{3}{4}$ 位、$5\frac{1}{2}$ 位、$6\frac{1}{2}$ 位、$7\frac{1}{2}$ 位、$8\frac{1}{2}$ 位,表示该表可显示整数数字加一位的数字,如 $3\frac{1}{2}$ 位表可显示四位、$4\frac{1}{2}$ 位表可显示五位,依此类推。其中,最高位最大数字可显示到分子的数值,其他各个位可显示 $0\sim9$ 之间的任何数值。

(3)分辨力高。数字万用表在最低量程上末位 1 个字所对应的数值,就表示分辨力。它反映仪表灵敏度的高低,并且随着显示位数的增加而提高。以直流电压挡为例,$3\frac{1}{2}$、$4\frac{1}{2}$ 仪表的分辨力分别为 $100\mu V$、$101\mu V$。分辨力指标亦可用分辨率来表示。分辨率是指仪表所能显示的最小数字(零除外)与最大数字的百分比。例如,$3\frac{1}{2}$ 仪表的分辨率为 $1/1999\approx0.05\%$,远优于指针式万用表。

(4)测量速率快、测试功能强。数字万用表在每秒钟内对被测量的测量次数叫做测量速率,$3\frac{1}{2}$ 位和 $4\frac{1}{2}$ 位数字万用表的测量速率一般为 $2\sim5$ 次/s。数字万用表可以测量直流和交流电压、直流和交流电流、电阻、电感、电容、三极管放大倍数、转速等，有的智能数字万用表还增加了测量有效值（TRMS）、最小值（MIN）、最大值（MAX）、平均值（AVG），设定上下限，自动校准等功能。

（5）输入阻抗高、功耗低、保护电路比较完善。普通数字万用表 DCV 挡的输入阻抗为 10MΩ，整机功耗极低，仅为 30～40mW，可采用 9V 叠层电池供电。它具有较完善的过电流、过电压保护功能，过载能力强，使用中只要不超过极限值，即使出现误操作也不会损坏 VD 转换器。

2）组成及原理

数字万用表面板部分由显示屏、电源开关、功能和量程选择开关、输入插孔、输出插孔等组成，如图 2-7 所示。

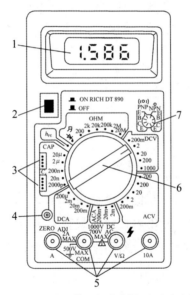

1- 显示器； 2- 开关； 3- 电容插口； 4- 电容调零器；
5- 插孔； 6- 选择开关； 7-h_{FE} 插口

图 2-7 DT890 型数字万用表外形图

数字万用表是在数字电压表的基础上扩展而来的，因此，首先必须进行被测参数与直流电压之间的转换，由信号变换电路完成。由变换电路变换而来的直流电压经电压测量电路在微控制器（或逻辑控制电路）的控制下，将模拟电压量转换成数字量后，再经译码、驱动，最后显示在液晶或数码管显示屏上（也有的是一个芯片集成了 A/D、译码、驱动等多种功能的转换电路）。

3）使用方法（以 DT890D 为例）

（1）使用前的准备工作

将黑表笔插入"COM"插孔，红表笔插入相应被测量的插孔内，然后将转换开关旋至被测种类区间内，并选择合适的量程。量程选择的原则和方法与指针式万用表相同。将电源开关拨向"ON"位置，接通表内工作电源。

（2）直流电流、交流电流的测量

测量直流电流时，当被测电流小于 200mA 时，将红表笔插入"mA"插孔，黑表笔插入"COM"插孔，将转换开关旋至"DCA"或"A－"区间内，并选择适当的量程（2mA、20mA、200mA），将万用表串联入被测电路中，显示屏上即可显示出读数，测量结果的单位是 mA。如果被测量的电流值大于 200mA，则量程开关置于"10"或"20"挡，同时要将红表笔插入"10A"或"20A"插孔，显示值以 A 为单位。

测量交流电流时，将量程开关旋至"ACA"或"A～"区间的适当量程上，其余与测量直流电流相同。

数字万用表内部电路由信号变换电路、直流电压测量电路、显示电路、电源电路等组成，如图 2-8 所示。

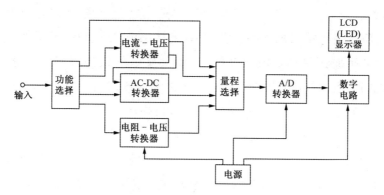

图 2-8 数字万用表的组成

（3）直流电压、交流电压的测量

测量直流电压时，将红表笔插入"V/Ω"插孔，黑表笔插入"COM"插孔，将量程开关旋至"DCV"或"V－"区间内，并选择适当的量程，通过两表笔将仪表并联在被测电路两端,显示屏上便显示出被测数值。一般直流电压挡有 200mV、2V、20V、200V、1000V 等多个挡,选择 200mV 挡位时,则显示的数值以 mV 为单位;置于其他四个直流电压挡时,显示值均以 V 为单位。测量直流电压和电流时,不必像使用指针式万用表一样考虑正负极性问题,当被测电流或电压的极性接反时,显示的数值前会出现"一"号。

测量交流电压时,将量程开关旋至"ACV"或"V～"区间的适当量程上,表笔所在插孔及具体测量方法与测量直流电压时相同。

(4)电阻的测量

将红表笔插入"V/Ω"插孔,黑表笔插入"COM"插孔,将量程开关旋至"Ω"区间并选择适当的量程,便可进行测量。测量时要注意显示值的单位与"Ω"区间内各量程上所标明的单位 Ω、kΩ、MΩ 相对应。

(5)二极管的测量

数字万用表电阻挡所能提供的测试电流很小。因此,对二极管、三极管等非线性元件,通常不测正向电阻而测正向压降。一般锗管的正向压降为 0.3～0.5V,硅管为 0.5～0.7V。

将红表笔插入"V/Ω"插孔,黑表笔插入"COM"插孔,量程开关旋至标有二极管符号的挡。要注意,数字万用表红表笔的电位比黑表笔的电位高,即红表笔为"＋"极,黑表笔为"－"极,这一点与指针式万用表正好相反。将红表笔接二极管的正极,黑表笔接二极管的负极,显示屏显示出二极管的正向压降(以 V 为单位)。如果显示屏仅出现"1"字(溢出标志),说明两表笔接反,应将两表笔调换再测。若调换后,仍显示"1"或两次测量均有电压值或为零,则说明二极管已损坏。

(6)测量三极管的 h_{FE}

先判断三极管是 PNP 型的还是 NPN 型的,然后根据判断结果把三极管的管脚插入 h_{FE} 的相应插孔内,显示屏上会有 h_{FE} 的数值显示。如果显示屏仅出现"1"字(溢出标志),说明管脚插入的顺序有问题或三极管已坏。

(7)检查电路的通断情况

将量程开关旋至标有符号"OHM"的挡位,表笔插孔位置和测电阻时相同。让两表笔分别触及被测电路两端,若仪表内的蜂鸣器发出蜂鸣声,说明电路通(两表笔间电阻小于 70Ω);反之,则表明电路不通,或接触不良。必须注意的是,被测电路不能带电,否则会误判或损坏万用表。

4)注意事项

(1)由于数字万用表产品型号种类繁多,其技术指标、显示位数、功能、测量范围及使用方法也不相同,使用前要仔细阅读说明书,熟悉面板上各旋钮、开关及插孔的作用,做到正确选择和使用。

(2)测量前先检查电池电压是否足够,熔丝是否正常。若电池电压不够,将严重影响测量结果。

(3)为了防止超量程损坏仪表,测量前应预估被测量的大小,选择合适的量程。若无法估计应先用最高量程测量,再根据测量结果选择合适量程。

(4)用数字万用表测量很小的电阻时,要考虑测试线本身电阻的影响。若测试线太细,将影响测量结果的准确性。

(5)严禁在被测电路带电的情况下进行电阻的测量,或在电流挡及欧姆挡测电压,以免烧毁仪表。

(6)不要在带电情况下转换量程,否则可能损坏仪表。

(7)当用数字万用表测高压时,必须使用高压探头。若需要带电测量,必须先连接好地线,然后再用高压探头迅速、准确地接触高压测试点。测试时,尽量避免产生电弧放电。

(8)数字万用表的电阻挡不宜用来检查二极管。这是因为数字万用表的电阻挡所能提供的测量电流太小,而二极管属于非线性元件,其正反向电阻值与测量电流有很大关系,因此测量出来的电阻值与正常值差别较大。所以,数字万用表设置了专门的极管挡来检测二极管。

(三)钳形电流表

钳表的外形与钳子相似,使用时将导线穿过钳形铁心,因此称为钳形表或钳形电流表,它是电气工作者常用的一种电流表。用普通电流表测量电路的电流时,需要切断电路,接入电流表。而钳表可在不切断电路的情况下进行电流测量,即可带电测量电流,这是钳表的最大特点。钳表的外形如图 2-9 所示。

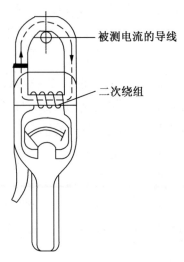

被测电流的导线

二次绕组

图 2-9　钳表的外形

常用的钳表有指针式和数字式两种。指针式钳表测量的准确度较低，通常为 2.5 级或 5 级。数字式钳表测量的准确度较高，用外接表笔和挡位转换开关相配合，还具有测量交/直流电压、直流电阻和工频电压频率的功能。

1. 结构与工作原理

1）结构

指针式钳形电流表主要由铁心、电流互感器、电流表及钳形扳手等组成。钳形电流表能在不切断电路的情况下进行电流的测量，是因为它具有一个特殊的结构——可张开和闭合的活动铁心。当捏紧钳形电流表手柄时，铁心张开，被测电路可穿入铁心；放松手柄时，铁心闭合，被测电路可作为铁心的一组线圈。图 2-10 为钳形电流表结构示意图。

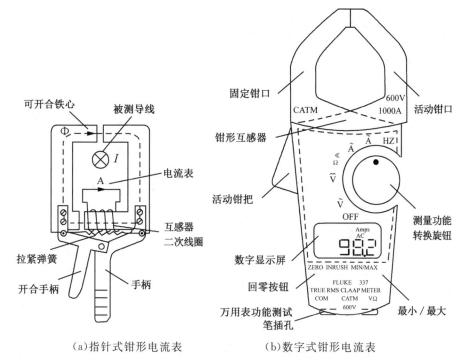

（a）指针式钳形电流表　　　　　（b）数字式钳形电流表

图 2-10　钳形电流表结构

2）工作原理

钳形交流电流表由一只特殊的变压器和一只电流表组成。被测电路相当于变压器的初级线圈，铁心上设有变压器的次级线圈，并与电流表相接。这样，被测电路通过的电流使次级线圈产生感应电流，经整流送到电流表，使指针发生偏转，从而指示出被测电流的数值。其原理如图 2-11 所示。

钳形交/直流电流表是一个电磁式仪表，穿入钳口铁心中的被测电路作为励磁线圈，磁通通过铁心形成回路。仪表的测量机构受磁场作用发生偏转，指示出测量数值。因电磁式仪表不受测量电流种类的限制，所以可以测量交/直流电流。

2. 面板符号

钳表的面板符号如图 2-12 所示。

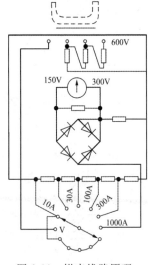

图 2-11　钳表线路原理

图 2-12　钳表面板符号

3. 使用

(1)根据被测电流的种类和线路的电压,选择合适型号的钳表,测量前必须调零(机械调零)。

(2)钳口表面应干净无污物,无锈。当钳口闭合时应密合,无缝隙。

(3)若已知被测电流的粗略值,则按此值选合适量程。若无法估算被测电流值,则应先放到最大量程,然后再逐步减小量程,直到指针偏转不少于满偏的 1/4。

(4)被测电流较小时,可将被测载流导线在铁心上绕几匝后再测量,实际电流数值应为钳形表读数除以放进钳口内的导线根数。

(5)测量时,应尽可能使被测导线置于钳口内中心垂直位置,并使钳口紧闭,以减小测量误差。

(6)测量完毕后,应将转换开关置于交流电压最大位置,避免下次使用时误测大电流。

4. 注意事项

(1)测量前先估计被测电流的大小,选择合适的量程。若无法估计被测电流的大小时,则应从最大量程开始,逐步换成合适的量程。转换量程应在退出导线后进行。

（2）钳口要结合紧密且保持清洁干燥。若发现测量时有杂声出现,应检查钳口结合处是否闭合良好或有污垢存在。若有污垢,应用煤油擦干净后再进行测量。

（3）测量时,应将被测载流导线置于钳口中央,以避免增大误差。

（4）测量5A以下的较小电流时,为确保读数准确,在条件许可的情况下,可将被测导线多绕几圈再放入钳口进行测量,被测的实际电流值应等于仪表读数除以放进钳口中导线的圈数。

（5）读数时,应双眼自上而下垂直对正指针读数,避免由于视角偏斜引起的读数误差。

（6）因钳形电流表是直接用来测量正在运行中的电气设备,因此,手持钳形电流表在带电线路上测量时要十分小心,不要去测量无绝缘的导线。

（7）当导线夹入钳口时,如发现有震动或撞碰声时,要将仪表的把手转动几下,重新开合一次,直到没有声音时才能读数。

（8）测量完毕后,一定要将表的量程开关置于最大量程位置上,以防下次使用时因操作者疏忽而造成仪表损坏。

（四）兆欧表

兆欧表又叫摇表,是一种简便的、常用来测量高电阻值的直读式仪表。一般用来测量电路、电机绕组、电缆、电气设备等的绝缘电阻。测量绝缘电阻时,对被测试绝缘体需加以规定的较高试验电压,以计量渗漏过绝缘体的电流大小来确定它的绝缘性能好坏。渗漏的电流越小,绝缘电阻也就越大,绝缘性能也就越好,反之就越差。

最常见的兆欧表由作为电源的高压手摇发电机（交流或直流发电机）及双指示读数的磁电式双动圈流比计组成。新型的兆欧表有用交流电作电源的,也有采用晶体管直流电源变换器及磁电式仪表来指示读数的。

1. 兆欧表的选用

兆欧表的选择主要根据被测电气设备的最高电压以及它的测量范围来决定。

测量额定电压在500V以下的设备时,宜选用500～1000V的兆欧表；额定电压在 500V 以上时，应选用 1000～2500V 的兆欧表。在选择兆欧表的量程时，不要使测量范围过多地超出被测绝缘电阻的数值，以免产生较大的测量误差。通常，测量低压电气设备的绝缘电阻时，选用 0～500MΩ 量程的兆欧表；测量高压电气设备、电缆时，选用 0～2500MΩ 量程的兆欧表。有的兆欧表标度尺不是从零开始，而是从 1MΩ 或 2MΩ 开始，这种表不宜用来测量低压电气设备的绝缘电阻。兆欧表表盘上的刻度线旁有两个黑点，这两个黑点之间对应刻度线的值为兆欧表的可靠测量值范围。如测量低压电气设备绝缘电阻通常选 500V 绝缘电阻表，测 10kV 变压器绝缘电阻通常选 2500V 等级的表。

2. 兆欧表的使用

1）使用前的准备工作

测量前先将兆欧表进行一次开路和短路试验，检查兆欧表是否良好。若将两连线开路，摇动手柄，指针应指在"∞"处，这时如再把两连接线短接一下，指针应指在"0"处，说明兆欧表是良好的；否则，该表不能正常使用。此过程又称校零和校无穷，简称校表。特别要指出的是：兆欧表指针一旦到零应立即停止摇动手柄，否则将会使表损坏。

测量前必须检查被测电气设备和线路的电源是否全部切断，绝对不允许带电测量绝缘电阻，然后应对设备和线路进行放电，以免设备和线路的电容放电危及人身安全和损坏兆欧表。同时，注意将被测点擦拭干净。

2）使用方法和注意事项

兆欧表应放在平整、无摇晃或震动的地方，使表身置于平稳状态。

兆欧表上有两个分别标"E"（接地）、"L"（接电路）和"G"（保护环或屏蔽端子）的接线柱。测量电路绝缘电阻时，可将被测端接于"L"接线柱上，良好的地线接于"E"接线柱上。

在进行电机绝缘电阻测量时，将电机绕组接于"L"接线柱上，机壳接于"E"接线柱上；测量电缆的缆芯对缆壳的绝缘电阻时，除将缆芯和缆壳分别接于"L"接线柱外，还需将电缆和壳芯之间的内层绝缘物接于"E"接线柱上，以消除因表面漏电而引起的误差。

接线柱与被测电路或设备间连接的导线不能用双股绝缘线或绞线，必须用单根线连接，避免因绞线绝缘不良而引起误差。

摇动手柄的转速要均匀，一般规定为(120 ± 24)r/min。通常都要摇动 1min 后，待指针稳定下来再读数。若被测电路中有电容时，先持续摇动一段时间，让兆欧表对电容充电，指针稳定后再读数。读数时，应边摇边读，不能在停止摇动后读数。测完后先拆去接线，再停止摇动。若测量中若发现指针指零，应立即停止摇动手柄。

在兆欧表未停止转动前，切勿用手去触及设备的测量部分或兆欧表的接线柱。测量完毕后，应对设备充分放电，否则容易引起触电事故。

禁止在雷电时或在邻近有带高压导体的设备处使用兆欧表进行测量。

3）绝缘电阻表的使用方法

（1）测量端子的识别

在使用绝缘电阻表前，首先必须将各测量端子用连接导线正确地连接到被测物的有关部位，然后才能摇动摇柄，并从刻度盘上读出被测电阻的阻值。因此，必须正确地识别绝缘电阻表的测量端子。

在测量时，"L"端接到被测物上与大地绝缘的导电部分；"E"端接到被测物的外壳或相当的导电部分。另外，在"L"端的外围有一个铜质圆环，称为保护环"G"（即"屏蔽端"）。此端直接与手摇发电机负极相接，但它与"L"端及绝缘电阻表的金属外壳均为绝缘。在测量时，"G"端与被测物上的保护遮蔽部分或其他不参加测量的部分相接，例如可以供连接被测线路导线内的绝缘层使用，这样可以消除导线绝缘层表面漏电所引起的测量误差。

（2）初步检查

使用绝缘电阻表之前，要先检查其是否完好。检查步骤是：在绝缘电阻表未接通被测电阻之前，摇动手柄发电机达到 120r/min 的额定转速，观察指针是否指在标度尺"∞"的位置。再将端钮"L"和"E"短接，缓慢摇动手柄，观察指针是否指在标度尺的"0"位置。如果指针不能指在相应的位置，表明绝缘电阻表有故障，必须检修后才能使用。对装有无限大调节器的绝缘电阻表，在发电机达到额定电压而指针未指在"∞"位置时，应转动调节器，使指针指向"∞"位置。

（3）接线

绝缘电阻表的"E"端应接电气设备的金属外壳或铁芯（如变压器铁芯）上，"L"端接到绕组导线上。一般测量时，将被测电阻接在"L"和"E"之间即可，"G"端是用来屏蔽表面电流的。此外，绝缘电阻表的"L"端和"E"端都要通过绝缘良好的单独导线和被测设备相连。如果导线的绝缘不好，或者用双股线来连接，都会影响测量结果。

（4）手摇发电机的操作

测量开始时，手柄的摇动应慢些，以防止在出现绝缘损坏或短路现象时，损坏绝缘电阻表。在测量时，手柄的转速应尽量接近发电机的固定转速（约120r/min）。如果转这太慢，则发电机的电压过低，绝缘电阻表的转矩很小。这时，由于动圈导丝或多或少存在的残余力矩和可动部分的摩擦，将给测量结果带来额外的误差。

步骤：先将"L"端和"E"端悬空，摇动手柄看指针是否在"∞"的位置，再短接"L"端和"E"端，看指针是否在"0"的位置。若均在相应位置，则可进行测量。测量时将"L"端接到被测设备上，"E"端可靠接地。

4）绝缘电阻表的使用注意事项

由于绝缘电阻表一般都是用来测量高压电气设备的绝缘情况，而仪表工作时本身又要产生高压电，所以在测量之前若不做好准备工作，万一疏忽，就会酿成人身或设备事故。因此，在用绝缘电阻表进行测量前应注意以下事项：

（1）在测量之前，必须切断被测设备的电源，并接地进行放电。这一要求对具有电容的高压设备尤为重要，否则，绝不允许进行测量。

（2）已用绝缘电阻表测量过的电气设备，也要及时接地放电，方可进行再次测量。

（3）为了确保安全，无论高压电气设备或低压电气设备，均不可在设备带电的情况下测量其绝缘电阻。

（4）凡可能感应出高压电的设备，在可能性没有消除前，不可去测量绝缘电阻。

（5）被测部分如有半导体器件或耐压低于绝缘电阻表电压的电子管、电子元件，应将它们或它们的插件拆掉。

　　(6)为了获得准确的测量结果,被测物体的表面应用干净的布或棉纱擦拭干净。但为了避免静电感应对读数的影响,绝缘电阻表在使用前不要用绸布或干布擦拭表面玻璃,也不要用手指摩擦表面玻璃或将手按在表面玻璃上。

　　(7)在测量之前,应将绝缘电阻表放在平稳、牢固的地方,且远离大电流导体和外磁场,以免影响读数的准确性。对具有水平调节装置的绝缘电阻表,应先调整好水平位置再进行测量。

　　(8)为使读数正确,使用绝缘电阻表时应远离通有大电流的导体,并不要将绝缘电阻表放在铁器物质上,要特别注意不要靠近有磁场和有高压导线的地方。

　　(9)在测量前,要检查绝缘电阻表是否完好。若不能指到"∞"或"0"位置,表明绝缘电阻表有故障,应经检修合格后才能使用。

　　(10)当使用绝缘电阻表测试时,绝缘电阻表的"L"端和"E"端之间有很高的直流电位差,绝对不能用手去碰绝缘电阻表端子或被测物,以免被击伤。当测试结束时,在发电机转子还没有完全停止转动,设备还没有完全入电之前,也应注意不要马上用手去拆除连线,避免发生触电事故。

　　(11)由于绝缘电阻表内齿轮转动机构或转动弹簧(ML101型或ZC1型绝缘电阻表内所装)强度有限,不得猛摇摇柄,尤其是当摇柄摇动困难时更不得用力猛摇,以免损坏内部齿轮或其他机械零件。

　　(12)从绝缘电阻表端子到被测物的连线,不要用两根绞在一起的导线。若用绞线,相当于在被测物上并联了一个较大的绝缘电阻,使测量值变小。若绞线间的绝缘层有不同程度的破坏,那么测量误差是很大的。

　　(13)虽然绝缘电阻表的读数一般不受摇速变化的影响,但摇速与规定相差太大也会对绝缘电阻表有损害或产生测量误差。摇速不超过额定转速的±20%时,调速机构可使输出电压保持稳定。但若调速失灵,转速过高会使发电机的感应电压过高,当电压超过绝缘电阻表内部绝缘的允许范围时,则可能使内部绝缘击穿。若转速过低,发电机的输出电压过低,流过两个线圈的电流相应减小,这样,空气阻力、轴尖摩擦等机械损失相对增大,对测量误差的影响也相应增加。因此,应使摇速尽量控制在120r/min左右,过快或过慢都会造成读数不准确或不稳定,甚至会损坏绝缘电阻表。

（14）读数时,应双眼自上而下垂直对正指针读数,避免由于视角偏斜引起读数误差。

（15）当测量有电容量的设备（如电缆芯线间绝缘电阻）时,应连续摇动手摇发电机,使芯线充电充足后再读数。摇动时应力求平稳,以免因电压波动产生充、放电而使指针来回摆动,影响准确读数。

（16）摇动绝缘电阻表时,还应避免先快后慢。因为摇动快时,发电机输出电压高,使被测物绝缘介质上充上高电压;速度慢下来时,绝缘电阻表中电压过低,使绝缘介质上的带电倒流,造成读数误差。

（17）在测量有较大容量的电容器、发电机、电缆线路和变压器等设备的绝缘电阻之后,由于某种原因它们本身存在的电容被绝缘电阻表的高压充电,测完后还带有高压,可能会造成人身触电事故。所以,测量完毕后应先对被测物进行短路放电,也就是将测量时所用的地线从绝缘电阻表"E"端取下与被测物接触一下即可。放电时应注意人身绝缘,放电后再做还原避雷器、恢复电源等各项工作。

（18）用绝缘电阻表测量电气设备的对地绝缘电阻时,必须用绝缘电阻表的"E"端接地、"L"端接被测物。若反过来连接,由于大地杂散电流对测量精度和稳定性的影响,会造成测量不准确。

（19）在测量时,当指针已指向"0"时,不要再继续用力摇动摇柄,以免损坏内部线圈。

（20）不应以绝缘电阻表测量结果作为短路的依据,因为即使指针指向"0",实际上也可能存在几百或几千欧姆的电阻值,这是因为很多绝缘电阻表最小读数点刻度值本身就很高,如 $1M\Omega$ 或 $0.5M\Omega$。

五、技能实训步骤

（一）准备工作

1. 工作现场准备

布置现场工作间距不小于 2m,各工位之间用栅状遮栏隔离,场地清洁;工位间安全距离符合要求,无干扰;各工位可以同时进行作业;各工位都能实现现场测量作业。

2. 工器具准备

对进场的工器具进行检查,确保能够正常使用,并整齐摆放于工具架上。

3. 安全措施及风险点分析

安全措施及风险点分析如表 2-2 所示。

表 2-2 安全措施及风险点分析

序号	危险点	原因分析	控制措施和方法
1	触电伤人	作业人员未正确着装,绝缘措施不规范	1.使用有绝缘柄的工具,工作时应站在干燥的绝缘垫、绝缘站台或其他绝缘物上 2.当带电的低压设备上工作时,作业人员应穿长袖工作服及绝缘鞋,戴线手套和安全帽
2	短路事故	工作前未做好相应的绝缘隔离措施	当带电的低压盘上工作时,应采取防止相间短路和单相接地短路的绝缘隔离措施。在作业前,将相与相间或相与地(盘构架)间用绝缘板隔离,以免作业过程中引起短路事故
3	不安全行为	作业人员无人监护,出现不正确动作	当低压带电作业时,必须有专人监护,监护人应始终在工作现场,并对作业人员进行认真监护,随时纠正不正确的动作

(二)操作步骤

1. 工作准备

正确穿戴全棉长袖工作服、绝缘鞋、安全帽、线手套,准备完毕后进入考场,并汇报"X 号工位准备完毕",如图 2-13 所示。

☞注

未穿工作服、绝缘鞋，未戴安全帽、线手套，缺少每项扣2分；着装穿戴不规范，每处扣1分。

图 2-13　正确着装

2. 设备检查

(1)首先对验电笔进行自检，再对设备外壳进行验电，如图2-14和图2-15所示。

图 2-14　验电笔自检

☞ **注**

工作地点未验电扣 5 分；验电方法不正确扣 3 分。

图 2-15　柜体验电

（2）检查配电盘接线是否正确，如图 2-16 所示。

☞ **注**

工作检查不全每处扣 1 分，未检查扣 5 分。

图 2-16　配电盘接线检查

3. 万用表

（1）测量前，对万用表连接线及外观进行检查并自检。自检方法：打开电源，选取万用表蜂鸣挡，将两表针相互碰触，发出"嘀嘀"的蜂鸣声。

☞ 注

　　未对仪器仪表进行外观检查扣 2 分；仪器仪表未检查试验、试验项目不全、方法不规范，每件扣 1 分。

　　首先对万用表外观及其连接线进行检查，并将万用表黑表笔插入"COM"孔中，将红表笔插入"VΩ"孔中，做好万用表自检准备，如图 2-17 至图 2-19 所示。

图 2-17　检查万用表连接线

图 2-18　检查万用表表体

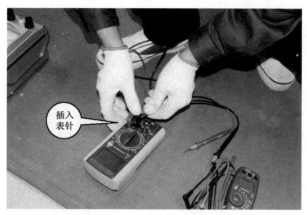

图 2-19 插入万用表表针

　　将万用表挡位拨到蜂鸣挡,两表针相互碰触,若发出"嘀嘀"的蜂鸣声,同时伴随着指示红灯亮起,说明自检成功,万用表功能正常,如图 2-20 和图 2-21 所示。

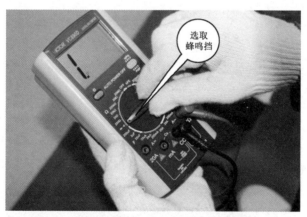

图 2-20 选取蜂鸣挡

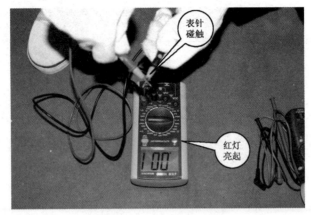

图 2-21 进行万用表自检

（2）测量时,应先估计被测电流或电压大小,选择合适量程。若无法估计,可先选较大量程,然后逐渐减少,转换到合适的挡位。测量完毕,应将量程开关拨到最高电压挡,并关闭电源。测量过程中不得出现工器具掉落。

🖙 注

工具、器件掉落,每次扣 2 分;选择量程不正确,每次扣 5 分;表笔插孔不正确,扣 10 分。

选择合适量程,进行电压测量。测量相电压时,黑表笔接在中性线上,红表笔接在相线上,测量期间不得出现工器具掉落。如图 2-22 至图 2-27 所示。

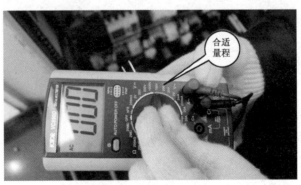

图 2-22 选择合适交流电压挡位

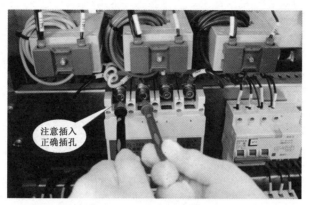

图 2-23 测量 U 相相电压

图 2-24 测量 V 相相电压

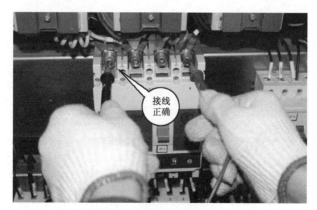

图 2-25 测量 W 相相电压

图 2-26　测量动作规范

图 2-27　正确读取万用表示数

（3）在测量时，不能在测量的同时换挡，尤其是在测量电压或电流时，否则会使万用表毁坏。如需换挡，应先断开表笔，换挡后再去测量。并且，选择量程应正确。

注

测量时带电转换量程，每次扣 10 分；造成表计烧坏的，本项不得分；测量方法不正确，扣 3 分；测量值错误，每处扣 2 分。

对干电池电压进行测量时，需要选择正确挡位并正确测量，如图 2-28 至图2-30所示。

图 2-28　选择合适直流电压挡位

图 2-29　正确测量 3 号电池电压

图 2-30　正确测量 7 号电池电压

对电阻阻值进行测量时,需要选择正确挡位并正确测量,如图 2-31
至图 2-34 所示。

图 2-31 选择合适欧姆挡位

　　电阻外壳不同颜色的色环代表不同的电阻值和精度，可据此估算电阻值大小，然后选择合适的欧姆挡位。

图 2-32 正确测量第一个电阻的电阻值

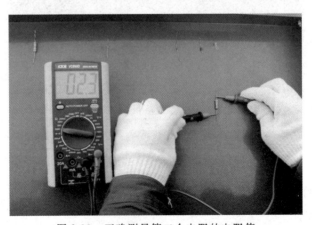

图 2-33 正确测量第二个电阻的电阻值

图 2-34　正确测量第三个电阻的电阻值

对二极管极性及正向导通压降进行测量时需要选择正确挡位并正确测量，如图 2-35 至图 2-41 所示。

图 2-35　选择二极管测量挡位

图 2-36　正确测量第一个二极管正向导通压降

测量二极管时要注意极性，正向测量示数会正确显示，如果极性接反，就无法导通，如图 2-37 所示。

图 2-37　第一个二极管反向无法导通

对二极管进行逐个导通测试，测试方法和注意事项相同。在保证极性正确的前提下，进行导通测试。

图 2-38　正确测量第二个二极管正向导通压降

图 2-39　第二个二极管反向无法导通

图 2-40　正确测量第三个二极管正向导通压降

　　发光二极管导通后会发出亮光，也可以通过二极管是否亮光判断极性是否正确。

图 2-41　第三个二极管反向无法导通

（4）测量完毕后将万用表恢复至初始位置，不得出现不安全行为，如图 2-42 和图 2-43 所示。

☞注

出现不安全行为扣 5 分；现场未恢复扣 5 分；恢复不彻底扣 2 分。

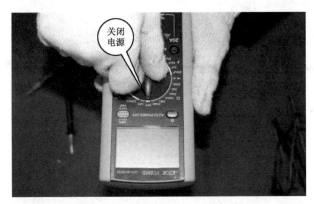

图 2-42　关闭万用表电源

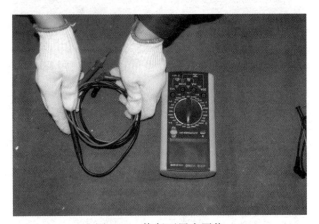

图 2-43　恢复万用表原状

4. 钳形电流表

（1）用钳形电流表测量电流前，应对钳形电流表连接线及外观进行检查，包括检查钳形铁芯的橡胶绝缘是否完好无损，钳口是否清洁、无锈，闭合后有无明显缝隙，如图 2-44 至图 2-46 所示。

👉**注**

　　未对仪器仪表进行外观检查扣 2 分；仪器仪表未检查试验、试验项目不全、方法不规范，每件扣 1 分。

图 2-44　检查钳形电流表连接线

图 2-45　检查钳形电流表表体及钳口

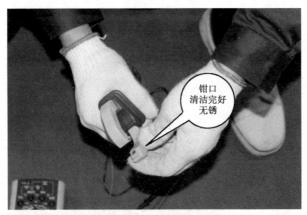

图 2-46　钳口清洁完好无锈

（2）用钳形电流表测量时,被测导线应尽量放在钳口中部。钳口的结合面如有杂声,应重新开合一次,若仍有杂声,应处理结合面,以使读数准确。另外,不可同时钳住两根导线,不得出现工器具掉落。

☞注

工器具掉落,每次扣 2 分;选择量程不正确,每次扣 5 分;表笔插孔不正确,扣 10 分。

进行电流测量时,若无法估计待测电流大小,应先选择大量程进行测试。若示数过小,则减小量程之后再进行测量。如图 2-47 至图 2-52 所示。

图 2-47　选择钳形电流表大量程

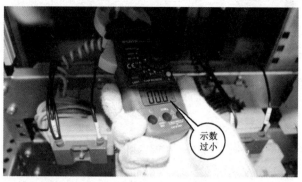

图 2-48　钳形电流表示数过小

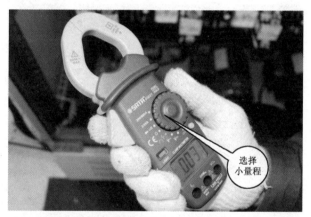

图 2-49　选择钳形电流表小量程

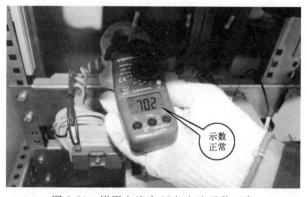

图 2-50　钳形电流表 U 相电流示数正常

图 2-51　钳形电流表 V 相电流示数正常

图 2-52　钳形电流表 W 相电流示数正常

(3)测量交流电压时，将黑表笔插入"COM"孔，红表笔插入"V/Ω"孔，将功能开关置于交流电压挡"V～"量程范围，并将测试笔连接到待测电源或负载上，如图 2-53 和图 2-54 所示。

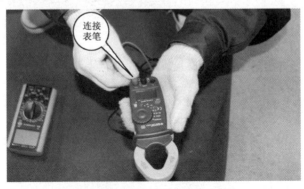

图 2-53　连接钳形电流表表笔

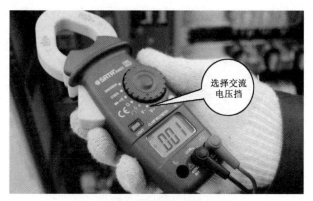

图 2-54 选择钳形电流表电压挡

测量交流电压时,没有极性显示。测压时,选择量程应正确,不得带电转换量程,不得损坏仪表,测量动作应正确规范,不得出现不安全行为。如图 2-55 至图 2-57 所示。

☞注

测量时带电转换量程,每次扣 10 分;造成表计烧坏的本项不得分;测量方法不正确扣 3 分;测量值错误,每处扣 2 分。

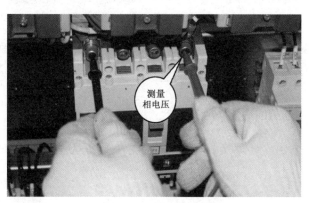

图 2-55 测量相电压

图 2-56　测量动作规范

图 2-57　正确读取钳形电流表示数

（4）测量完毕后将钳形电流表恢复至初始位置，不得出现不安全行为，如图 2-58 至图 2-60 所示。

☞注

出现不安全行为扣 5 分；现场未恢复扣 5 分，恢复不彻底扣 2 分。

图 2-58 选择钳形电流表关闭挡

图 2-59 整理钳形电流表连接线

图 2-60 恢复原状

5. 绝缘电阻测试仪

测量前，对绝缘电阻测试仪连接线及外观进行检查。选择的额定电压一定要与被测电气设备或线路的工作电压相适应；测量范围要与被测绝缘电阻的范围相符合，以免引起大的读数误差。如图 2-61 和图 2-62 所示。

☞注

未对仪器仪表进行外观检查扣 2 分；选择量程不正确，每次扣 5 分。

图 2-61　检查绝缘电阻测试仪连接线

图 2-62　检查绝缘电阻测试仪表体

(1)检查

①开路试验：未接通被测电阻之前，摇动手柄，使发电机达到 120r/min 的额定转速，观察指针是否在标度尺"∞"的位置、端钮插孔是否正确，如图 2-63 和图 2-64 所示。

☞ 注

仪器仪表未检查试验、试验项目不全、方法不规范，每件扣 1 分；表笔插孔不正确扣 10 分。

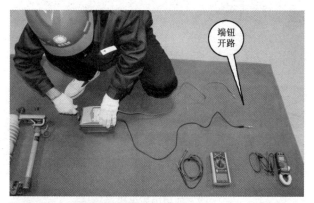

图 2-63　将绝缘电阻测试仪端钮开路进行开路测试

图 2-64　绝缘电阻测试仪指针指向"∞"

②短路试验：将端钮"L"和"E"短接，缓慢摇动手柄，观察指针是否在标度尺"0"的位置，如图 2-65 至图 2-67 所示。

图 2-65　将绝缘电阻测试仪端钮短路进行短路测试

图 2-66　摇动绝缘电阻测试仪

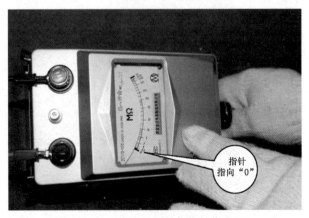

图 2-67　绝缘电阻测试仪指针指向"0"

（2）被测设备检查

检查被测设备和线路是否在停电状态下，并且绝缘电阻测试仪与被测设备间的连接导线不能用双股绝缘线或绞线，应用单股线分开单独连接。如图 2-68 所示。

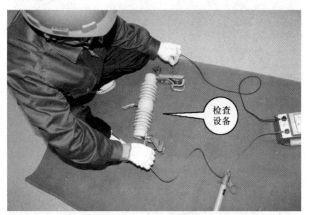

图 2-68　检查设备并连接测试仪

（3）测量方法

摇动手柄，应由慢到快，直至转速为 120r/min。当示数稳定后，应正确读取绝缘电阻测试仪的示数，如图 2-69 和图 2-70 所示。绝缘电阻测试仪在停止转动前，切勿用手触及设备的测量部分或接线柱。若检查电动机、变压器、容性设备，测量完成后应先取下被测设备引线端，再停止摇动绝缘电阻测试仪，防止烧坏绝缘电阻测试仪。测量完毕应对被测设备充分放电。

☞注

造成表计烧坏的本项不得分；测量方法不正确扣 3 分；测量值错误，每处扣 2 分。

图 2-69 正确转动测试仪进行量测

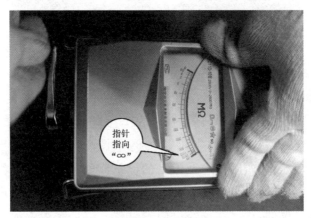

图 2-70 绝缘电阻测试仪指针指向"∞"

测量完毕后整理连接线并将绝缘电阻测试仪恢复至初始位置，不得出现不安全行为，如图 2-71 和图 2-72 所示。

☞注

出现不安全行为扣 5 分；现场未恢复扣 5 分；恢复不彻底扣 2 分。

图 2-71　整理绝缘电阻测试仪连接线

图 2-72　将绝缘电阻测试仪恢复原状

（三）工作结束

将现场所有工器具、仪表放回原位，摆放整齐。清理工作现场，清理完毕后汇报"工作结束"，如图 2-73 所示。

☞注

现场未恢复扣 5 分；恢复不彻底扣 2 分。

图 2-73　工作结束

六、技能等级认证标准

常用仪器仪表使用操作考核评分记录表，如表 2-3 所示。

表 2-3　　　　　　　　　常用仪器仪表使用操作考核评分记录表

姓名：　　　　　　　准考证号：　　　　　单位：　　　　　　　时间要求：30min

序号	项目	考核要点	配分	评分标准	得分	扣分	备注
1				工作准备			
1.1	着装穿戴	穿工作服、绝缘鞋；戴安全帽、线手套	5	1.未穿工作服、绝缘鞋，未戴安全帽、线手套，缺少每项扣2分 2.着装穿戴不规范，每处扣1分			
1.2	仪器仪表选择	选择材料和工器具齐全，符合使用要求	5	1.未对仪器仪表进行外观检查扣2分 2.仪器仪表未检查试验、试验项目不全、方法不规范，每件扣1分			

续表

序号	项目	考核要点	配分	评分标准	得分	扣分	备注
2				工作过程			
2.1	设备检查	1. 对设备外壳进行验电 2. 检查配电盘接线是否正确	5	1. 工作地点未验电扣 5 分，验电方法不正确扣 3 分 2. 检查不全，每处扣 1 分，未检查扣 5 分			
2.2	测试前准备	1. 正确使用万用表及钳形电流表 2. 选择挡位正确	5	1. 仪表使用前不进行自检测扣 2 分 2. 仪表使用完毕未正确关闭扣 3 分			
2.3	测量与读数	1. 对 U、V、W 相电压逐相进行测试 2. 对 U、V、W 相电流逐相进行测试 3. 对干电池、电阻、二极管进行测试 4. 正确读取数值	60	1. 工具、器件掉落扣 2 分/次 2. 选择量程不正确，每次扣 5 分 3. 表笔插孔不正确，扣 10 分 4. 测量时带电转换量程每次扣 10 分，造成表计烧坏的本项不得分 5. 测量方法不正确扣 3 分 6. 测量值错误，每处扣 2 分 7. 涂改每处扣 1 分			
2.4	注意事项掌握	熟知万用表、钳形电流表的使用方法和注意事项	15	仪器仪表使用方法和注意事项错写、漏写，每条扣 3 分			
3				工作终结验收			
3.1	安全文明生产	汇报结束前，所选工器具放回原位，摆放整齐，现场恢复原状	5	1. 出现不安全行为扣 5 分； 2. 现场未恢复扣 5 分，恢复不彻底扣 2 分			
得分							

下列现象为否定项:1.违反《国家电网公司电力安全工作规程》;2.违反职业技能鉴定考场纪律;3.造成设备重大损坏;4.发生人身伤害事故

考评员:　　　　　　　　　　　　　　　　　　　　　　年　　　月　　　日

第三章　安全工器具的选取及检查

对电力生产人员来说，了解各种安全工器具的性能和用途，正确掌握它们的使用和保管方法，是非常重要且必要的。安全工器具的正确检查、使用和保管是防止现场工作人员触电、灼伤、坠落、摔跌伤害的一个十分重要的环节，也是现场安全生产的基础工作。本章以安全工器具的正确检查、使用和保管方法为核心，旨在提高学员的安全意识和安全素质。

一、培训目标

安全工器具的正确使用可有效减少事故的发生。学员通过学习《国家电网公司电力安全工作规程》《安全工器具管理规定》等理论知识，进一步提高对安全工器具的日常检查及正确使用的重要性的认识。实践操作使学员掌握各种安全工器具的使用方法及安全技术要求，为今后的安全生产提供更可靠的安全保障。

二、培训设施

培训所需工器具如表 3-1 所示。

表 3-1　　　　　　　　　安全工器具(每个工位)

序号	名称	规格型号	单位	数量	备注
1	安全帽	—	顶	4	2 顶合格 2 顶不合格
2	绝缘靴	10kV	双	4	2 双合格 2 双不合格
3	绝缘鞋	5kV	双	4	2 双合格 2 双不合格
4	绝缘手套	10kV	副	4	2 副合格 2 副不合格
5	绝缘杆	10kV	组	4	2 组合格 2 组不合格
6	验电器	10kV	只	4	2 只合格 2 只不合格
7	验电器	500V	只	4	2 只合格 2 只不合格
8	接地线	10kV	组	4	2 组合格 2 组不合格
9	接地线	0.4kV	组	4	2 组合格 2 组不合格
10	脚扣	—	副	4	2 副合格 2 副不合格
11	安全带	全方位	副	4	2 副合格 2 副不合格

三、培训时间

学习电力安全工作规程相关部分 ……………………… 1.0 学时

学习《安全工器具管理规定》 ……………………… 1.0 学时

学习《电力安全工器具预防性试验规程(试行)》 ………… 1.0 学时

授课教师操作演练 ……………………………… 1.0 学时

分组技能操作训练 ……………………………… 2.0 学时

技能考核 ………………………………………… 1.0 学时

合计:7.0 学时。

四、基础知识点

（一）安全工器具的基本知识

1. 意义

实现电力安全生产涉及多方面的工作，工作人员在电力生产中正确使用电力安全工器具就是其中一项重要的工作。经过对电气伤害事故案例的分析，发现人身触电、灼伤、高处摔跌等事故中有相当一部分是由于没有使用或没有正确使用电力安全工器具引起的，也有一部分是由于缺少电力安全工器具或使用不合格电力安全工器具引起的。

正确使用电力安全工器具，才能保证员工在生产活动中的人身安全，有效地防止人身伤害事故的发生。

2. 作用

电力安全工器具是用于防止触电、灼伤、坠落、摔跌、中毒、窒息、火灾、雷击、淹溺等事故或职业危害，保障工作人员人身安全的个体防护装备、绝缘安全工器具、登高工器具、安全围栏（网）和标识牌等专用工具和器具。在电力系统中，为了顺利完成任务而又不发生人身事故，操作者必须携带和使用各种安全工器具，例如对运行中的电气设备进行巡视、改变运行方式、检修试验时，需要采用安全用具；在线路施工中，需要使用登高安全用具；在带电的电气设备上或邻近带电设备的地方工作时，为防止触电或被电弧灼伤，需要使用绝缘安全用具等。因此，每位从事电力生产的人员都必须学会正确使用它们。

3. 分类

安全工器具分为防护性工器具、绝缘安全工器具、登高工器具、安全围栏（网）和标识牌等四大类。安全工器具分类如表 3-2 所示。

表 3-2 安全工器具分类

类型		名称
防护性工器具		安全帽、防护眼镜、自吸过滤式防毒面具、正压式消防空气呼吸器、安全带、安全绳、连接器、速差自控器、导轨自锁器、缓冲器、安全网、静电防护服、防电弧服、耐酸服、SF6防护服等
绝缘安全工器具	基本绝缘安全工器具	电容型验电器、携带型短路接地线、绝缘杆、核相器、绝缘遮蔽罩、绝缘隔板、绝缘绳和绝缘夹钳等
	辅助绝缘安全工器具	辅助型绝缘手套、辅助型绝缘靴(鞋)和辅助型绝缘胶垫
	带电作业绝缘安全工器具	带电作业用绝缘安全帽、绝缘服装、屏蔽服装、带电作业用绝缘手套、带电作业用绝缘靴(鞋)、带电作业用绝缘垫、带电作业用绝缘毯、带电作业用绝缘硬梯、绝缘托瓶架、带电作业用绝缘绳(绳索类工具)、绝缘软梯、带电作业用绝缘滑车和带电作业用提线工具等
登高工器具		脚扣、升降板(登高板)、梯子、快装脚手架及检修平台等
安全围栏(网)和标识牌		安全围栏(网)包括用各种材料做成的安全围栏、安全围网和红布幔 标志牌包括各种安全警告牌、设备标示牌、锥形交通标、警示带等

1)防护性工器具

防护性工器具是指保护人体免受急性伤害而使用的安全用具。

2)绝缘安全工器具

绝缘安全工器具可分为基本绝缘安全工器具、辅助绝缘安全工器具和带电作业绝缘安全工器具。

(1)基本绝缘安全工器具

基本绝缘安全工器具是指能直接操作带电装置、接触或可能接触带电体的工器具,其中大部分为带电作业专用绝缘安全工器具。

（2）辅助绝缘安全工器具

辅助绝缘安全工器具只是用于加强基本绝缘安全工器具的保护作用，防止接触电压、跨步电压、泄漏电流电弧对操作人员的伤害，不能用辅助绝缘安全工器具直接接触高压设备带电部分。

（3）带电作业绝缘安全工器具

带电作业绝缘安全工器具是指在带电装置上进行作业或接近带电部分进行各种作业所使用的工器具，特别是工作人员身体的任何部分或采用工具、装置和仪器进入限定的带电作业区域的所有作业所使用的工器具。

3）登高工器具

登高工器具用于登高作业、临时性高处作业。

4）安全围栏（网）和标识牌

安全围栏（网）是用各种材料做成的安全围栏、安全围网和红布幔。标识牌是各种安全警告牌、设备标示牌、锥形交通标、警示带等。

4. 管理办法

各单位应制订安全工器具的管理细则，明确分工，落实责任，对安全工器具实施全过程管理。

1）管理职责

（1）安全监察部管理职责

①负责制订本企业的安全工器具管理制度。

②负责编制安全工器具购置计划，并付诸实际。

③单位安监部门负责本单位安全工器具的选塑、选厂（在上级公布的名单内选择）。

④负责监督检查安全工器具的购置、验收、试验、使用、保管和报废工作。

⑤每半年对各车间安全工器具进行抽查，所有检查均要做好记录。

（2）车间管理职责

①制订安全工器具管理职责、分工和工作标准。

②车间安全员是管理安全工器具的兼责人，负责制订、申报安全工器具的订购、配置、报废计划，组织、监督检查安全工器具的定期试验、保管、

使用等工作,督促指导班组开展安全工器具的培训工作。

③建立安全工器具台账,并抄报安监部门。

④每季对所辖班组安全工器具检查一次,所有检查均要做好记录。

(3)班组、站、所管理职责

①建立安全工器具管理台账,做到账、卡、物相符,试验报告、检查记录齐全。

②公用安全工器具设专人保管,保管人应定期进行日常检查、维护、保养。发现不合格或超试验周期的安全工器具应另外存放,并做出不准使用的标志,表示停止使用。个人安全工器具自行保管,安全工器具严禁它用。

③对工作人员进行安全培训,严格执行操作规定,正确使用安全工器具,不熟悉使用操作方法的人员不得使用安全工器具。

④班组每月对安全工器具全面检查一次,并对班组、车间、厂(局)等检查做好记录。

2)安全工器具的购置及验收

安全工器具必须符合国家和行业有关安全工器具的法律、行政法规、规章、强制性标准及技术规程的要求。

(1)入围

网省公司、国家电网公司直属公司对电力安全工器具实行入围制度。

①电力工业电力安全工器具质量监督检验测试中心每年公布一次电力安全工器具生产厂家检验合格的产品名单。

②各网省公司、国家电网公司直属公司每年在电力工业电力安全工器具质量监督检验测试中心公布的电力安全工器具生产厂家检验合格的产品名单中,采取招标的方式确定公司系统内可以采购的电力安全工器具入围产品,并予以公布。对于没有使用经验的新型安全工器具,在小范围试用基础上,组织有关专家评价后,方可参与招标入围。

③基层单位对入围产品,若发现质量、售后服务等问题,应及时向上级安监部门反映。查实后,将取消该产品入围资格,并向电力工业电力安全工器具质量监督检验测试中心通报。

基层单位必须在上级(网、省公司或国网直属公司)公布的入围产品名单中,选择业绩优秀、质量优良、服务优质且在本公司系统内具有一定使用经验、使用情况良好的产品,采取招标的方式购置所需的电力安全工器具。

（2）明确责任

采购安全工器具必须签订采购合同,并在合同中明确生产厂家的责任。

①必须对制造的安全工器具的质量和安全技术性能负责。

②负责对用户做好其产品使用、维护的培训工作。

③负责对有质量问题的产品,及时、无偿更换或退货。

④根据用户需要,向用户提供安全工器具的备品、备件。

⑤因产品质量问题造成的不良后果,由产品生产厂家承担相应的责任,并取消其同类产品的推荐资格。

（3）验收

电力安全工器具必须严格履行验收手续,由采购部门负责组织验收,安全监察部门派人参加,并在验收单上签字确认。合格的方可入库或交使用单位,不合格的坚决予以退货。

（二）安全工器具的检查及使用

1. 绝缘杆

1）绝缘杆的作用

绝缘杆又称绝缘棒、绝缘拉杆,是用于短时间对带电设备进行操作或测量的杆类绝缘工具,可以用来接通或断开高压隔离开关、柱上断路器和跌落式熔断器,处理带电体上的异物以及进行高压测量、试验、直接与带电体接触等各项作业和操作。

2）绝缘杆的结构及规格

绝缘杆由合成材料制成,主要由工作部分、绝缘部分和手握部分构成。

工作部分大多由金属材料制成,样式因功能不同而不同,装在绝缘杆的最上端,用来直接接触带电设备。工作部分的长度在满足工作需要的情况下,应该尽量做得短些,一般长度为50～80mm,以免由于过长而在操作中造成相间短路或接地短路。

　　绝缘部分和握手部分是用环氧玻璃布管、塑料带、胶木等制成,材料要求耐高压、耐腐蚀、耐潮湿、质量轻、便于携带,两者之间由护环隔开,交接处应有明显的标志,各节之间一般用金属材料进行连接,连接应牢固。绝缘部分用于绝缘隔离,所以绝缘部分须光洁、无裂纹或硬伤。

　　绝缘杆可分为插销式、分节式、可调式以及全天候式等形式。

　　为了保证操作时有足够的绝缘安全距离,根据电压等级的不同,绝缘杆的绝缘部分最短有效绝缘长度、端部金属接头长度、手持部分长度不得小于表 3-3 中所列的数值。

表 3-3　　　　　　　　　　　　绝缘杆最短有效值绝缘长度

电压等级 (kV)	最短有效绝缘长度 (m)	端部金属接头长度 (m)	手持部分长度 (m)
10	0.7	≤0.1	≥0.6
20	0.8	≤0.1	≥0.6
35	0.9	≤0.1	≥0.6
66	1.0	≤0.1	≥0.6
110	1.3	≤0.1	≥0.7

　　3)绝缘杆的使用及保管注意事项

　　(1)使用绝缘杆前应选择与电气设备电压等级相匹配的操作杆,应先检查绝缘杆的堵头,若发现破损,应禁止使用。

　　(2)检查是否超过有效试验期,绝缘杆的表面是否完好,绝缘部分不能有裂纹、划痕、绝缘层脱落等外部损伤。同时,还要检查各部分的连接是否可靠。

　　(3)在连接绝缘杆节与节的丝扣时,要离开地面,以防杂草、土进入丝扣中或粘在杆体的表面上。

　　(4)操作中必须戴绝缘手套。雨天、雪天在户外操作时,操作杆的绝缘部分应有防雨罩。防雨罩的防雨部分应与绝缘部分紧密结合,无渗漏现象,防雨罩下部分的绝缘杆保持干燥。另外,雨天使用绝缘杆操作室外高压设备时,还应穿绝缘靴。

(5)当接地网接地电阻不符合要求时,晴天操作也应穿绝缘靴,以防止接触电压、跨步电压的伤害。

(6)使用时要尽量减少对杆体的弯曲力,以防损坏杆体。使用绝缘杆时人体应与带电设备保持足够的安全距离,以保持有效的绝缘长度。

(7)绝缘杆应统一编号,存放在干燥的地方,以防受潮。一般应放在特制的木架上或垂直悬挂在专用架上,以防弯曲变形。

(8)使用后要及时将杆体表面的污迹擦拭干净,并把各节分解后装入专用工具袋内。

2. 绝缘遮蔽罩

1)绝缘遮蔽罩的作用

绝缘遮蔽罩是由绝缘材料制成的,起遮蔽或隔离的保护作用,防止作业人员与带电体发生直接接触。当工作人员与带电部分之间的安全距离达不到要求时,为了防止工作人员触电,可将绝缘遮蔽罩放置在带电体上。

绝缘遮蔽罩可作为电力设备的配电变压器、柱上断路器、真空断路器、SF断路器等设备及各类穿墙套管、母线、户外母线桥、户内母线桥和各种支柱绝缘子的绝缘保护。

2)绝缘遮蔽罩的分类及规格

绝缘遮蔽罩采用 PE、PVC 等高分子树脂材料,经过一次热高压成型,绝缘性能优良,且具有较高的机械冲击强度。绝缘遮蔽罩还可根据需要做成各类户外开关、互感器、气体继电器防雨帽、各类线路绝缘子防鸟罩等。

3)绝缘遮蔽罩的使用及保管注意事项

(1)使用绝缘遮蔽罩前,应检查绝缘遮蔽罩是否完好,是否超过有效试验期。

(2)检查绝缘遮蔽罩内外是否整洁,应无裂纹或损坏,使用前应将绝缘遮蔽罩的表面擦净。

(3)现场带电安放绝缘遮蔽罩时,应使用绝缘杆,并戴绝缘手套。

(4)绝缘遮蔽罩放置应牢靠,有倒送电可能的出线侧隔离开关都应装设绝缘遮蔽罩。

(5)绝缘遮蔽罩应根据使用电压的等级来选择,不得越级使用。

(6)绝缘遮蔽罩应统一编号,存放在室内干燥的工具架上或柜内。

3. 绝缘隔板

1)绝缘隔板的作用

绝缘隔板是由绝缘材料制成的,用于隔离带电部件,限制工作人员活动范围,防止接近高压带电部分的绝缘平板。

为防止隔离开关闭锁失灵或隔离开关拉杆销自动脱落从而误合隔离开关造成事故,常用绝缘隔板将高压隔离开关静触头与动触头隔离。

在母线带电时,若分路断路器停电检修,在该断路器的母线侧隔离开关闸口之间应放置绝缘隔板,防止刀刃由于机械故障或自重而自动下落,导致向停电检修设备误送电。

2)绝缘隔板的分类及规格

绝缘隔板按照隔板的样式可分为带手柄绝缘隔板和系绳式绝缘隔板两种。绝缘隔板采用环氧树脂与无碱玻璃纤维布经过浸透、加压、烘干固化而成。用于10kV电压等级的绝缘隔板厚度不应小于3mm,用于35kV电压等级的绝缘隔板厚度不应小于4mm。

3)绝缘隔板的使用及保管注意事项

(1)使用绝缘隔板前,应检查绝缘隔板是否完好,是否超过有效试验期。

(2)使用绝缘隔板前,应先擦净绝缘隔板的表面。

(3)现场放置绝缘隔板时,应戴绝缘手套。在隔离开关动、静触头之间放置绝缘隔板时,应使用绝缘杆。

(4)绝缘隔板在放置和使用时要防止脱落,必要时可用绝缘绳索将其固定。绝缘隔板应使用尼龙等绝缘挂线悬挂,不能使用胶质线,以免在使用中造成接地或短路。

(5)绝缘隔板只允许在35kV及以下电压等级的电气设备上使用,并应有足够的绝缘和机械强度。

(6)绝缘隔板若出现受潮现象,应禁止使用,立即更换。

4. 携带型接地线

1）携带型接地线的作用

携带型接地线是用于防止电力设备、电力线路突然来电，消除感应电压，放尽剩余电荷的临时接地装置。

2）装设接地线的重要性

装设接地线是防止工作地点突然来电的、唯一可靠的安全措施，是保护工作人员免遭触电伤害的、最直接的保护措施，还可以使工作地点始终处于"地电位"的保护之中，同时也是消除停电设备残存电荷或感应电荷的有效措施。在发生误送电时，接地线能起保护作用，迅速切断电源。

装设接地线是一项重要的电气安全技术措施，是保证工作人员生命安全的最后屏障，千万不可马虎大意。实际工作中，接地线使用频繁且操作简单，往往容易使人思想麻痹，忽视正确使用接地线的重要性，以致降低甚至失去接地线的安全保护作用，因此必须引起足够重视。

对于可能送电至停电设备的各方面都应装设接地线或合上接地刀闸，所装接地线与带电部分应考虑接地线摆动时仍符合安全距离的规定。因此，要正确使用接地线必须规范挂接和拆除接地线的行为，自觉遵守《电力安全工作规程》，严格执行标准化作业，才能避免由于接地线装设错误而引起的人身伤害事故。

3）携带型接地线的分类及组成

接地线按功能分为携带型短路接地线和个人保安接地线，按组合方式可分为组合式和分相式，按挂接方式可分为平压式、挂钩式、鳄鱼夹式，按压紧方式可分为弹簧压紧式、螺旋压紧方式，按操作杆连接方式可分为固定式、可脱卸式等。

分相式接地线由导线端线夹、短路线、绝缘操作棒、接地端线夹、接线鼻等部件组成。组合式接地线由导线端线夹、短路线、接地引线、接地端线夹、绝缘操作棒、线夹紧固装置、汇流管、接线鼻等部件组成。

成套接地线应用有透明护套的多股软铜线组成，其截面不得小于 25mm^2，同时应满足装设地点短路电流的要求，严禁使用其他金属线代替接地线或短路线。接地线透明外护层厚度应大于 1mm。

4)携带型接地线的使用及保管注意事项

(1)接地线在使用前,应检查接地线试验合格证是否在有效试验合格期内。

(2)使用前应进行外观检查,若发现绞线松股、断股、护套严重破损、夹具断裂松动等问题,不得使用。

(3)装设接地线时,接地线的额定短路电流不能小于悬挂点的最大故障电流。若单组接地线不能满足要求时,可以采用多组接地线组合挂设。

(4)接地线的两端线夹应保证接地线与导体和接地装置接触良好、拆接方便,有足够的机械强度,并在大短路电流通过时不致松动。

(5)接地线的挂接应有专人监护,当验明设备确实无电压后,应立即将检修设备接地并三相短路(直流线路两极接地线分别直接接地)。

(6)装设接地线必须先接接地端,后接导体端,且必须接触良好,拆除接地线的顺序与此相反。同时,装拆接地线均应使用绝缘棒并戴绝缘手套。在装拆接地线的过程中,应始终保证接地线处于良好的接地状态。装拆时,人体不得碰触接地线或未接地的导线,以防止感应电触电。

(7)接地线应使用专用的线夹固定在导体上,禁止用缠绕的方法进行接地或短路。

(8)利用铁塔接地或与杆塔接地装置电气上直接相连的横担接地时,允许每相分别接地,但杆塔接地电阻和接地通道应良好。杆塔与接地线连接部分应清除油漆,确保接触良好。

(9)在同塔架设多回线路杆塔的停电线路上装设的接地线,应采取措施防止接地线摆动,并满足安全距离的规定。

(10)同杆塔架设的多层电力线路挂接地线时,应先挂低压,后挂高压,先挂下层,后挂高层,拆除时次序相反。

(11)接地线在通过短路电流之后应当予以报废。

(12)每组接地线均应编号,并存放在固定地点,存放位置亦应编号,接地线号码与存放位置号码一致。

(13)装拆接地线应做好记录,交接班时应交代清楚。

5.验电器

验电器是检验电气设备、电器和导线上是否有电的一种专用安全用具。验电器分为高压验电器和低压验电器两类。

1)低压验电器

(1)低压验电器的作用及分类

低压验电器就是我们使用的普通低压验电笔。低压验电笔是用来检验 220V 及以下低压带电导体或电气设备及外壳是否带电的专用测量工具，也可以用来区分相(火)线和中性(地)线。此外，还可以用来区分交、直流电。

①普通低压验电笔。普通低压验电笔前端为金属探头，后端也有金属挂钩或金属接触片等，以便使用时用手接触。中间绝缘管内装有发光氖泡、电阻及压紧弹簧，外壳为透明绝缘体。为了工作和携带方便，低压验电器常做成钢笔式或数字式验电笔，但不管哪种形式，其基本结构和工作原理都是一样的。

普通低压验电笔的工作原理：当测试带电体时，金属探头触及带电导体，并用手触及验电笔后端的金属挂钩或金属片，此时电流路径是通过验电笔端、氖泡、电阻、人体和大地形成回路而使氖泡发光。

只要带电体与大地之间存在 60V 以上的电位差，验电笔就会发光。如果氖泡不亮，则表明该物体不带电。

氖泡两极发光表明是交流电；氖泡只有一极发光，表明是直流电。

②数字式低压验电笔。它由笔尖(工作触头)、笔身、指示灯、电压显示、电压感应通电检测按钮、电压直接检测按钮、电池等组成，用于检测 12~220V 交直流电压和各种电气设备。

数字式低压验电笔除了具有氖管式验电笔通用的功能，还具有如下特点：当右手手指按通电检测按钮，并将左手触及笔尖时，若指示灯亮，则表明正常工作；若指示灯不亮，说明电池没电了。测试交流电时，切勿按感应通电按钮。笔尖插入相线孔时，指示灯亮，则表明有交流电；需要电压显示时，则按检测按钮，最后显示数字为所测电压值；未到高段显示值的 75% 时，则显示低段值。

(2)低压验电器的使用及注意事项

①低压验电笔在使用前，应先在带电体上进行校核，确认验电笔是否完好，以防因验电笔故障造成错误判断，从而导致触电事故。

②验电前必须检查电源开关或隔离开关(刀闸)确已断开,并有明显可见的断开点。

③验电时,持电笔的手一定要触及金属片部分,若手指不接触验电笔端金属部分,则可能出现氖泡不能点亮的情况。

④严禁戴线手套持验电笔在线路或设备上验电。如果验电时戴手套,即使电路有电,验电笔也不能正常显示。

⑤避免在光线明亮处观察氖泡是否发光,以免因看不清而误判。

⑥在某些情况下,特别是测试仪表往往会因感应而带电,某些金属外壳也会带有感应电。在这种情况下,用验电笔测试有电,但不能作为存在触电危险的依据。因此,还必须采用其他方法(例如用万用表测量)确认其是否真正带电。

⑦严禁不使用验电笔验电,而用手背触碰导体验电的错误方法。

⑧低压验电笔因无高压验电器的绝缘部分,故严禁用验电笔去验已停电的高压电气设备或线路,以免发生触电事故。

2)高压验电器

(1)高压验电器的作用

高压验电器是一种用来验证高压电气设备是否带有运行电压的电力安全用具。当设备断电后,装设携带型接地线前,必须用验电器验明设备确实无电,方可装设接地线。

(2)高压验电器的分类及结构

高压验电器按指示方式可分为回转式、声光报警式,其中声光报警式高压验电器在实际运用中最为广泛。声光报警式高压验电器是通过检测流过验电器对地杂散电容中的电流来指示电压是否存在的装置,所以也称为电容型验电器。

声光报警式高压验电器由金属探头、试验按钮、电子声光报警装置、绝缘材料器身、手持部分和护手环等组成,也就是由指示部分、绝缘部分和握柄三部分组成。

高压验电器最短有效绝缘长度、最小握柄长度及接触电极最大裸露长度应满足表 3-4 中的规定。

表 3-4   高压验电器的相关长度规定

电压等级 （kV）	最短有效绝缘长度 （m）	最小握柄长度 （mm）	接触电极最大裸露长度 （mm）
10	0.7	115	40
20	0.8	115	60
35	0.9	115	80
66	1.0	115	150
110	1.3	115	400

（3）高压验电器的检查使用及操作注意事项

①高压验电器应当是经电力安全工器具质量监督检验测试中心检验，试验合格的产品。

②使用验电器前，应先检查验电器的工作电压与被测设备的额定电压是否相符，验电器是否超过有效试验期。

③检查验电器的绝缘杆外观是否良好，外观应无弯曲变形，表面光滑、无裂缝、无脱落层。手柄与绝缘杆、绝缘杆与指示器的连接应紧密牢固，伸缩型绝缘杆各节配合合理，拉伸后不应自动回缩，护手环明显醒目。

④验电操作前应先进行三次自检，用手指按下试验按钮，检查高压验电器灯光、音响报警信号是否正常。若自检试验无声光指示灯和音响报警时，不得进行验电。应检查电池是否完好，更换电池时应注意正负极不能装反。

⑤使用前要检查高压验电器的各项性能完好，并在同一电压等级的带电设备上验证无问题后，才可以对待验电的设备进行验电。无法在有电设备进行试验时，可用高压发生器等确证验电器的功能正常。

⑥将验电器的金属接触电极垂直、缓慢地向被测处接近，验电器发出声、光信号，即说明该设备有电，应立即将金属接触电极离开被测设备，以保证验电器的使用寿命。

⑦在需要挂接地线或合接地刀闸（装置）处对三相分别验电，如果验

电器无声、光指示则可认为设备无电。验电后,宜在有电的设备上再次进行试验,以防止验电器在使用中损坏,而造成设备无电的误判断。

⑧验电时,必须由两人一起进行,一人验电,一人监护。使用验电器时,工作人员必须戴绝缘手套,穿绝缘靴,验电器的伸缩绝缘棒长度应拉足,手握在握柄处不得超过护环,人体与验电设备应保持表 3-5 所示的安全距离。

表 3-5　　　　设备不停电时人体与带电部分应保持的安全距离

电压等级(kV)	安全距离(m)
10 及以下	0.7
20、35	1.0
66、110	1.5

⑨非雨雪型验电器不得在雷、雨、雪等恶劣天气下使用,在遇雷电、雨天(听见雷声或看见闪电)时应禁止验电。

⑩同杆架设的多层电力线路验电时,应先验低压,后验高压,先验下层,后验上层。

⑪若在木杆、木梯或木架上验电,不接地不能指示者,经运行值班负责人或工作负责人同意后,可在验电器绝缘杆尾部接上接地线进行验电。

⑫高压验电器适宜存放于温度为 $-15\sim35℃$、相对湿度为 $5\%\sim80\%$ 的室内。若条件许可,应将高压验电器存放在绝缘安全工器具柜内。验电器在运输途中应有防潮措施。

6. 高压核相器

1)高压核相器的作用

高压核相器是用于检查待连接设备、电气回路相位是否相同的装置。

不同的电网要并网运行时,除并网电压相同、周波一致外,相位也必须相同。而要确定两个电网相位是否相同,核相器是一种既方便又简单的工具。

2）高压核相器的分类及组成

高压核相器按信号输入方式分为无线式核相器和有线式核相器两种。无线式核相器具有操作安全、便捷、可靠等优点，目前在电力系统中最为常见。

无线式核相器由主机、X采集器、Y采集器、绝缘杆和校验插头线等组成。绝缘杆采用高性能绝缘材料。

3）高压核相器的使用及保管注意事项

（1）使用前，应检查核相器的工作电压与被测设备的额定电压是否相符，是否超过试验有效期。

（2）使用核相器前，应检查核相器的绝缘杆外观是否良好，是否弯曲变形，表面应光滑，无气泡、皱纹或开裂，玻纤布与树脂间黏接完好，杆段间连接牢固。

（3）使用核相器时，应戴绝缘手套。户外使用核相器时，须在天气良好时进行。

（4）使用核相器前应进行现场自检，将X采集器和Y采集器分别挂在同一条高压线路上。若主机显示屏显示X、Y同相，并有提示音响，相位差为 $0°\sim1°$，则表明核相器装置正常。自检验时间应大于1min。

（5）核相点必须选择在有明显断开点的设备或回路上进行。核相时，先假设某条线为A相，将X采集器放在A相的一侧，记为A相，Y采集器依次放在另一侧的三相上，分别记为A、B、C进行检测，并做好记录。如果两侧同相，主机显示相位差为 $0°\sim1°$；如果不同相，主机显示相位差为 $120°$ 或 $240°$。然后依次假定其他线路为B、C相，并按以上步骤进行检测，即可检测出待连接回路两侧各相位关系。

（6）在10kV及以上设备核相时，可以在导线的绝缘皮上进行。66kV及以上设备核相时，采集器可以采取外接触方法核相。若在110kV和220kV设备上核相时，可将采集器放在导线正下方 $300\sim1000$mm 处。在500kV设备上核相时，采集器可放在导线正下方 $1000\sim2000$mm 处。

（7）核相器操作应由三人进行，两人操作，一人监护。操作时必须逐相操作，逐一记录，根据仪表指示确定是否同相位。操作时，严格按照核相器试验操作规程的要求或厂家使用说明书进行操作核相。

(8)核相器应储存于温度在－15～35℃之间、相对湿度为 5％～80％的通风室内。

7. 钳形电流表

1)钳形电流表的作用

钳形电流表是一种在切不断电路的情况下测量电路中电流的便携式仪表。

钳形电流表只能测量交流电流,一般用来测量 400V 以下的电流,如低压母线、低压开关、低压交流电动机等的电流。由于钳型电流表的准确度不高,所以通常只用在不便于拆线或不能切断电路的情况下进行测量,以了解电气设备或电路的运行情况。

2)钳形电流表的组成

钳形电流表由一个电流互感器和一个电流表组成,夹在钳口中的导线相当于电流互感器的一次绕组,导线中的被测电流反应到绕在钳子铁芯上的二次绕组,在与之相连的电流表中指示出被测电流的大小。

3)钳形电流表的使用及保管注意事项

(1)钳形电流表使用前,应将钳口处擦净。

(2)被测电路的电压不可超过钳形电流表的额定电压值。

(3)切勿在测量过程中,夹着测量导线而切换量程挡,以免发生电流互感器二次侧开路,产生高电压和铁芯高度发热,而造成人身事故和钳形电流表损坏事故。

(4)测量时应将被测导线放置于钳口中部,并使钳口紧密闭合,这样才能准确测量。如果钳口闭合不紧密,则铁芯的磁阻增大,会使铁芯发热并发出"嗡嗡"声。

(5)运维人员在高压回路上使用钳形电流表进行测量工作时,应由两人进行。非运维人员测量时,应填写变电站(发电厂)第二种工作票。在高压回路上测量时,禁止用导线从钳形电流表另接表计测量。测量时若需拆除遮栏,应在拆除遮栏后立即进行,工作结束,应立即将遮栏恢复原位。测量时操作人员应戴绝缘手套,站在绝缘垫上,不得触及其他设备,以防短路或接地。

(6)观察表计时,要特别注意保持头部与带电部分的安全距离。

（7）在测量高压电缆各相电流时，电缆头线间距离应在 300mm 以上，且绝缘良好。只有在测量方便时，方可进行测量。

（8）测量低压熔断器和水平排列的低压母线电流时，测量前应将各相熔断器和母线用绝缘材料加以保护隔离，以免引起相间短路，同时应注意不得触及其他带电部分。

（9）使用时，应先估计电流数值，选择适当的量程。若对被测电流值心中无数，应把量程放在最大挡。然后根据测得结果，再选择合适的量程测量。

（10）当有一相接地时，禁止测量。

（11）在潮湿和雷雨天气，禁止在户外使用钳形电流表进行测量。

（12）测完后，应把量程放在最大挡。钳形电流表应存放在专用的箱子或盒子内，放在室内通风、干燥处。

8. 绝缘手套

1）绝缘手套的作用

绝缘手套是在高压电气设备上进行操作时使用的辅助安全用具，如用于操作高压隔离开关、高压跌落式熔断器、油断路器等。在低压带电设备上工作时，可把它作为基本安全用具使用，即使用绝缘手套可直接在低压设备上进行带电作业。

绝缘手套可使人的两手与带电物绝缘，是防止工作人员同时触及不同极性带电体而导致触电的安全用具。

2）绝缘手套的分类

绝缘手套是用特种橡胶制成的。按所能承受的工频耐压值高低，可分为高压绝缘手套和低压绝缘手套。可耐受 8kV 工频电压的为高压绝缘手套；可耐受 2.5kV 工频电压的为低压绝缘手套。

3）绝缘手套的使用及保管注意事项

（1）使用绝缘手套前，应检查是否超过有效试验期。

（2）使用前，应进行外观检查，用干毛巾擦净绝缘手套表面污垢和灰尘，检查绝缘手套外表有无划伤，并用手将绝缘手套指拽紧，检查绝缘橡胶有无老化、粘连。若发现有发黏、裂纹、破口（漏气）、气泡、发脆等损坏时，禁止使用。

（3）佩戴前，对绝缘手套进行气密性检查。具体方法：将手套从开口处朝手指方向卷曲，稍用力将空气压到手掌及指头部分，检查上述部位有无漏气，如有则禁止使用。若有条件可用专用绝缘手套充气检查设备进行气密性试验。

（4）绝缘手套佩戴在工作人员双手上，手指与手套指孔应吻合牢固，衣服袖口不暴露、覆盖于绝缘手套之外。

（5）绝缘手套应统一编号，存放在干燥、阴凉的地方，室内温度应保持在 $-15\sim35℃$ 之间，相对湿度为 $5\%\sim80\%$。条件允许时应将绝缘手套存放在绝缘安全工器具柜内。

（6）绝缘手套一般应放在支架上。若水平放置时，应与其他工具分开放置，其上不得堆压任何物件，以免划破手套，并应涂抹上一些滑石粉，以免粘连。

（7）绝缘手套应远离热源，避开酸、碱、油类等腐蚀品，要避免阳光直射，以防胶质老化，降低绝缘性能。

（8）被玷污的手套可采用肥皂和不超过 65℃ 的清水洗涤，有类似焦油、油漆等物质残留在手套上时，未清除前不宜使用。清洗时应采用专用的绝缘橡胶制品去污剂，不得采用香蕉水、汽油等进行去污，否则将损坏手套的绝缘性能。

（9）使用中受潮或清洗后潮湿的手套，应充分晾干，并涂抹滑石粉后予以保存。

（10）现场使用的绝缘手套最少有两副。

9. 绝缘靴（鞋）

1）绝缘靴（鞋）的作用

绝缘靴（鞋）由特种橡胶制成，用于人体与地面的绝缘。绝缘靴具有良好的绝缘性能和一定的物理强度，安全可靠。绝缘靴（鞋）主要用于高压电力设备的倒闸操作、设备巡视作业时，作为辅助的安全用具使用。特别是在雷雨天气巡视设备或线路接地的作业中，能有效防止跨步电压和接触电压的伤害。

2）绝缘靴（鞋）的分类及规格

绝缘靴按帮面高低不同可分为半筒绝缘靴和高筒绝缘靴。

半筒绝缘靴帮面高度为 160～185mm,高筒绝缘靴帮面高度为 250～295mm,绝缘靴通常不上漆,这是和涂有光泽黑漆的橡胶水靴在外观上所不同的。

绝缘靴靴底应有防滑花纹,靴底厚度扣除防滑花纹不得小于 4mm,靴面及靴帮的厚度应不小于 1.5mm,靴帮的拉伸强度应大于 13MPa。

3)绝缘靴(鞋)的使用及保管注意事项

(1)使用绝缘靴(鞋)前,应检查绝缘靴(鞋)有无试验合格证,是否在有效试验合格期内,超过试验期不得使用。

(2)严禁将绝缘靴(鞋)挪作他用。

(3)绝缘靴(鞋)在每次使用前应进行外部检查,查看表面是否有外伤、裂纹、气泡、毛刺、划痕等缺陷。若发现有以上缺陷,应立即停止使用并及时更换。

(4)穿用电绝缘皮鞋和电绝缘布面胶鞋时,其工作环境应能保护鞋面干燥。在各类高压电气设备上工作时,使用绝缘鞋,可配合基本安全用具(如绝缘棒、绝缘夹钳)触及带电部分,并要防止跨步电压所引起的电击伤害。在潮湿,有蒸汽、冷凝液体、导电灰尘或易发生危险的场所,尤其应注意配备合适的绝缘鞋,应按标准规定的使用范围正确使用。

(5)使用时,应选择与使用者相适应的鞋码,应将裤管完全套入靴筒内。

(6)绝缘靴(鞋)应统一编号,现场使用的绝缘靴(鞋)至少有两双。

(7)绝缘靴(鞋)应存放在干燥、阴凉的地方,并应存放在专用的柜内,要与其他工具分开放置,其上不得堆压任何物件。

(8)绝缘靴(鞋)存放应远离一切发热体 1m 以上,要远离可能受到油、酸、碱类或腐蚀物影响的场所,以防胶质老化,降低绝缘性能。

10. 绝缘垫

1)绝缘垫的作用

绝缘垫是由特种橡胶制成的,用于加强工作人员对地辅助绝缘的橡胶板。因此,可把它视为一种固定的绝缘靴。

绝缘垫主要在发电厂、变电站、电气高压柜、低压开关柜以及保护屏之间、发电机、调相机的励磁机等处的地面铺设,以保护作业人员免遭设备外壳带电时的触电伤害。

2）绝缘垫的分类及规格

绝缘垫采用橡胶类绝缘材料制作,上表面应采用皱纹状或菱形花纹状等防滑设计,以增强表面防滑性能,绝缘垫的厚度有 5mm、6mm、8mm、10mm、12mm 五种规格,耐压等级分别为 10kV、25kV、30kV、35kV 等规格。

3）绝缘垫的使用及保管注意事项

（1）使用过程中要经常检查绝缘垫上下表面有无小孔、裂缝、局部隆起、切口、夹杂导电异物、折缝、空隙、凹凸波纹等缺陷。如果出现裂纹、划痕、厚度减薄等不足以保证绝缘性能的情况时,应及时更换。

（2）在使用时地面应平整,无锐利硬物。铺设绝缘垫时,绝缘垫的接缝要平整、不卷曲,防止操作人员在巡视设备或倒闸操作时跌倒。

（3）绝缘垫应避免阳光直射或锐利金属划刺,存放时应避免与热源（暖气等）距离太近,以免加剧老化变质,从而使绝缘性能下降。

（4）绝缘垫应保持干燥、清洁,注意防止与酸、碱及各种油类物质接触,以免受腐蚀后老化、龟裂或变黏,从而降低其绝缘性能。

（5）绝缘垫应每半年用肥皂水清洗一次。

11. 安全帽

1）安全帽的作用

安全帽是一种用来保护工作人员头部,使头部减少冲击伤害的帽子,是防止高空坠落、物体打击、碰撞等事故伤害的主要头部防护用具,也是进入工作现场的一种标志。任何人进入生产现场（办公室、控制室、值班室和检修班组室除外）,都应正确佩戴安全帽。

安全帽和其他防护安全工器具一样,使用这些防护用具时,难免使人的操作行为受到约束。如果没有经过一定的训练,没有具备良好的安全意识,在作业中存在侥幸心理,麻痹大意,在工作场所不戴安全帽,就可能发生人身伤害事故。

由此可见,安全帽虽小,但作用很大。在关键时刻若没有安全帽,就可能造成人身伤害。按规定在进入生产现场时戴好安全帽,则可避免或减轻对人身的伤害。

2)安全帽的分类及组成部分

安全帽按使用场所可分为一般作业安全帽（Y 类安全帽）和特殊作业安全帽（T 类安全帽）两类，带电作业应使用 T 类安全帽。安全帽按制作材料分为工程塑料安全帽、树脂安全帽、植物料安全帽，电力系统常用安全帽为工程塑料安全帽。

一般作业安全帽主要由帽壳、帽衬组成，帽衬由帽箍、顶衬、后箍、下颏带、后扣组成。特殊作业安全帽包括带照明安全帽、面罩安全帽、近电报警安全帽等，它们的结构是在一般安全帽的基础上加装了照明、面罩及报警装置。近电报警安全帽是专门为电力工人设计制造的，在有触电危险的环境里进行维修高压供电线路或配电设备时，若头部接近带电设备至安全距离时，安全帽会自动报警。

3)安全帽的使用及维护注意事项

(1)合格的安全帽，必须是经国家指定的监督部门检验合格，取得生产许可证资质的专业厂家生产，安全帽上要有清晰的制造厂家名称、商标、型号、生产日期和生产许可证编号。安全帽应不超过有效期限。

(2)使用安全帽前应进行外观检查，检查安全帽的帽壳、帽箍、顶衬、后扣、下颏带等组件是否完好无损，帽壳与顶衬的缓冲空间应在 25～50mm 之间。

(3)使用前应检查确认安全帽无龟裂、下凹、裂纹和磨损。

(4)使用时，首先应将内衬圆周大小调节到对头部稍有约束感，但不难受的程度，以不系下颏带低头时安全帽不会脱落为宜。

(5)佩戴安全帽时，长发必须盘进帽内。戴好后，应将后扣拧到合适位置，系好下颏带，下颏带应紧贴下颌。下颏带和后扣松紧程度以前倾后仰时安全帽不会从头上掉下为准。

(6)安全帽在使用过程中，一定要爱护，不要在休息时坐在上边，以免使其强度降低或损坏。

(7)安全帽适宜存放于干燥、无腐蚀的室内，不得储存在酸、碱、高温、日晒等场所，更不可和硬物放在一起。

(8)加装近电报警器的安全帽，使用前应选择与现场相对应的电压等级，并检查报警器良好。

(9)安全帽加装近电报警器时,应装在帽壳前额部,严禁装在帽壳顶部、后部及两侧。

(10)近电报警安全帽不能代替验电器。

(11)安全帽在使用时受到强冲击后,无论帽壳是否有裂纹或变形都应报废处理。

12. 安全带

1)安全带的作用

安全带是防止高处作业人员发生坠落或发生坠落后将作业人员安全悬挂的个体防护装备。特别是对登杆作业的人员,只有系好安全带后,两只手才能同时进行作业工作,否则工作既不方便,而且危险性很大,可能发生坠落事故。

2)安全带的分类及组成

安全带按其适用范围可分为围杆作业安全带、区域限制安全带和坠落悬挂安全带。围杆作业安全带是通过绕在固定构造物上的绳或带,将人体绑定在固定构造物附近,使作业人员双手可以进行其他操作的安全带,适用于电工、园林工等进行杆上作业时使用。区域限制安全带是用于限制作业人员的活动范围,避免其到达可能发生坠落区域的安全带。坠落悬挂安全带是指高处作业或登高人员发生坠落时,将作业人员安全悬挂的安全带,适用于建筑、安装等企业中使用。

安全带由腰带、围杆带、安全绳和金属配件组成。其中,安全绳由保险环、挂钩和绳索组成。

3)安全带的使用及保管注意事项

(1)在使用安全带时,应检查安全带的各部件是否完整,确保安全带无缺失、无伤残破损。金属环零件不允许使用焊接,不应留有开口。产品合格证和检验证清晰完整。

(2)使用前,应分别将安全带、后备保护绳系于电杆上,用力向后对安全带进行冲击试验,检查腰带、保险带和绳时应有足够的机械强度。

(3)2m 及以上的高处作业应使用安全带。

(4)安全带在使用时,保险带、绳使用长度在 3m 以上的应加缓冲器。

(5)工作时,安全带的挂钩或绳子应挂在结实牢固的构件或专为挂安全带用的铺丝绳上，禁止系挂在移动或不牢固的物件上（如隔离开关支持绝缘子、瓷横担、未经固定的转动横担、线路支柱绝缘子、避雷器支柱绝缘子等），不得系在棱角锐利处。安全带要高挂和水平拴挂，并要注意防止摆动、碰撞，严禁低挂高用。

（6）在杆塔上工作时，应将安全带后备保护绳系在安全牢固的构件上，带电作业视其任务决定是否系后备安全绳，保证工作中不得失去后备保护。围杆带和安全绳要系在不同的牢固物件上，禁止系挂在移动或不牢固的物件上。作业人员移位时不得失去安全绳的保护。

（7）安全带应存放在干燥、无腐蚀场所，不可接触高温、明火、强酸强碱或尖锐物体，不得存放在潮湿的库房中。

（8）安全带需要清洗时，可放在低温水中，用肥皂水轻轻搓洗，再用清水漂洗干净，然后晾干，不允许将其浸入热水中以及在烈日下曝晒或用火烤。

（9）安全带使用后要妥善保管和维护，要经常检查安全带的缝制部分和挂钩部分，必须详细检查是否发生断裂和磨损，要保证安全带处于完好状态。使用频繁的绳，要经常做外观检查，发现异常时应立即更换新绳。

（10）围杆作业安全带一般使用期限为 3 年，区域限制安全带和坠落悬挂安全带使用期限为 5 年。如发生坠落事故，则应由专人进行检查，如有影响性能的损伤，则应立即更换。

13. 个人保安线

1）个人保安线的作用

个人保安线（俗称"小地线"）是用于防止感应电压危害的个人用接地装置。个人保安线是由工作人员自挂自拆的地线，为区别于正常接地线，故又称为个人保安辅助接地线。

工作地段如有邻近、平行、交叉跨越及同杆架设线路，为防止停电检修线路上感应电压伤人，在需要接触或接近导线工作时，应使用个人保安线。

2）个人保安线的式样及规格

个人保安线应使用有透明护套的多股软铜线，横截面积不得小于 16mm²，且应带有绝缘手柄或绝缘部件。个人保安线的绝缘护套材料应柔韧透明,护层厚度大于 1mm。

3)个人保安线的使用及保管注意事项

(1)个人保安线仅作为预防感应电使用,不得以此代替工作接地线。

(2)只有在工作接地线挂好后,方可在工作导线上挂个人保安线。

(3)个人保安线应在杆塔上接触或接近导线的作业开始前挂接,作业结束脱离导线后拆除。

(4)装设时,应先接接地端,后接导线端,且接触良好,连接可靠,拆除时与此相反。

(5)个人保安线由工作人员自行携带,凡在 110kV 及以上同杆塔或相邻的平行有感应电的线路上停电工作时,应在工作相上使用,不准采用虚接的方法接地。在杆塔或横担接地通道良好的条件下,个人保安线接地端允许接在杆塔或横担上。

(6)工作结束时,工作人员应拆除所挂的个人保安线。

14. 速差自控器

1)速差自控器的作用

安全带用速差自控器(安全自锁器)是利用物体下坠的速度差的自控原理制作的,是专门为高空作业人员预防高空坠落而设计的一种在限定距离内快速制动、锁定坠落物体的安全保护用具。

速差自控器是内部装有一定长度绳索的器件,作业时可不受限制地拉出绳索,坠落时,它会因速度的变化将绳索的长度锁定。

与传统的安全带相比,速差自控器具有下坠距离短、冲击力小、活动范围低、固定条件简单、质量轻、体积小、携带方便等优点。

2)速差自控器的使用及保管注意事项

(1)使用前将速差自控器上端悬挂在作业点上方,将自控器内绳索连接在人体前胸或后背的安全带挂点上,移动时应缓慢,禁止跳跃。

(2)正常使用时,安全绳将随人体自由伸缩,不需经常更换悬挂位置。在器内机构的作用下,安全绳一直处于半紧张状态,使用者可轻松自如、无牵无挂地工作。

(3)一旦人体失足坠落,安全绳的拉出速度加快,器内控制系统立即自动锁止,使安全绳下坠不超过 0.2m,冲击力小于3000N,对人体毫无伤害,负荷一旦解除又能恢复正常工作。

(4)工作完毕后安全绳将自动回收到器内,便于携带。

(5)速差自控器只能高挂低用,水平活动应在以垂直线为中心半径的1.5m范围内,应悬挂在使用者上方固定牢固的构件上,不得系在棱角锋利处。

(6)每次使用前,应对器具做外观检查并做试验。以较慢速度正常拉动安全绳时,会发出"嗒嗒"声响。

(7)使用时,应防止与尖锐、坚硬物体撞击,严禁安全绳扭结使用,不要放在尘土过多的地方。

(8)工作完毕后,安全绳收回速差自控器内时,中途严禁松手,避免回速过快造成弹簧断裂、钢丝绳打结,直到钢丝绳收回速差自控器内后才可松手。

(9)禁止将速差自控器锁止后悬挂在安全绳(带)上作业。

(10)在使用过程中要经常检查速差自控器的工作性能是否良好,绳钩、吊环、固定点、螺母等是否松动,壳体有无裂纹或损伤变形,钢丝绳有无磨损、变形伸长、断丝等现象,如发现异常应及时处理。

(11)速差自控器使用前应检查有无合格证,且必须有省级以上安全检验部门的产品合格证。速差自控器应保存在干燥的室内。

15. 正压式消防空气呼吸器

1)正压式消防空气呼吸器的作用

正压式消防空气呼吸器是一种可用于氧气浓度低于17%的环境下的紧急逃生防护用具,用于保护使用者的呼吸系统免受有毒气体、有毒颗粒和灰尘、低氧环境、燃烧烟雾的伤害。

它的工作原理为:气瓶内的高压空气通过减压阀降为0.75MPa的中压空气,再经过供气阀的二级减压后,通过面罩向使用者提供低正压空气,由于供气阀提供的是正压空气,面罩内的压力始终大于外界空气压力,可以保证外界有毒气体、颗粒及气雾无法进入面罩,充分保障使用者的安全。

2)正压式消防空气呼吸器的组成

正压式消防空气呼吸器由背板、背带、气瓶、报警笛、减压阀、压力表、供气阀、面罩、安全阀以及口鼻罩系统组成。

（1）减压阀对气瓶内的高压空气进行一级减压，提供一个稳定的压力为0.75MPa的中压气体。

（2）供气阀对管路内的中压空气进行二级减压，并通过面罩向使用者提供低正压空气。供气阀内设置强制供气阀机构，在恶劣和紧急情况下、使用者的呼吸出现困难时，按下黄色按钮，供气阀会自动增大供气量至450L/min。

（3）压力表用于显示气瓶中的压力，面罩佩戴于使用者面部，通过面罩口与供气阀相连，按下供气阀两侧黄色按钮时，即可将面罩与供气阀脱离。

（4）口鼻罩可有效降低面罩内呼出的二氧化碳含量。

（5）报警笛可在气瓶中的压力降低到5.5MPa时发出报警声，直至气瓶中空气用尽。

（6）安全阀装在减压阀内，当中压回路的压力大于1.1MPa时，安全阀自动打开向外排泄压力，当中压压力恢复正常时，安全阀重新关闭。

3）正压式消防空气呼吸器的检查使用及保管注意事项

（1）正压式消防空气呼吸器应按月进行检查，检查呼吸器面罩玻璃挡板完好、无裂纹，表面清洁无异物，肩部背带表面无损伤。开启气瓶阀，查看压力表的数值，要求压力不低于20MPa，连接管道无破损、裂痕。减压阀开关灵活、无生锈现象。气瓶与背板安装应牢固，气瓶不会松脱。进行一次试佩戴，检查供给阀动作是否正常，供气阀与呼吸阀是否匹配。

（2）使用前应检查确认气瓶的阀门关闭，气瓶束带扣紧无松动。检查气瓶压力时，完全打开瓶阀，压力表显示的压力与气瓶工作压力相符。

（3）检查气瓶的气密性时，打开瓶阀，然后关闭瓶阀，观察压力表，在1min内压力下降不得大于2MPa。

（4）检测报警笛时，打开瓶阀让管路充满气体，再关闭瓶阀，然后按下供气阀上的黄色按钮，打开强制供气阀，缓慢释放管路气体，当压力表显示到5.5MPa时，报警笛必须开始报警。

（5）正压式消防空气呼吸器穿戴：双手反向抓起肩带，将装具穿在身上；身体前倾，向后下方拉紧D型环直到肩带及背架与身体充分贴合；扣上腰带,拉紧;打开气瓶阀至少一圈以上;一只手托住面罩,将面罩、口鼻罩与脸部完全贴合,另一只手将头带向后拉,罩住头部,收紧头带。

(6)用手掌按住面罩,深吸气感到有压迫感,说明密封良好。将供气阀插入面罩口,听到"咔嚓"一声,同时供气阀两侧黄色按钮复位,则表示已正确连接,即可正常呼吸。

(7)要特别说明的是在恶劣和紧急的情况下,或者使用者需要更多的空气时,可按下供气阀上的黄色按钮,供气阀会自动将供气量增大到450L/min。当报警笛开始鸣叫时,必须马上撤离到安全区域,否则将有生命危险。

(8)正压式消防空气呼吸器的脱卸:按下供气阀两边黄色按钮,取下供气阀,打开带板口,由上而下取下面罩;松开腰带扣,向上扳肩带扣,松开肩带卸下呼吸器;关闭气瓶阀;按下供气阀黄色按钮,将余气全部放掉,直至压力表指针归零。

(9)正压式消防空气呼吸器应存放在包装箱内,放在干燥、清洁和避免阳光直接照射的地方,不能与油、酸、碱或其他有害物质共同储存,严禁重压。

16. 过滤式防毒面具

1)过滤式防毒面具的作用

过滤式防毒面具是一种过滤式呼吸防护用品,是利用面罩与人面部周边形成密合,使人的眼睛、鼻子、嘴巴、面部与周围染毒环境隔离,同时依靠滤毒罐中吸附剂的吸附吸收、催化作用和过滤层的过滤作用,将外界染毒空气净化,给使用者提供洁净的空气。

2)过滤式防毒面具的分类

过滤式防毒面具可分为导气管式防毒面具和直接式防毒面具两种。

导气管式防毒面具由面罩、滤毒罐、导气管、防毒面具袋等组成。它所使用的1L1号滤毒罐标色为绿加白道,主要防护综合气体,如氯化氰、溴甲烷、芥子气、毒烟、毒雾等。

直接式防毒面具由面罩和小型滤毒罐组成。

3)过滤式防毒面具的使用及保管注意事项

(1)使用过滤式防毒面具时,空气中的氧气浓度不得低于18%,温度为-30～45℃,因此使用前应检测确认毒区空气中的氧气含量满足要求。同时,它不能用于槽、罐等密闭容器环境。

(2)使用前检查确认面罩导气管、滤毒罐在有效期内。

(3)使用者应根据其面型尺寸选配适宜的面罩号码。

(4)连接防毒面具时,先连接面罩与导气管,再连接滤毒罐,连接滤毒罐时先旋下滤毒罐的罐盖,再将滤毒罐接在面罩上,并取下滤毒罐底部进气孔的橡皮塞。

(5)戴面具时应暂停呼吸,闭上眼睛,两手拇指在内,四指在外,握住面罩两侧,将面罩打开,两手均匀用力,由上而下,将面具戴在头上,同时调整罩体,使其与面部密合。

(6)检查面具气密性。戴好面具后,用手或橡皮塞堵住滤毒罐进气孔,深吸一口气,检查面具的气密性是否正常,然后打开滤毒罐的进气孔,恢复正常呼吸。

(7)使用中感觉呼吸困难或自我感觉不适时,应立即退出毒区,更换面具,严禁在毒区内摘掉面罩。

(8)脱面具时佩戴者应退至毒区的上风位置,迎风并用手抓住导管与面罩连接处,稍向下用力,自下而上地脱下面具,然后拧下滤毒罐,将滤毒罐拧上罐盖,塞紧底塞。

(9)过滤式防毒面具应储存于干燥、清洁、空气流通的场所,防止潮湿或过热。同时,滤毒罐要拧上罐盖,塞紧底塞。

17. 防护眼镜

1)防护眼镜的作用

避免辐射光对眼睛造成伤害,最有效和最常用的方法是佩戴防护眼镜。所谓防护眼镜就是一种滤光镜,主要是防护眼睛和面部免受紫外线、红外线和微波等电磁波的辐射,防止粉尘、烟尘、金属和砂石碎屑以及化学溶液溅射的损伤。

在电力生产过程中,常用在装卸高压熔断器、电焊、给蓄电池加注电解液等作业中。

2)防护眼镜的分类

防护眼镜分为吸收式和反射式两大类。吸收式防护眼镜用得较多,它可以吸收某些波长的光线,而让其他波长光线透过,所以都呈现一定的颜色,所呈现颜色为透过光的颜色。

镜片在制造时,在一般光学玻璃配方中加入了一部分金属氧化物,如铁、钴、铬、锶、镍、锰以及一些稀土金属氧化物。这些金属氧化物能使玻璃对光线中某种波段的电磁波作选择性吸收,减少波长通过镜片的量,减轻或防止对眼造成的伤害。

3）防护眼镜的使用和保管注意事项

（1）防护眼镜的选择要正确。要根据工作性质、工作场合选择相应的护目镜。在装卸高压熔断器或进行气焊时,应戴防辐射防护眼镜;在室外阳光曝晒的地方工作时,应戴变色镜（防辐射防护眼镜的一种）;在进行车、刨及用砂轮磨工件时,应戴防打击防护眼镜;在向蓄电池内注入电解液时,应戴防有害液体防护眼镜或戴防毒气封闭式无色防护眼镜。

（2）使用防护眼镜前,应检查护目镜表面光滑,无气泡、杂质,以免影响工作人员的视线,镜架平滑,不可造成擦伤或有压迫感。同时,镜片与镜架衔接要牢固。

（3）防护眼镜的宽窄和大小要恰好适合使用者的要求。如果大小不合适,护目镜滑落到鼻尖上,就起不到防护作用。

（4）防护眼镜要按出厂时标明的遮光编号或使用说明书使用,并保存在干净、不易碰撞的地方。

18. 静电防护服

1）静电防护服的作用

人们的生活与生产无不和静电发生联系,静电直接或潜在地从各个方面给人类带来不同程度的危害。据专家分析,火药、化工、医药、石油等工作场所发生的火灾事故,多数是由于人体活动产生的静电超过安全限值,偶然释放电火花引发的。在电子行业,静电放电有可能造成电子元器件的损害,从而影响产品的质量。静电的产生与人体穿着的服装的材料、活动的强度、使用劳动工具的类型、地面的导电性以及周围环境的温度、湿度有密切的关系。长期以来,人们采用接地、屏蔽、中和等方式消除静电的危害。静电防护服就是在静电的场所为人体提供静电屏蔽、消除或减轻静电危害功能的特种服装。它广泛应用于油田、化工、电力、军警、赛车、消防等对服装性能有特殊要求的场合。在电力系统中,静电防护服主要用于保护线路和变电站巡视及地电位作业人员免受交流高压电场的影响。

2)静电防护服的制作规格

防静电织物是在纺织时,按照一定比例大致等间隔、均匀地混入导电纤维或防静电合成纤维,也可以是两者混合交织而成的织物。导电纤维是指全部或部分使用金属有机物的导电材料、亚导电材料制成的纤维的总称,其体积电阻率介于 $104\sim109\Omega/cm$,按照导电成分在纤维中的分布情况又可将导电纤维分为导电成分均一型、导电成分覆盖型和导电成分复合型三类。目前,绝大多数防静电织物是采用导电纤维制作的,其中尤以导电成分复合型为主,即复合纤维使用最多。它能自动电晕放电或泄漏放电,可消除衣服及人体带电。防静电的帽子、袜子、鞋也采用相同材料制成。

3)静电防护服穿用的要求和注意事项

(1)静电防护服适用于无尘、静电敏感区域和一般净化区域。

(2)静电防护服必须与《防静电鞋、导电鞋技术要求》(GB 4385—1995)中规定的防静电鞋配套穿用。同时地面也应是防静电地板,并有接地系统。

(3)禁止在静电防护服上附加或佩戴任何金属物件。需随身携带的工具应具有防静电、防电火花功能;金属类工具应置于静电防护服衣袋内,禁止金属件外露。

(4)禁止在易燃易爆场所穿脱静电防护服。

(5)在强电磁环境或附近有高压裸线的区域内,不能穿用静电防护服。

(6)静电防护服应保持干净,确保防静电性能良好。清洗时用软毛刷、软布蘸中性洗涤剂洗擦,或浸泡轻拭,不可破坏布料导电纤维,不可曝晒。

(7)普通的静电防护服可自行清洗,要求高的静电防护服需由专业清洗机构清洗。

(8)穿用一段时间后,应对静电防护服进行检验,若静电性能不符合要求,则不能再使用。

19. 防电弧服

1)防电弧服的作用

电弧发生时,巨大的能量在极短的时间内释放。金属导电元件会汽化,导致高温蒸汽和金属急剧膨胀。空气和金属气化物迅速热膨胀,造成巨大声响的爆炸和巨大的压力。人体或其他物体意外地接触到电弧火焰或炙热时,将造成重大损害。

防电弧服是一种用绝缘和防护的隔层制成的、保护穿着者身体的防护服装,用于减轻或避免电弧发生时散发出的大量热能辐射和飞溅融化物的伤害。

防电弧服具有防电弧、耐高温、不助燃、热防护性能好等优点,因此可用在高热、火焰、电弧等危险环境中。

防电弧服一旦接触到电弧火焰或炙热时,内部的高强度延伸防弹纤维会自动迅速膨胀,从而使面料变厚且密度变大,关闭布面的空隙,产生的能源防护屏障将人体与热隔绝,使电弧伤害程度减至最低。

2)防电弧服的分类

防电弧服分为两类:一类是防电弧操作服(长大褂型),一类是防电弧工作服(三紧式夹克和长裤型)。

防电弧操作服在供电气操作时使用,防护等级 $ATPV \geqslant 10cal/cm^2$ (ATPV 是指电弧耐热标准值),长大褂型设计有门襟,是个人防护用品的最佳选择。衣领有翻开式与直立式两种,既美观又起到保护颈部的作用。可调节袖口大小,穿着时可按需要随意调节到最佳防护效果。前后胸 3M 反光带既美观又可在黑暗作业环境中增加可视度,起到警示作用。

防电弧工作服作为日常工作服使用,防护等级 $ATPV \geqslant 5cal/cm^2$。三紧式夹克前胸翻盖设计符合特种劳动保护服的设计要求。衣领采用直立式与翻开式,适应于不同的作业特点与环境,可有效地保护颈部。

拉链式门襟是特种劳动防护服装的最佳选择,拉链内侧的双层布衬既起到防护效果,又能防止拉链与人体的摩擦,外覆盖有门襟,提供双重防护。

3)防电弧服的使用和保管注意事项

(1)防电弧服只能对头部、颈部、手部、脚部以外的身体部位进行适当保护,所以在易发生电弧危害的环境中时,必须和其他防电弧设备一起使用,如防电弧头罩、绝缘鞋等设备。在进入带电弧环境中,请务必穿戴好防电弧服及其他的配套设备,不得随意将皮肤裸露在外面,以防事故发生时通过空隙而造成重大的事故损伤。

(2)穿着者在使用防电弧服的过程中,可能会降低对电弧危害的敏感性,易产生麻痹心理,因此在有电环境中工作时不要降低对电弧危害的警惕,不可以随意暴露身体。当有异常情况发生时,要及时脱离现场,切忌和火焰直接接触。

(3)手套与防电弧服袖口覆盖部分应不少于 100mm,鞋罩应能覆盖足部。

(4)损坏并无法修补的防电弧护服应报废。个人电弧防护用品一旦暴露在电弧环境内应报废。超过厂商建议服务期或正常洗涤次数的个人电弧防护用品应进行检测,检测不合格应报废。

(三)安全工器具试验

对电力安全工器具规定试验周期进行预防性试验的目的就是通过试验、检测、诊断的方法和手段来判断这些工器具是否符合使用条件,防止使用中的电力安全工器具的性能发生改变或存在安全隐患而导致在使用中发生事故,确保工作人员在使用时的人身安全。下面分别介绍常用电力安全工器具的试验。

1. 绝缘杆

绝缘杆每年应进行一次工频耐压试验,试验项目、周期和要求如表3-6所示。

表 3-6 绝缘杆的试验项目、周期和要求

项目	周期	额定电压 （kV）	试验长度 （m）	工频耐压 （kV,1min）	说明
工频耐压 试验	1 年	10	0.7	45	—
		35	0.9	95	—
		66	1.0	175	—
		110	1.3	220	—

2. 绝缘遮蔽罩

绝缘遮蔽罩每年应进行一次工频耐压试验，试验项目、周期和要求如表 3-7 所示。

表 3-7 绝缘遮蔽罩的试验项目、周期和要求

项目	周期	要求		
		额定电压 （kV）	工频电压 （kV）	持续时间 （min）
工频耐压试验	1 年	6～10	30	1
		35	80	1

3. 绝缘隔板

绝缘隔板每年应进行一次电气试验，试验项目、周期和要求如表 3-8 所示。

表 3-8 绝缘隔板的试验项目、周期和要求

项目	周期	要求			电极间距离 （mm）
		额定电压 （kV）	工频电压 （kV）	持续时间 （min）	
表面工频 耐压试验	1 年	6～35	60	1	300
		6～10	30	1	
		35	80	1	

4. 携带型接地线

携带型短路接地线试验主要检查两个参数：导线和各连接点的直流电阻及绝缘杆的绝缘强度。

携带型短路接地线的直流电阻试验测量各接线鼻子之间的直流电阻，试验采用直流电压降法测量（电流、电压表法），试验电流应不小于30A，条件有限时可用 QJ44 双臂电桥测量。

该试验主要检查携带型短路接地线线鼻子、汇流夹与多股铜质软导线之间的接触是否良好。同时，检查多股铜质软导线的截面积是否符合要求。

接地线截面不同，则每米的直流电阻值也不同。

进行接地线的成组直流电阻试验时，应先测量各接线鼻子间的长度，根据测得的直流电阻值，算出每米的电阻值，其值若符合表 3-9 的规定，则为合格。

表 3-9　　　　　　　　　接地线的成组直流电阻试验要求

序号	接地线导线截面（mm^2）	电阻值（$M\Omega/m$）	备注
1	25	0.79	
2	35	0.56	同一批次抽检，不少于两根，接线鼻子与软导线压接的应做该试验
3	50	0.40	
4	70	0.28	
5	95	0.21	
6	120	0.16	

工频耐压试验方法与绝缘杆试验方法相同，试验电压加在操作棒的护环与紧固头之间。不同电压等级接地线的绝缘棒所加试验电压及加压时间不同。携带型接地线的试验项目、周期和要求如表 3-10 所示。

表 3-10　　　　　　　携带型接地线的试验项目、周期和要求

项目	周期	要求		电极间说明
		额定电压 (kV)	工频电压 (kV,1min)	
操作棒的工频耐压试验	5 年	10	45	试验电压加在护环与紧固头之间
		35	95	
		66	175	
		110	220	

5. 验电器

验电器主要检验两个技术参数：验电器的启动电压和绝缘杆部分的工频耐压试验。

对音响报警装置进行试验时，将验电器的接触电极与交流耐压试验器的高压电极相接触，然后逐渐升高试验变压器的电压。当验电器发出声光音响指示时，记录此时的启动电压，若该电压在 0.15～0.4 倍额定电压之间，则认为报警装置完好，试验通过。

对验电器绝缘杆部分进行工频耐压试验时，应将信号报警装置取下。高压试验电极布置于绝缘杆的工作部分，高压试验电极和接地极间的长度即为试验长度。

试验时一端加压、一端接地，不同电压等级的绝缘杆施加对应的电压。对于 10～220kV 电压等级的绝缘杆，加压时间为 1min；对于 330～500kV 电压等级的绝缘杆，加压时间为 5min。试验时，缓慢升高电压，以便能在仪表上准确读数，达到 0.75 倍试验电压值起，以每秒 2% 试验电压的升压速率升至规定的值，保持相应的时间，如试验中各绝缘杆不发生闪络或击穿，试验后绝缘杆无放电、灼伤痕迹，且不发热则为合格。验电器的试验项目、周期和要求如表 3-11 所示。

表 3-11　　　　　高压验电器的试验项目、周期和要求

项目	周期	要求			说明
启动电压试验	1 年	启动电压值不高于额定电压的 40%，不低于额定电压的 15%			试验时接触电极应与试验电极相接触
工频耐压试验	1 年	额定电压 (kV)	试验长度 (m)	工频耐压 (kV,1min)	—
		10	0.7	45	—
		35	0.9	95	—
		66	1.0	175	—
		110	1.3	220	—

6. 高压核相器

核相器应当由具有资质的电力安全工器具检验机构进行检验,应具有可靠的高电压电气安全隔离,保证作业人员人身安全。核相器要具有很强的抗干扰性,能适应各种电磁干扰场合,有适宜的灵敏度和分辨率,最低动作电压应达 0.25 倍额定电压。核相器的绝缘拉杆上应有合格证,标有清晰的电压等级、制造厂名、检验日期等内容。核相器绝缘杆应每年进行一次工频耐压试验。高压核相器的试验项目、周期和要求如表 3-12所示。

表 3-12　　　　　核相器的试验项目、周期和要求

项目	周期	要求			说明
		额定电压 (kV)	工频电压 (kV)	持续时间 (min)	
连接导线绝缘强度试验	必要时	10	8	5	浸在电阻率小于 100 Ω·m 水中
		35	28	5	

续表

项目	周期	要求			说明
		额定电压 （kV）	工频电压 （kV）	持续时间 （min）	
绝缘部分 工频耐压 试验	1年	额定电压 （kV）	试验长度 （m）	工频电压 （kV）	持续时间 （min）	—
		10	0.7	45	1	
		35	0.9	95	1	
电阻管泄 漏电流 试验	半年	额定电压 （kV）	工频电压 （kV）	持续时间 （min）	泄漏电流 （mA）	—
		10	10	1	≤2	
		35	35	1	≤2	
动作电压 试验	1年	最低动作电压应达 0.25 倍额定电压				

7. 绝缘手套

绝缘手套应具备高性能的电气绝缘强度和机械强度,同时具备良好的弹性和耐久性,且柔软、舒适。绝缘手套的试验主要检查其特种橡胶的绝缘性能,在规定的试验电压和试验时间下,不发生击穿为合格。

绝缘手套的试验方法:首先在被试手套内部放入自来水,然后浸入盛在相同水的金属盆中,使手套内外水平面呈相同高度,手套应有 90mm 的露出水面部分,并保持干燥。

试验时,以恒定速度升压到规定的电压值,保持 1min,不应发生电气击穿。测量泄漏电流,其值满足表 3-13 规定的数值时,则认为试验合格。

表 3-13　　　　　　　　绝缘手套的试验项目、周期和要求

项目	周期	要求			
		电压等级 （kV）	工频电压 （kV）	持续时间 （min）	泄漏电流 （mA）
工频耐压试验	半年	高压	8	1	≤9
		低压	2.5	1	≤2.5

8. 绝缘靴（鞋）

绝缘靴的试验主要检验其工频耐压。将一个与试样靴号一致的金属片作为内电极放入鞋内，金属片上铺满直径不大于 4mm 的金属球，其高度不小于 15mm，外接导线焊接一片直径大于 4mm 的铜片，并埋入金属球内。外电极为置于金属球内的浸水海绵。

加压时，以 1kV/s 的速度使电压从零上升到所规定电压值的 75%，然后再以 100V/s 的速度升到规定的电压值。当电压升到如表 3-14 规定的电压时，保持 1min，然后记录毫安表的电流值。如果电流值小于 10mA，则认为试验合格。

表 3-14　　　　　　　　绝缘靴的试验项目、周期和要求

电压等级（kV）	周期	工频耐压（kV）	持续时间（min）	泄漏电流（mA）
高压	半年	15	1	≤7.5

9. 绝缘垫

绝缘垫每年进行一次工频耐压试验。试验接线及方法：试验时使用两块平面电极板，电极距离可以调整，调到与试验品能接触时为止；把一整块绝缘垫划分成若干等份，试了一块再试相邻的一块，直到所划等份全部试完为止。试验时先将要试的绝缘垫上下铺上湿布，布的大小与极板的大小相同，然后再在湿布上下面铺好极板，中间不应有空隙，然后加压试验，极板的宽度应比绝缘垫宽度小 10～15cm。试验要求如表 3-15 所示。

表 3-15 绝缘垫的试验项目、周期和要求

项目	周期	要求			说明
		额定电压（kV）	工频电压（kV）	持续时间（min）	
4 工频耐压试验	1 年	高压	15	1	使用于带电设备区域
		低压	3.5	1	

10. 安全帽

安全帽试验主要是对已使用到期的安全帽进行抽检试验。对于使用期满的安全帽，要进行抽查测试合格后方可继续使用。抽检时，每批从最严酷使用场合中抽取，每项试验的试样不少于两顶，并且每年抽检一次，有一顶不合格则该批安全帽报废。

国家标准《安全帽试验方法》（GB 2812—2006）对安全帽规定了试验方法。安全帽的试验包括冲击性能试验、耐穿刺性能试验、绝缘性能试验、阻燃性能试验、侧向刚性试验、抗静电性能试验。

1）冲击性能试验

冲击性能试验平台的基座由不小于 500kg 的混凝土座构成。将头模、力传感器装置及底座垂直安放在基座上，力传感器装置安装在头模与底座之间，帽衬调至适当位置后将一顶完好的安全帽戴到头模上，钢锤从 1m 高度自由导向落下冲击安全帽。钢锤重心运动轨迹应与头模中心线和传感器敏感轴重合。通过记录显示仪器测出头模所受的力，若记录到的冲击力小于 4900N，则试验合格。

2）耐穿刺性能试验

将一顶完好的安全帽安放在头模上，安全帽衬垫与头模之间放置电接触显示装置的一个电极，该电极由铜片或铝片制成，若钢锥与该电极相接触，可形成一个闭合电回路，电接触显示装置就会有指示。

用 3kg 的钢锥从 1m 高度自由或导向下落穿刺安全帽，钢锥着帽点应在帽顶中心 ϕ100mm 范围内的薄弱部分，穿刺后观察电接触显示装置，若无显示，则试验合格。

3)绝缘性能试验

试验装置:变压器、电压表、电流表、试验水槽。

试验方法:将安全帽放在 3g/L、10～30℃的氯化钠溶液中,保持 24h,取出帽子擦净。然后将帽壳朝下,置于盛有氯化钠溶液的试验水槽内,向帽壳内注入氯化钠溶液,直至水面距帽边 30mm 为止,将试验变压器的两高压输出端分别接到水槽内和帽壳内的溶液中,用电压表观测变压器输出端的电压,在 1min 内升压至 1200V,保持 1min,测量泄漏电流的大小。

4)阻燃性能试验

试验装置:2kg 汽油喷灯。

试验方法:将安全帽平放,采用 90 号汽油,调节汽油喷灯火焰长度至 230mm,将火焰以 45°方向对准帽顶 100mm 以下部位,以 130mm 距离燃烧帽壳 10s,移开火焰后记录帽壳续燃时间。

5)侧向刚性试验

试验设备:1960N 压力试验机。

试验方法:在常温下将安全帽侧向放在两平板之间,帽檐伸出平板之外,但紧靠帽壳底边,压力机通过平板向安全帽加压,先加 29.4N,保持 30s,测两板间距离,此距离称为初始值;再以每分钟增加 98N 的速度加载至 421.4N,保持 30s,测量并计算此时两板间距离与初始值的差,即为最大变形值;然后减至 24.5N,紧接着升至 29.4N,保持 30s,测量并计算两板间距离与初始值的差,即为残余变形值。

6)抗静电性能试验

试验设备:500V 高阻计。

试验方法:将安全帽放置在温度为(20±5)℃、相对湿度为(50±5)%的环境中,不少于 24h。用不影响表面电阻的导电涂料,在被测安全帽上较平坦的部位画上两条平行线作为测量电极,电极长度为(100±1)mm,电极宽度为 1mm,电极间距为(10±0.5)mm。将高阻计上的测量端分别接至两测量电极,记录高阻计的读数,调换两电极重复测量一次,若两次读数相差大于 10%,则应检查原因,直至小于 10%,记录读数。两次测量读数的平均值即为实际测得的表面电阻率。

11. 安全带

安全带试验的目的是检查其材质承受拉力的强度大小。试验方法是对安全带施加对应的静拉力,拉伸速度为100mm/min,载荷时间为5min,如不变形或破断,则认为合格。

试验时,应根据安全带(绳)材料的种类不同,施加不同的静拉力。

安全带拉力试验机可对橡胶、塑料、发泡材料、塑胶、薄膜、软包装、管材、纺织物、纤维、纳米材料、高分子材料、皮带、鞋类、胶带、聚合物、弹簧钢、不锈钢、铸件、铜管、有色金属、汽车零部件、合金材料及其他非金属材料和金属材料进行拉伸、压缩、弯曲、撕裂、90°剥离、180°剥离、剪切、粘合力、拔出力、延伸伸长率等试验。

试验前,可将测试参数一次性在微机上设置完成,测试软件可实现定速度、定位移、定荷重(可设定保持时间)、定荷重增率、定应力增率、定应变增率等控制模式,加上多阶控制模式可满足不同的测试要求。

该试验机测试结果可以 Excel 文件的数据形式输出。测试结束可自动存档、手动存档,自动求算最大力量,上、下屈服强度,非比例延伸强度,抗拉强度,抗压强度,任意点定伸长强度,任意点定负荷延伸,弹性模量,延伸率,剥离区间最大值、最小值、平均值,净能量,折返能量,总能量,弯曲模量,断点位,断点荷重等,具有精度高、操作方便等特点。

安全带的试验项目、周期和要求应符合表 3-16 的规定。

表 3-16 安全带的试验项目、周期和要求

项目	周期	要求			说明
静负荷试验	1 年	种类	试验静拉力 （N）	荷载时间 （min）	牛皮带试验 周期为半年
		围杆带	2205	5	
		围杆绳	2205	5	
		护腰带	1470	5	
		安全绳	2205	5	

12. 个人保安线

个人保安线的试验方法同携带型接地线一样,其成组直流电阻应满足表 3-17 的要求。

表 3-17　　　　　　个人保安线的试验项目、周期和要求

项目	周期	接地线导线截面(mm²)	电阻值(MΩ/m)	备注
成组直流电阻试验	不超过 5 年	10	1.98	同一批次抽检不少于两条
		16	1.24	
		25	0.79	

13. 速差自控器

每次使用前应进行试锁试验 2~3 次。具体方法为:慢慢拉出、卷收安全绳时轻松自如,用力猛拉卷收安全绳时应能锁止,松手时安全绳应能自动回收到器内,即为正常。

如有不正常现象或损坏,不得自行维修拆卸,严禁改装,此时应请厂家调换或修理。速差自控器的试验项目、周期和要求如表3-18所示。

表 3-18　　　　　　速差自控器的试验项目、周期和要求

项目	周期	要求	说明
静荷试验	1 年	将 15kN 的力加载到速差自控器上保持 5min	标准来自《安全带测试方法》(GB/T 6096—2009)
冲击试验	1 年	将 1000kg 荷载用 1m 长绳索连接在速差自控器上,从与速差自控器水平位置释放,测试冲击力峰值在(6±0.3)kN 之间为合格	

14. 过滤式防毒面具

使用前检查确认面罩及导气管外观完好、无破损,检查确认滤毒罐未超期、无受潮、无锈蚀,检查全套面具的气密性。面罩与口鼻面部密合应良好,佩戴方便,无明显压痛感,面罩眼窗应保持干净,透明度良好。过滤

式防毒面具应采用专用圆螺纹连接，以保证结合部位的气密性和连接强度。滤毒罐的有效期一般为 5 年，超过 5 年应更换，滤毒罐使用过后应统一回收更换。过滤剂的使用时间一般为 30～100min。当面具内有特殊气味时，表示过滤剂失去过滤作用，应及时更换。

15. 脚扣

脚扣的试验方法是将脚扣安放在模拟的等径杆上，用拉力试验机对脚扣的踏盘施加 1176N 的静压力，时间为 5min。

试验后卸下脚扣，检查活动钩在扣体内滑动应灵活，无卡阻现象，其他受力部位不得产生足以影响正常工作的变形和其他可见的缺陷即为合格。脚扣的试验项目、周期和要求如表 3-19 所示。

表 3-19　　　　　　　　　　脚扣的试验项目、周期和要求

项目	周期	外表检查周期	试验周期（min）	要求
静负荷试验	1 年	每月一次	5	施加 1176kN 静压力，持续时间 5min

16. 升降板（踏板）

升降板的试验主要是进行静负荷试验，检验其强度。将升降板安放在拉力机上，施加 2205N 静压力，以均匀速度加载，缓慢上升，在规定的静压力下载荷时间为 5min。若围杆绳不破断、撕裂，钩子不变形，踏板无损，则认为试验合格。升降板的试验项目、周期和要求应符合表 3-20 的规定。

表 3-20　　　　　　　　　　升降板的试验项目、周期和要求

项目	周期	外表检查周期	试验周期（min）	要求
静负荷试验	半年一次	每月一次	5	施加 2205kN 静压力，持续时间 5min

17. 梯子

梯子应每半年进行一次静负荷试验,试验项目、周期和要求如表 3-21 所示。同时,每个月应对其外表进行一次检查,看是否有断裂、腐蚀等现象。

表 3-21　　　　　　　　　梯子的试验项目、周期和要求

项目	周期	外表检查周期	试验周期（min）	要求
静负荷试验	半年一次	每月一次	5	施加 1765kN 静压力,持续时间 5min

18. 试验中应注意的问题

1)安全监护

所有试验必须在有人监护的情况下进行,加压前应仔细检查周围有无危及人身和设备安全的危险点,试验区域和过道应装设遮栏并向外悬挂适当数量"止步,高压危险!"的标示牌。

2)试验注意事项

(1)电气试验接线完成后,必须经试验负责人检查确认接线正确后才能进行试验。

(2)试验加压时应呼唱,在确认保护装置完好且安全的情况下才能通电试验。

(3)试验时应记录试验温度、湿度,记录清晰,字迹工整,数据完整。

(4)试验结束后,必须拉开试验电源开关和隔离开关才能拆除试验接线。

(5)电力安全工器具做承力试验时,应固定牢固,防止飞物伤害。

(四)安全标识牌与安全围栏

1. 安全色

安全色是传递安全信息含义的颜色,通过颜色表示禁止、警告、指令以及提示信息等,用于安全标志牌、防护栏杆、机器上不准乱动的部位、紧

急停止按钮、安全帽、吊车升降机、行车道路中线等。

(1)在《安全色》(CB 2893—2008)中,对颜色传递安全信息作出了相应规定,通过颜色让人们对周围环境、周围物体引起注意,如行车标示牌、母线相序等均涂以各种不同颜色来警示大家。

(2)安全色规定为红、蓝、黄、绿四种颜色,其含义及用途如表 3-22 所示。

表 3-22　　　　　　　　　安全色含义及用途

颜色	含义	用途
红色	禁止或停止	禁止标志、停止标志、机器或车辆上的紧急停止手柄、禁止人们触动的部分
蓝色	指令或必须遵守的规定	指令标志、必须佩戴个人防护用具、道路上指引车辆和行人行驶方向的指令
黄色	警告或注意	警告标志、警戒标志、警戒线、行车道中线
绿色	提示安全或通行	提示标志、车间内的安全通道、行人和车辆通行标志、消防设备和其他安全防护设备的位置

(3)安全色颜色的特点:

红色:视认性好,注目性高,常用于紧急停止和禁止信号。

黄色:对人的眼睛能产生比红色更高的明亮度,而黄色和黑色组成的条纹是视认性最高的色彩,特别容易引起人的注意,所以常用它作警告色。

蓝色:常用蓝色作为指令色,因蓝色在阳光的直射下颜色较为明显。

绿色:给人以舒适、恬静和安全感,所以用它作为提示安全信息的颜色。

(4)红色和白色条纹、黄色和黑色条纹是我们常见的两种较为醒目的标示。安全条纹的表示及用途如表 3-23 所示。

表 3-23 安全条纹的表示及用途

颜色	含义	用途示例
红色和白色	禁止通行	道路上用防护栏杆,提示消防设备、设施的安全标识
黄色和黑色	警告危险	铁路和道路交叉道口上的防护栏杆及工矿企业内部的防护栏杆
蓝色和白色	必须遵守规定	多为交通指导性导向标
绿色和白色	安全环境	车间内的安全通道,行人和车辆通行标志

2. 标志牌

1)标志牌的作用

在有触电危险的场所或容易产生误判断的地方,以及存在不安全因素的现场,设置醒目的文字或图形标志,我们称为标示牌。它是以安全、禁止、警告、指令等形式提示人们识别、警惕危险因素,对防止偶然触及或过分接近带电体而引起的触电具有重要作用。标志牌是用文字和图形符号来告知现场工作人员,在工作中引起注意的一种安全警示标志,是保证工作人员安全生产的主要技术措施之一。

2)标志牌的制作及分类

标志牌是用木材或绝缘材料制作的小牌子,不得用金属板制作。标志牌由安全色、几何形状、图形符号和文字构成,用以表达特定的安全信息。

电力安全标志牌根据其用途可分为警告类、允许类、提示类和禁止类等,每一种都有其用途,有的制作成两种规格的尺寸,使用时一定要正确选择。另外,在有的场合,标志牌和临时遮栏要配合使用。每种标志牌的种类、式样及悬挂地点如表 3-24 所示。

表 3-24   标志牌的种类和式样及悬挂地点

序号	名称	悬挂处所	式样			
			尺寸(mm)	颜色	实物图	字样
1	禁止合闸，有人工作	一经合闸即送电到施工设备的断路器（开关）和隔离开关（刀闸）操作把手上	200×160 和 80×65	白底，红色圆形斜杠，黑色禁止标志符号		红底白字
2	禁止合闸，线路有人工作	线路断路器（开关）和隔离开关（刀闸）操作把手上	200×160 和 80×65	白底，红色圆形斜杠，黑色禁止标志符号		红底白字
3	禁止分闸	接地刀闸与检修设备之间的断路器（开关）操作把手上	200×160 和 80×65	白底，红色圆形斜杠，黑色禁止标志符号		红底白字
4	在此工作	室外和室内工作地点或检修设备上	250×250 和 80×80	衬底为绿色，中有直径为 200mm 的白圆圈		黑子，写于白圆圈中

续表

序号	名称	悬挂处所	式样			
			尺寸(mm)	颜色	实物图	字样
5	止步，高压危险	施工地点临近带电设备的遮栏上；室外工作地点的围栏上；禁止通行的过道上；高压试验地点；室外构架上；工作地点临近带电设备的横梁上	300×240 和 200×160	白底，黑色正三角形及标志符号，衬底为黄色		黑字
6	从此上下	工作人员可以上下的铁架，爬梯上	250×250	衬底为绿色，中有直径为200mm的白圆圈		黑子，写于白圈中
7	从此进出	室外工作地点围栏的出入口	250×250	衬底为绿色，中有直径为200mm的白圆圈		黑体黑子，写于白圈中
8	禁止攀登，高压危险	高压配电装置构架的爬梯上，变压器、电抗器等设备的爬梯上	500×400 和 200×160	白底，红色圆形斜杠，黑色禁止标志符号		白底红字

3)标志牌的使用及保管注意事项

(1)在一经合闸即可送电到工作地点的断路器和隔离开关的操作把

手上,均应悬挂"禁止合闸,有人工作"的标志牌,对同时能进行远方和就地操作的隔离开关也应在隔离开关就地操作把手上悬挂此标志牌。

(2)当线路有人工作时,则应在线路断路器和隔离开关的操作把手上悬挂"禁止合闸,线路有人工作"的标志牌,以提醒值班人员线路有人工作,以防向有人工作的线路合闸送电。

(3)在室内高压设备上工作时,应在工作地点的两旁及对面运行设备间隔的遮栏和禁止通行的过道遮栏上悬挂"止步,高压危险"的标志牌,以防止检修人员误入带电间隔。在进行电气试验时,应设围栏或临时遮栏,并向外悬挂"止步,高压危险"的标志牌,以警戒他人不许入内。

同一排列的两组母线(工作与备用母线或分支母线),一组母线检修时,应在两组母线分界处的检修侧设临时遮栏,并悬挂"止步,高压危险"的标志牌,以防误触带电线。

(4)在室外高压设备上工作,应在工作地点四周装设围栏,其出口要围到临近道路旁边,并设"从此进出"标志牌。工作地点四周围栏上悬挂适当数量的"止步,高压危险"标志牌,标志牌应朝向围栏里面,若室外配电装置的大部分设备停电,对有个别地点保留有带电设备而其他设备无触及带电导体的可能时,可以在带电设备四周装设全封闭围栏,围栏上悬挂适当数量的"止步,高压危险"标志牌,标志牌应朝向围栏外面。

(5)在工作地点设置"在此工作"的标志牌。当一张工作票用于多个工作地点时,均应悬挂"在此工作"的标志牌,标示牌应悬挂在检修间隔的遮栏上、室外变电站停电设备和外壳上。隔离开关检修时,"在此工作"标志牌应悬挂在隔离开关把手或隔离开关支架上。检修的隔离开关则不挂"禁止合闸,有人工作"标志牌。在室外工作地点围栏的出入口处悬挂"从此进出"标志牌。

(6)室外架构上工作,应在工作地点邻近带电部分的横梁上悬挂"止步,高压危险"的标志牌。在工作人员上下的架构梯子上挂"从此上下"标志牌。

(7)在邻近其他可能误登的构架、变压器、电抗器等设备的爬梯上都要悬挂"禁止攀登,高压危险"标志牌。

(8)标志牌在使用过程中,严禁拆除、更换和移动。

(9)标志牌使用完以后,应妥善并分类保管在专用地点,如有损坏或数量不足应及时更换或补充。

3. 安全围栏

1)安全围栏的作用

安全围栏是用来防止工作人员误入带电间隔,无意间碰到带电设备造成人身伤亡,以及工作位置与带电设备之间距离小于安全距离时使用的安全用具。

2)安全围栏的制作要求

安全围栏可用干燥木材、橡胶或其他坚韧绝缘材料制作,不能用金属材料制作。安全围栏的高度至少1.7m,应安置牢固。临时安全围栏用绝缘绳编织而成。

3)安全围栏的使用及注意事项

(1)若工作地点与带电部分距离小于设备不停电工作安全距离规定时,应装设临时安全围栏。临时安全围栏与带电部分的距离不得小于规定数值,以确保工作人员在工作中始终保持对带电部分有一定的安全距离。

(2)对于室外设备,如变压器、高压断路器、母线等,由于大都没有固定的围栏,设备布置也不像室内那样集中,而工作地点人多,往往有登高作业,常使监护工作发生困难,这就更有必要警戒好工作地点,限制检修人员的活动范围。因此,安装临时安全围栏应采用封闭或网状遮栏,并具有独立支柱,设置出入口,向内悬挂"止步,高压危险"标志牌,以警示检修人员只能在围栏内进行工作,不得进入围栏外的设备运行区域。需要特别注意的是不得利用设备的构架作围网支柱。

(3)若室外配电装置的大部分设备停电,只有个别地点保留带电设备而其他设备无触及带电导体的可能时,可以在带电设备四周装设全封闭安全围栏,围栏上悬挂适当数量的"止步,高压危险"标志牌。标志牌应朝向围栏外面。

(4)对设备进行试验时也应装设安全围栏,安全围栏与试验设备的高压部分应有足够的安全距离,向外悬挂"止步,高压危险"标志牌,并派人看守。

（5）禁止越过安全围栏。禁止作业人员擅自移动或拆除安全围栏、标志牌。因工作原因必须短时移动或拆除安全围栏、标示牌，应征得工作许可人同意，并在工作负责人的监护下进行，完毕后应立即恢复。

（6）直流换流站单级停电工作，应在双极公共区域设备与停电区域之间设置安全围栏，在安全围栏面向停电设备及运行区域的门口悬挂"止步，高压危险"标志牌。

（7）设备检修完毕后，应将安全围栏存放在室内固定地点。

4. 安全绳、安全网

1）安全绳、安全网的作用

安全绳、安全网都是高空作业人员作业时必须具备的防护用具。安全绳通常与护腰式安全带配合使用，工作人员在高处作业时，将其绑在同一平面处的固定点上。安全绳广泛应用于架空线路等高处作业中，用以防止作业人员不慎跌下摔伤。安全网是防止高处作业人员坠落和高处落物伤人而设置的保护用具。架空线路施工分解、组塔时，必须使用安全网。

2）安全绳、安全网的制作材料和规格

安全绳一般分为围杆作业用安全绳、区域限制用安全绳和坠落悬挂用安全绳。为了保证安全，安全绳一般选用锦纶丝捻制而成，它具有质量轻、柔性好、强度高等优点。根据使用情况的不同，目前常用的安全绳分为 2m、3m、5m 三种规格。

安全网一般由网体、边绳及系绳等构件组成，可分为平网、立网和密目式安全立网。安全网一般是用直径 3mm 的锦纶编制而成的，它的形状如同渔网，其规格有 4m×2m、6m×3m、8m×4m 三种，平网和立网的网目边长不小于 0.08m，系绳长度不小于 0.8m；平网相邻两筋绳间距不大于 0.3m。密目式安全立网的网眼孔径不大于 12mm；各边缘部位的开眼环扣牢固可靠，开眼环扣孔径不小于 0.008m。每张安全网中间都有网杠绳，这样当作业人员坠入网内时能被兜住。

3）安全绳、安全网的使用及维护注意事项

（1）每次使用前必须详细进行外观检查。安全绳或安全网均应完好无损，若有断股现象，禁止使用。

（2）织带式安全绳的织带应加锁边线，末端无散丝；纤维绳式安全绳头无散丝；钢丝绳式安全绳的钢丝应捻制均匀、紧密不松散，中间无接头；链式安全绳下端环、连接环和中间环的各环间转动灵活，链条形状一致。受力网绳是直径为 8mm 的锦纶绳，不得用其他绳索代替。

（3）立网或密目网拴挂好后，人员不应倚靠在网上或将物品堆积在压立网或密目网上。

（4）平网不应用作堆放物品的场所，也不应作为人员通道，作业人员不应在平网上站立或行走。

（5）焊接作业应尽量远离安全网，以避免焊接火花落入网中。

（6）平网下方的安全区域内不应堆放物品。平网上方有人工作时，人员、车辆、机械不应进入此区域。

（7）架空线路施工分解、组塔时，当塔身下段组好，即可将安全网设置在塔身内部有水平铁件的位置上，距地面或塔身内断面的距离不小于3m，四角用直径 10mm 的锦纶绳牢固绑在主铁和水平铁上，并拉紧。安全网一般应按塔身断面的大小设置。如果安全网不够大，可以接起来使用。

（8）安全绳、安全网用完后应放置在专用柜中，切勿接触高温、明火及酸类物质。

5. 红布幔及二次保护连接片防护罩

1）红布幔

在变电站及发电厂室内的保护屏、直流配电屏上进行继电保护装置校验等工作时，除应悬挂相关的安全标示牌外，还要在工作屏相邻运行的屏前后悬挂"运行设备"的红布幔，这样可将运行设备与检修设备加以明显的区分，防止工作人员误碰带电间隔。

红布幔所用材料应为棉布，并经常保持清洁、干燥和字迹清楚。使用完后应存放在规定地点。

2）二次保护连接片防护罩

在二次保护屏上进行保护传动试验工作时，经常要进行投退保护连接片，分别进行各种保护装置的试验，因此也应对联跳回路的连接片做明显的标志，使用二次连接片防护罩，用它罩在运行中的连接片上，能够防止工作人员误碰带电连接片，避免误跳运行断路器。

二次保护连接片防护罩应用绝缘材料制作。

6. 电工工具

1）电工工具的作用

电工常用的工具有电工钳、活扳手，电工刀、螺丝刀、电烙铁、喷灯等。在用这些工具进行维修工作时，有时免不了进行带电作业，如在 380V 或 220V 电压线路工作，因此除遵守有关带电作业的规定外，还应正确使用和维护好电工工具。

2）电工工具的使用及保管注意事项

（1）电工钳有绝缘柄，在使用中要握在绝缘柄部分，以防触电。用电工钳剪断导线时，不得同时剪切两根导线，以防止造成短路而损坏电工钳，甚至危及人身安全。

（2）螺丝刀有绝缘柄，使用时要握在绝缘柄部分，为了防止在工作中发生触电事故，还可在其金属部分用绝缘带包好。用其紧固元件时，若左手持元件，右手操作，则右手不可用力过大，以防螺丝刀滑脱将左手扎破。

（3）电工刀无绝缘部分，在使用中应注意有触电危险。在切削导线绝缘时，应选好切削角度，用力适当，防止损伤导线或危及他人安全。

（4）活扳手无绝缘，使用时注意与带电体的距离。活扳手的嘴口开度要适宜，应比欲扳动的器件外径略微大一点，不可过松，防止用力太大而使扳手滑脱，导致他人受伤。

（5）电烙铁属于电热器件，在使用中应注意防止烫伤。电烙铁的电源线与电烙铁发热部分应有足够的距离，防止导线碰触发热部分。电源线的导线截面应与电烙铁的容量配合，防止因导线截面过小而发热引起事故。使用电烙铁前，应检查其是否漏电。

（6）喷灯属于明火设备，使用前要检查喷灯有无漏气现象，使用喷灯的工作地点附近不得有易燃易爆物品；喷灯装油量不得超过箱体容积的 3/4；在使用中不得将喷灯放在温度高的物体上；喷灯不喷火时，在疏通喷火嘴时，眼睛不能直视喷嘴，防止汽油喷到眼睛上；工作中喷灯的火焰与带电体要保持一定的距离，电压在 10kV 以上不得小于 3m，在 10kV 及以下不得小于 1.5m。

喷灯加油、放油以及拆卸喷嘴等零件时,必须待火嘴冷却泄压后进行;喷灯用完后,应灭火泄压,等冷却后方可收入工具箱内。

(7)电工工具使用完后应放入专门的工具盒内。

(五)登高工器具及试验标准

1. 脚扣

1)脚扣的作用

人们经常看到一些电工能很轻松、敏捷地攀登电杆,进行停送电操作或设备检修,其实他们脚上带着一种专用的登高工具——脚扣。

脚扣是用钢或合金材料制作的攀登电杆的工具。它具有使用简单、操作方便的特点,我国大部分地区普遍用它作为登高工具。

2)脚扣的分类及组成

脚扣一般分为活动式和固定式脚扣两种类型。活动式脚扣通常适用于拔梢杆,固定式脚扣适用于等径杆。

脚扣一般由围杆钩、脚踏板、小爪、防滑橡胶、脚扣带组成。

3)脚扣的使用及保管注意事项

脚扣是攀登电杆的主要用具,应经过较长时间的练习,熟练地掌握了攀登电杆的方法,才能起到保护作用。在使用脚扣时应注意以下几点:

(1)在使用前,应进行外观检查,确认各部分是否完好、可靠。

(2)使用前,必须对脚扣进行单腿冲击试验,登杆前在杆根处用力试登,判断脚扣是否有变形和损伤。方法是将脚扣挂于离地面高约300mm处,单腿站立于脚扣上,借用人体自身重量向下冲击,检查脚扣有无变形和损坏,不合格者严禁使用。

(3)登杆前先将脚扣穿在脚上,调整并系牢脚扣皮带,再将脚扣扣在电杆杆根处,系上围杆安全带。登杆过程中应根据杆径粗细随时调整围杆钩开口。杆身湿滑时应采取防滑措施。

(4)使用脚扣登杆应全程系安全带。

(5)在登杆时,脚扣皮带的松紧要适当,以防脚扣在脚上转动或脱落。

(6)在刮风天气,应从上风侧攀登。

(7)在倒换脚扣时,不得互相碰撞,以防滑脱。

(8)站在脚扣上进行高处作业时,脚扣必须与电杆扣稳。

(9)脚扣应统一编号,存放在干燥通风和无腐蚀的室内,置于专门的货架上。

(10)严禁从高处往下投掷脚扣。

2. 梯子

1)梯子的作用

梯子包含有踏棍或踏板,是供人上下攀登的装置,是登高作业常用的工具。

2)梯子的分类及组成

常用的梯子按使用功能可分为移动式直梯、折叠梯、拉伸梯。按制作的材料可以分为绝缘梯、铝合金梯、木梯、竹梯等。但目前在电力系统中使用时,首选有绝缘功能的梯子,俗称绝缘梯。

绝缘梯通常制作成直梯和人字梯两种。前者通常用于户外登高作业,后者通常用于户内登高作业。直梯还可做成伸缩型,可根据使用长度进行调节使用。

绝缘梯主要由梯梁、踏板、防滑装置、铰链、撑杆、挂钩装置等部件组成。

3)梯子的使用及保管注意事项

(1)登梯前应检查梯子外观良好,无损坏。各连接处连接牢固,无松动。梯角防滑装置完好无损坏,应有限高标志。

(2)梯子在安放时,与地面的夹角应为65°左右,梯子应能承受工作人员携带工具攀登时的总重量。

(3)攀登梯子时必须有人撑扶,工作人员必须在距梯顶1m以下的梯蹬上工作。同时,在梯子上使用电气工具,应做好防止感应电坠落的安全设施。

(4)梯子不得接长或垫高使用。

(5)梯子应放置稳固,梯脚要有防滑装置,使用前,应先进行试登,确认可靠后方可使用。

(6)使用人字梯应具有坚固的铰链和限制开度的拉链。

(7)靠在管子、导线上使用梯子时,其上端需用挂钩挂住或用绳索绑牢。

(8)在通道上使用梯子时,应设监护人或设置临时围栏。梯子不准放在门前使用,必要时应采取防止门突然开启的措施。

(9)使用中的梯子禁止移动,以防造成高处坠落。梯上作业时严禁上下抛递工具材料。

(10)在人字梯上操作时,不能采取骑马方式站立,以防梯脚自动展开造成事故。

(11)在变电站高压设备区或高压室内应使用绝缘材料的梯子,禁止使用金属梯子。

(12)在户外变电站、高压配电室及工作地点周围有带电设备的环境搬动梯子时,应两人放倒搬运,并与带电部分保持足够的安全距离。

(13)梯子应放在干燥、清洁、通风良好的室内。统一进行编号,定置摆放,不得放在室外风吹雨淋及潮湿的环境,不得与其他材料、杂物一起堆放在一起,竹、木梯要做好防虫防蛀措施。

3. 升降板

1)升降板的作用

升降板是由踏脚板、吊绳及挂钩组成的、攀登电杆的工具。升降板与脚扣相比,登高过程较麻烦,但在高空作业时,脚踩在上面比较舒适,可以较长时间工作。

2)升降板的规格

升降板由踏脚板和吊绳组成。踏脚板一般采用坚韧的木板制成,木板上刻有防滑纹路,规格有 630mm×75mm×25mm 或 640mm×80mm×25mm 两种。踏脚板和吊绳采用 3/4in 锦纶绳,呈三角形状,底端两头固定在踏脚板两端,顶端上固定有金属挂钩,绳长应适合使用者的身材,一般应为一人一手长。

3)升降板的使用及保管注意事项

和使用脚扣登杆一样,初次使用升降板作业前,必须学会使用它登杆的技巧。登高杆时通常使用两副升降板,先将一副背在肩上,用另一副的绳绕电杆一周并挂在钩上,作业人员登上这副板上,再把肩上的升降板挂在电杆上方,作业人员登上后,弯腰将下面升降板的挂钩脱下,这样反复操作,攀到预定的高度。下杆时,操作顺序相反。只有反复练习,才能熟能生巧,掌握登杆技术。

(1)使用前必须进行外观检查,看踏脚板有无断裂、腐朽现象,绳索有无断股,若有则禁止使用。

(2)踏板定面上不应有节子,宽面上节子的直径不应大于6mm,干燥细裂纹不应大于150mm,深不应大于10mm。

(3)绳扣接头每股绳连续插花应不少于4道,绳扣与踏板间应套接紧密。

(4)登杆前亦应对升降板作人体冲击试登,以检验其强度。检验方法是:将升降板系于电杆上离地300mm处,人站在踏脚板上,双手抱杆,利用人体的自身重量双脚腾空猛力踩踏,未发生异常情况才可使用。

(5)用升降板登杆时,升降板的挂钩口应朝上,严禁挂钩向下或反向,并用拇指顶住挂钩,以防松脱。

(6)在倒换升降板时,应保持身体平衡,两板间距不宜过大。

(7)升降板不能随意从杆上往下扔,以免摔坏。用后应妥善保管,存放在工具柜内。

五、技能实训步骤

(一)现场准备

(1)布置工器具柜四面,分四个工位,每面工器具柜内放置上表3-1中所列工器具。

(2)现场设置模拟验电区和登高试验区,进行现场模拟验电、登高装设接地。

(3)根据人员数量放置相应数量的记录单、线手套。

(二)操作步骤

1. 工作准备

正确穿戴全棉长袖工作服、绝缘鞋、安全帽、线手套,准备完毕后进入考场,并汇报"X号工位准备完毕"。根据材料准备单核对设备数量及种类,不得出现漏核,如图3-1和图3-2所示。

☞注

未穿工作服、绝缘鞋,未戴安全帽、线手套,每缺少一项扣2分;着装穿戴不规范,每处扣1分;未核对扣2分;核对时漏核,每件扣1分。

图3-1 正确着装

图3-2 核对设备

2. 安全帽

检查安全帽是否处于试验合格期内,应仔细检查有无龟裂、下凹、裂痕和磨损等情况,检查帽壳、帽衬、帽箍、顶衬、下颏带等附件完好无损。

☞注

安全帽外观检查时,检查帽壳、帽衬、帽箍、顶衬、下颏带等附件是否完好无损,有无试验合格证,是否在试验周期内。漏检、错检,每项扣3分;未报告检查结果,扣5分;漏选,每项扣5分。

对于发现问题的器具要口述"检查不合格",对于检查合格的器具要口述"检查合格"。检查过程如图3-3至图3-9所示。

图3-3　检查安全帽标签

图3-4　安全帽超出试验期

图 3-5 安全帽出现损伤

图 3-6 安全帽试验期合格

图 3-7 检查安全帽帽壳

图 3-8　检查安全帽帽衬、帽箍、顶衬

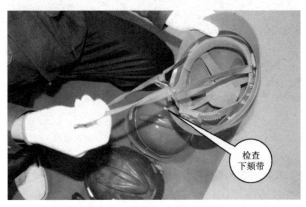

图 3-9　检查安全帽下颏带

3. 绝缘靴（鞋）

绝缘靴（鞋）应符合相应电压等级，外观完好无缺陷，在试验合格期内（半年），表面无损伤、磨损或破漏、划痕等，在使用过程中不得接触酸、碱、油类和化学药品，且应放在干燥绝缘垫上。

☞注

绝缘靴外观检查：有无割裂伤，有无风化脱胶、裂纹，有无试验合格证，并在试验周期内。漏检、错检，每项扣 3 分；未报告检查结果，扣 5 分；漏选，每项扣 5 分。

对于发现问题的器具要口述"检查不合格",对于检查合格的器具要口述"检查合格"。检查过程如图 3-10 至图 3-17 所示。

图 3-10　检查绝缘靴标签

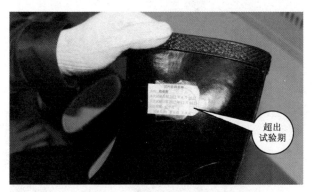

图 3-11　绝缘靴超出试验期

图 3-12　检查绝缘靴表面

图 3-13　绝缘靴试验期合格

图 3-14　绝缘鞋标签缺失

图 3-15　检查绝缘鞋标签

图 3-16　绝缘鞋试验期合格

图 3-17　检查绝缘鞋外观

4. 绝缘手套

绝缘手套应符合相应电压等级,外观完好无缺陷,并在试验合格期内(半年),表面无损伤、磨损或破漏、划痕等。进行自检时,将手套向手指方向卷曲,当卷到一定程度时,内部空气因体积减小、压力增大,手指鼓起而不漏气者,即为良好。

注

绝缘手套外观检查时,应检查有无割裂伤,表面及指缝有无风化脱胶、裂纹,有无试验合格证并在试验周期内,并分别做充气试验检查有无漏气。漏检、错检,每项扣 3 分;未报告检查结果,扣 5 分;漏选,每项扣 5 分。

对于发现问题的器具要口述"检查不合格"，对于检查合格的器具要口述"检查合格"。检查过程如图 3-18 至图3-21所示。

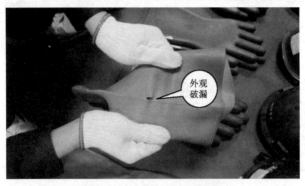

图 3-18　绝缘手套外观破漏

图 3-19　绝缘手套试验期合格

图 3-20　检查绝缘手套标签

图 3-21　检查绝缘手套外观

　　试验期及外观检查合格后,需要对手套进行自检。将手套向手指方向卷曲,当卷到一定程度时,手指鼓起而不漏气者,即为良好。自检过程如图 3-22 至图 3-24 所示。

图 3-22　将绝缘手套卷曲

图 3-23　绝缘手套鼓起

图 3-24　绝缘手套不出现漏气

5. 绝缘杆

绝缘杆应符合相应电压等级，外观完好，无缺陷。不得直接与墙或地面接触，应放在干燥绝缘垫上，使用中注意防止碰撞，以免损坏表面的绝缘层，并在试验合格期内（1 年）。检查绝缘部分有无裂纹、老化、绝缘层脱落、严重伤痕，检查固定连接部分有无损伤、松动、锈蚀、断裂等现象。

👉注

绝缘杆外观检查时，检查绝缘部分有无裂纹、老化、绝缘层脱落、严重伤痕，固定连接部分有无松动、锈蚀、断裂等现象，检查每节是否有试验合格证，是否在试验周期内。漏检、错检，每项扣 3 分；未报告检查结果，扣 5 分；漏选，每项扣 5 分。

对于发现问题的器具要口述"检查不合格"，对于检查合格的器具要口述"检查合格"。检查过程如图 3-25 至图 3-30 所示。

图 3-25　检查绝缘杆标签

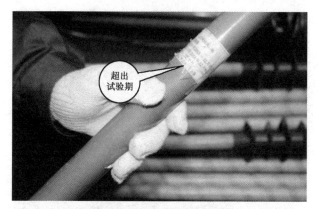

图 3-26　绝缘杆超出试验期

图 3-27　检查绝缘杆标签

图 3-28　绝缘杆试验期合格

图 3-29　检查绝缘杆第一段杆身外观

图 3-30　检查绝缘杆第三段杆身外观

6. 验电器

验电器应符合相应电压等级,外观完好无缺陷,并在试验合格期内(1年)。检查绝缘部分有无裂纹、老化、绝缘层脱落、严重伤痕。进行验电器自检,检查验电器的声、光信号是否正常。验电器应放在干燥绝缘垫上,在收缩绝缘棒装匣或放入包装袋之前,应将表面尘埃拭净,再存放在柜内,保持干燥,避免积灰和受潮。

☞注

验电器检查时,绝缘部分应检查有无裂纹、老化、绝缘层脱落、严重伤痕,固定连接部分应检查有无松动、锈蚀、断裂等现象;护环应完好;自检试验正常;应有试验合格证并在试验周期内。漏检、错检,每项扣 3 分;未报告检查结果,扣 5 分;漏选,每项扣 5 分。

对于发现问题的器具要口述"检查不合格",对于检查合格的器具要口述"检查合格"。首先对 10kV 验电器进行检查,检查过程如图 3-31 至图 3-33 所示。

图 3-31　检查 10kV 验电器标签

图 3-32 10kV 验电器超出试验期

图 3-33 10kV 验电器试验期合格

标签及外观检查完毕后，进行验电器自检。按下自检按钮，检查验电器的声、光信号是否正常。自检完毕后，对验电器表面进行擦拭清洁，并装入装匣内。自检过程如图 3-34 至图 3-36 所示。

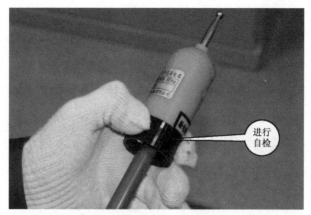

图 3-34 进行 10kV 验电器自检

图 3-35 对 10kV 验电器进行擦拭清洁

图 3-36 将 10kV 验电器装入装匣

10kV 验电器检查完毕后，对 0.4kV 验电器进行检查，检查过程如图 3-37 至图 3-40 所示。

图 3-37　0.4kV 验电器标签缺失

图 3-38　检查 0.4kV 验电器标签

图 3-39　0.4kV 验电器试验期合格

图 3-40　检查 0.4kV 验电器外观

　　标签及外观检查完毕后,进行验电器自检。按下自检按钮,检查验电器的声、光信号是否正常。自检完毕后,对验电器表面进行擦拭清洁,并装入保护套内。自检过程如图 3-41 至图 3-43 所示。

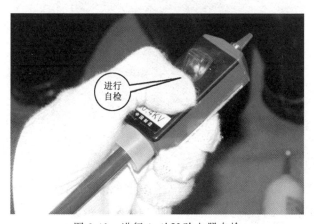

图 3-41　进行 0.4kV 验电器自检

图 3-42　对 0.4kV 验电器进行擦拭清洁

图 3-43　将 0.4kV 验电器装入保护套

7. 接地线

接地线电压等级应合适，接地线的铜线截面大于 25mm^2，检查是否超过试验合格期（不超过 5 年），透明护套层是否完好，绞线有无松股、断股、护套层严重破损、夹具损坏断裂；接地线连接螺丝应保证接地线与导体和接地装置都能接触良好，有足够的机械强度，操作过程使用中注意防止碰撞，以免损坏表面的绝缘层；接地体可埋深长度大于 60cm；操作完毕后应及时整理，铜线整理有序，不应出现绞扭现象。

☞注

　　接地线外观检查时,应检查绝缘部分有无裂纹、老化、绝缘层脱落、严重伤痕,固定连接部分有无松动、锈蚀、断裂等现象,每节是否有试验合格证并在试验周期内,绞线有无松股、断股,护套有无严重破损、夹具断裂松动。漏检、错检,每项扣 3 分;未报告检查结果,扣 5 分;漏选,每项扣 5 分。

　　对于发现问题的器具要口述"检查不合格",对于检查合格的器具要口述"检查合格"。首先进行 10kV 接地线检查。检查过程如图 3-44 至图 3-48 所示。

图 3-44　10kV 接地线标签缺失

图 3-45　10kV 接地线试验期合格

图 3-46　检查 10kV 接地线夹具连接螺丝

图 3-47　检查 10kV 接地线夹具

图 3-48　检查 10kV 接地线绝缘杆

　　绝缘杆检查完毕后,对接地线及接地体进行检查。接地线连接螺丝应保证接地线与导体和接地装置都能接触良好,有足够的机械强度,操作过程使用中注意防止碰撞,以免损坏表面的绝缘层。接地体可埋深长度大于 60cm。检查过程如图 3-49 至图 3-51 所示。

图 3-49　检查 10kV 接地线接地铜线

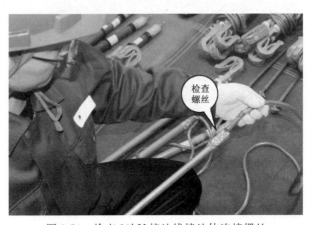

图 3-50　检查 10kV 接地线接地体连接螺丝

图 3-51　检查 10kV 接地线接地体

操作完毕应及时整理，铜线整理有序，不应出现绞扭现象，如图 3-52 所示。

图 3-52　对 10kV 接地线进行整理恢复

10kV 接地线检查完毕后，进行 0.4kV 接地线检查。检查过程如图 3-53 至图 3-58 所示。

图 3-53 检查 0.4kV 接地线标签

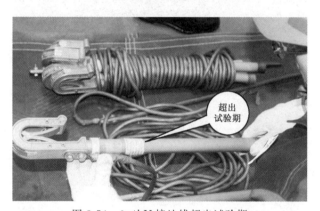

图 3-54 0.4kV 接地线超出试验期

图 3-55 0.4kV 接地线试验期合格

图 3-56　检查 0.4kV 接地线夹具连接螺丝

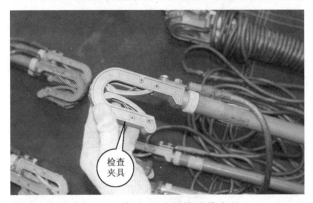

图 3-57　检查 0.4kV 接地线夹具

图 3-58　检查 0.4kV 接地线绝缘杆

　　绝缘杆检查完毕后，对接地线及接地体进行检查。接地线连接螺丝应保证接地线与导体和接地装置都能接触良好，有足够的机械强度，操作过程使用中注意防止碰撞，以免损坏表面的绝缘层。接地体可埋深长度大于 60cm。检查过程如图 3-59 至图 3-61 所示。

图 3-59　检查 0.4kV 接地线接地铜线

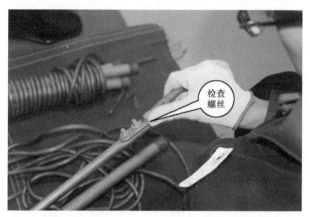

图 3-60　检查 0.4kV 接地线接地体连接螺丝

图 3-61 检查 0.4kV 接地线接地体

操作完毕应及时整理,铜线整理有序,不应出现绞扭现象,如图 3-62 所示。

图 3-62 整理恢复 0.4kV 接地线

8. 脚扣

在试验合格期内(1 年),金属焊接无裂痕和可目测变形,橡胶防滑块完好无破损,皮带完好,无霉变和变形,固定螺丝和安全销(R 销)齐全、完好。

☞注

脚扣外观检查时,应检查金属部分有无裂纹,连接部位开口销是否完好,胶垫有无破损、脱落,鞋带有无断裂,有无试验合格证并在试验周期内。漏检、错检，每项扣 3 分；未报告检查结果，扣 5 分；漏选，每项扣 5 分。

对于发现问题的器具要口述"检查不合格"，对于检查合格的器具要口述"检查合格"。检查过程如图 3-63 至图 3-70 所示。

图 3-63　脚扣出现器具不完整

图 3-64　检查脚扣标签

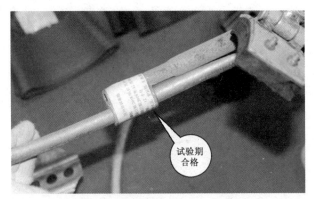

图 3-65　脚扣试验期检查合格

图 3-66　检查脚扣焊接

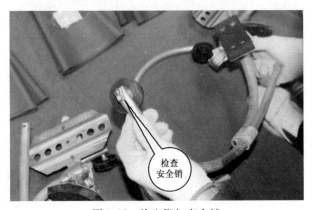

图 3-67　检查脚扣安全销

图 3-68 检查脚扣防滑块

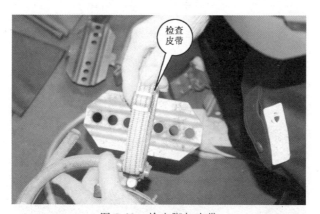

图 3-69 检查脚扣皮带

图 3-70 检查脚扣固定螺丝

9. 安全带、后备绳

安全带、后备绳应在试验合格期内（1年），组件完整，无短缺、无伤残、破损，编带无脆裂、断股或扭结，挂钩钩舌咬口平整、不错位，保险装置完整可靠、操作灵活。

☞注

使用前应检查表面有无断裂，固定连接部分有无松动、锈蚀、断裂，卡环（钩）有无裂纹，有无试验合格证并在试验周期内。漏检、错检，每项扣3分；未报告检查结果，扣5分；漏选，每项扣5分。

对于发现问题的器具要口述"检查不合格"，对于检查合格的器具要口述"检查合格"。检查过程如图3-71至图3-76所示。

图 3-71　安全带标签缺失

图 3-72 安全带试验期合格

图 3-73 对安全带进行组建并检查编带

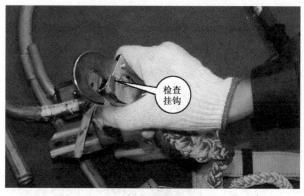

图 3-74 检查安全带挂钩

图 3-75　检查安全带卡扣

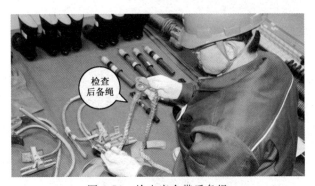

图 3-76　检查安全带后备绳

操作完毕应及时整理，安全带整理有序，不应出现绞扭现象，如图 3-77所示。

图 3-77　对安全带进行整理恢复

（三）工作结束

将现场所有工器具、仪表放回原位，摆放整齐。清理工作现场，做到工完场清。不得损坏工器具，不得出现不安全行为。结束后汇报"工作结束"，如图 3-78 所示。

☞注

出现不安全行为，每次扣 5 分；作业完毕，现场未清理恢复扣 5 分，不彻底扣 2 分；损坏工器具，每件扣 3 分。

图 3-78　工作结束

六、技能等级认证标准

安全工器具选取及检查项目技能操作考核评分记录表，如表 3-25 所示。

表 3-25　安全工器具选取及检查项目技能操作考核评分记录表

姓名：　　　　　　准考证号：　　　　　　单位：　　　　　　时间要求：60min

序号	项目	考核要点	配分	评分标准	得分	扣分	备注
1				工作准备			
1.1	着装穿戴	穿工作服、绝缘鞋；戴安全帽、线手套	5	1.未穿工作服、绝缘鞋，未戴安全帽、线手套，每缺少一项扣2分 2.着装穿戴不规范，每处扣1分			
1.2	核对设备材料	根据材料准备单核对设备	5	1.未核对扣2分 2.核对时漏核，每件扣1分			
2				工作过程			
2.1	安全工器具的选择检查	选择安全帽、绝缘手套、绝缘靴，进行正确检查，并报告检验周期及检查结果	30	1.漏选一项扣5分 2.安全帽外观检查：帽壳、帽衬、帽箍、顶衬、下颏带等附件完好无损，有试验合格证并在试验周期内；漏检、错检每项扣3分 3.绝缘手套外观检查：无割裂伤，表面及指缝无风化脱胶、裂纹，有试验合格证并在试验周期内，分别做充气试验并无漏气；漏检、错检每项扣3分 4.绝缘靴外观检查：无割裂伤，无风化脱胶、裂纹，有试验合格证并在试验周期内；漏检、错检每项扣3分 5.未报告检查结果扣5分			

续表

序号	项目	考核要点	配分	评分标准	得分	扣分	备注
2.2	操作安全工器具的选择检查	选择同电压等级的绝缘杆、验电笔、接地线,进行正确检查,并报告检验周期及检查结果	30	1.漏选、错选每项扣5分 2.绝缘杆外观检查:绝缘部分无裂纹、老化、绝缘层脱落、严重伤痕,固定连接部分无松动、锈蚀、断裂等现象,每节有试验合格证并在试验周期内;漏检、错检每项扣3分 3.验电器外观检查:绝缘部分无裂纹、老化、绝缘层脱落、严重伤痕,固定连接部分无松动、锈蚀、断裂等现象,护环完好,自检试验正常,有试验合格证并在试验周期内;漏检、错检每项扣3分 4.接地线外观检查:绝缘部分无裂纹、老化、绝缘层脱落、严重伤痕,固定连接部分无松动、锈蚀、断裂等现象,每节有试验合格证并在试验周期内,绞线无松股、断股、护套无破损,夹具无断裂松动;漏检、错检每项扣3分 5.未报告检查结果扣5分			
2.3	登高工具的选择检查	选择脚扣、安全带,进行正确检查,并报告检验周期及检查结果	25	1.漏选每项扣5分 2.脚扣外观检查:金属部分无裂纹,连接部位开口销完好,胶垫无破损、脱落,鞋带无断裂,有试验合格证并在试验周期内;漏检、错检每项扣3分 3.安全带外观检查:表面无断裂,固定连接部分无松动、锈蚀、断裂,卡环(钩)无裂纹,有试验合格证并在试验周期内;漏检、错检每项扣3分 4.未报告检查结果扣5分			

续表

序号	项目	考核要点	配分	评分标准	得分	扣分	备注
3				工作终结验收			
3.1	安全文明生产	汇报结束前,所选工器具放回原位,摆放整齐,无损坏元件、工具;恢复现场,无不安全行为	5	1.出现不安全行为,每次扣5分 2.作业完毕,现场未清理恢复扣5分,不彻底扣2分 3.损坏工器具,每件扣3分			
				合计得分			
下列现象为否定项:1.严重违反《国家电网公司电力安全工作规程》;2.违反职业技能鉴定考场纪律;3.造成设备重大损坏;4.发生人身伤害事故。							

考评员：　　　　　　　　　　　　　　　　　　　年　　　月　　　日

第四章　绝缘子顶扎法、颈扎法绑扎

　　绝缘子是一种特殊的绝缘控件,能够在架空输电线路中起到重要作用,早先多用于电线杆。绝缘子在架空输电线路中起着两个基本作用,即支撑导线和防止电流回地,这两个作用必须得到保证。绝缘子不应该因环境和电负荷条件发生变化导致的各种机电应力而失效,否则就不能发挥作用,就会损害整条线路的使用和运行寿命。本章节以介绍绝缘子顶扎法、颈扎法绑扎为核心,旨在提升学员的生产检修技能。

一、培训目标

　　采用专业理论学习和现场技能操作演练与训练相结合的方式,让学员了解绝缘子顶扎法、颈扎法的基础知识、操作步骤和工艺要求。学员能熟练掌握绝缘子顶扎法、颈扎法的操作要领、作业流程、绑扎方法、操作步骤及安全防护等技能。

二、培训方式

　　理论学习采取以自学为主、问题答疑为辅的方式,实操采用教练现场讲解、绑扎演示、模块化练习和学员自由练习的方式。培训结束后进行理论考试和实操考核,以此检验学员的学习成果。

　　为提高学习效率、强化练习效果,对绝缘子顶扎法、颈扎法进行模块化讲解、针对性练习，对影响绑扎工艺、绑扎质量的关键环节着重讲解，将整个绑扎过程细化、分解，将教练讲解与学员感受相结合，将讲与做相结合，摒弃盲目追求练习时间的错误方式，注重练习技巧和方法的掌握，分环节，活模式，给予开放性指导，进行富有弹性的练习。运用分解步骤、模块化练习、教练与学员交流的方式，针对训练找不足，交流方法长经验，固化模式提效率，从方法上要效果，从技巧上提质量。

三、培训设施

培训所需工器具如表 4-1 所示。

表 4-1 培训设备设施（按工位配备）

序号	名称	规格型号	单位	数量	备注
1	绝缘子绑扎工作台		套	1	现场准备
2	钢芯铝绞线	LGJ-35 （LGJ-50）	kg	若干	现场准备
3	0.4kV 绝缘线路	LKLGJ-35 （LKLGJ-50）	kg	若干	现场准备
4	绑线	直径 2.11mm	m	若干	现场准备
5	铝包带	1×10	kg	若干	现场准备
6	绝缘子绑扎工器具	—	套	1	现场准备
7	安全帽	—	顶	1	现场准备
8	绝缘鞋	—	双	1	考生自备
9	工作服	—	套	1	考生自备
10	线手套	—	副	1	现场准备
11	急救箱 （配备外伤急救用品）	—	个	1	现场准备

四、培训时间

学习配电线路基本知识 ……………………………… 3.0 学时

学习绝缘子顶扎法 …………………………………… 3.0 学时

学习绝缘子颈扎法 …………………………………… 3.0 学时

模块化练习 …………………………………………… 4.0 学时

综合练习 ……………………………………………… 3.0 学时

现场测评（教练随时根据学员练习情况测评讲解）

合计：16.0 学时。

五、基础知识点

（一）配电网概述

1. 基本概念

配电网是电力系统的一个重要组成部分，在结构上相对于区域电力网来说，它的最大特点是居于电力网的末端，电压等级低，供电范围小，直接分区域给电力用户供电；通常功率是单方向流动，即从电源端流向用户端。据不完全统计，约 90% 的售电量由配电网直接分送到用户，因而配电网络又称为地方电力网。配电网是从输电网接受电能，再分配给各用户的电力网。在我国，配电网包括高压配电网、中压配电网和低压配电网。

1）高压配电网

高压配电网的功能是从上一级电源接受电能后，可以直接向高压用户供电，也可以通过变压器作为下一级中压配电网的电源。高压配电网容量大、负荷重、负荷节点少、重要性较高。高压配电网的电压等级分为 110kV、63kV 和 35kV 三个标准，一般城市配电网采用 110kV 作为高压配电电压，在东北地区采用 63kV 作为高压配电电压，少数地区以 110kV 和 35kV 两种配电电压等级并存。

2）中压配电网

中压配电网的功能是从输电网或高压配电网接受电能，向中压用户供电，或向各用户小区负荷中心的配电变电站供电，再经过变压后向下一级低压配电网提供电源。中压配电网具有供电面广、容量大、配电点多等特点。在我国，中压配电网采用 10kV 为标准额定电压，部分城市逐渐由 20kV 代替 10kV 供电。

3）低压配电网

低压配电网的功能是以中压配电网为电源，将电能通过低压配电线路直接送给用户。低压配电网的供电半径较小，低压电源点较多，一台中压配电变压器就可作为一个低压配电网的电源，两个电源点之间的距离通常不超过数百米。低压配电网供电容量不大，但分布面广，除少量电能供电给集中用电的用户外，大量电能供电给城乡居民生活用电及分散的街道照明用电等。低压配电网的电压一般为三相四线制 380/220V，或单相两线制 220V。

配电线路是配电网络的重要组成部分，担负着输送和分配电能的重要任务。因此，《城市电力网规划设计导则》规定，城市配电网必须满足供电安全 N-1 准则，即：

(1)高压变电站中失去任何一回进线或一组降压变压器时，必须保证向下一级配电网供电。

(2)中压配电网中一条架空线路或一条电缆线路，或变电站中一组降压变电器发生故障停运时，在正常情况下，除故障段外不停电，不得发生电压过低和设备不允许的过负荷；在计划停运情况下，又发生故障停运时，允许部分停电，但应在规定时间内恢复供电。

(3)低压配电网中一台变压器或配电网发生故障时，允许部分停电，并尽快将完好的区段在规定时间切换至邻近配电网恢复供电。

按照 N-1 准则和供电可靠性的要求，对于不同等级的负荷可以采取不同的接线方式。这些接线方式可分为无备用和有备用接线系统。在有备用接线系统中，当其中某一回路发生故障时，其余回路能保证全部负荷供电的称为完全备用系统；如果只能保证对重要用户供电，则称为不完全备用系统。备用系统的投入方式可分为手动投入、自动投入和经常投入等几种。

2.配电线路的接线

1)无备用系统的接线

无备用系统的接线分放射式接线和干线式接线两种。

(1)无备用放射式接线,如图 4-1 所示,该接线中配电线路自配电变电站引出,按照负荷的分布情况,呈放射式延伸出去,即电源端采取一对一的方式直接向用户供电,每条线路只向一个用户点供电,中间不接任何其他的负荷,各用电点之间也没有任何电气联系。这种接线方式的特点是:接线简单,当任意一回线路故障时,不影响其他回路供电,且操作灵活方便,易于实现保护和自动化;但有色金属消耗量较大,投资较高。这种接线一般只适用于供电给三级负荷和个别二级负荷。

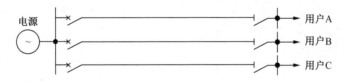

图 4-1　无备用放射式接线

(2)无备用干线式接线,如图 4-2 所示。该接线特点是多个用户由一条干线供电,所用的高压开关设备少,耗用导线也较少,投资少,增加用户时不必另增线路,易于发展。但该接线供电可靠性较差,当某一段干线发生故障或检修时,则在其后的若干变电站都要停电。这种接线仅适用于供电给三级负荷。

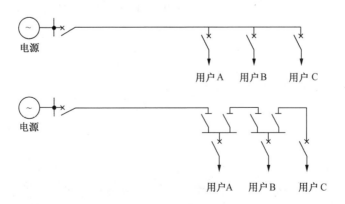

图 4-2　无备用干线式接线

2）有备用系统的接线

有备用系统的接线有双回路放射式、双回路干线式和环式接线等。

（1）双回路放射式接线，即一个用户由两条放射式线路供电，如图 4-3（a）所示。该接线中由于每个用户都采用双回路供电，故线路总长度长，电源出线回路数和所用开关设备多，投资大。其优点是：一条线路故障或检修时，用户可由另一条线路保持供电；当双回路同时工作时，可减少线路上的功率损失和电压损失。这种接线适用于供电给负荷大或独立的重要用户。对于容量大，而且特别重要的用户，可采用图 4-3（b）所示的用断路器分段的接线，以实现自动切换，提高配电网的可靠性。

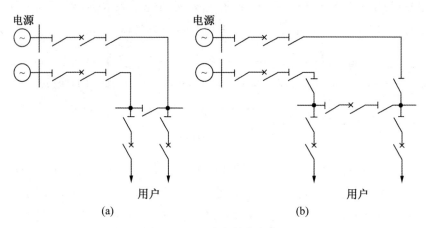

图 4-3　双回路放射式接线

（2）双回路干线式接线，即一个用户由两条不同电源的树干式线路供电，如图 4-4 所示。该接线中每个用户都获得双电源，因此供电可靠性大大提高，可用于对容量不太大、离供电点较远的重要负荷供电。

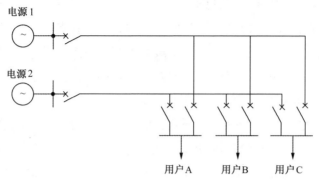

图 4-4　双回路干线式接线

（3）环式（俗称手拉手）接线如图 4-5 所示。环式接线是两个配电线路自同一（或不同）配电变电站的母线引出，利用联络断路器（或分段断路器）连接成环，每个用电点自环上 T 形支接，是目前城网中普遍使用的一种接线方式。

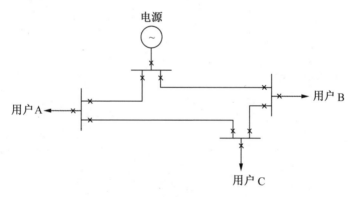

图 4-5　环式接线

环式接线，又称环网，正常运行时，联络开关经常断开，只有当某区段发生故障或停电作业时联络开关才倒换为闭合的运行方式，称为常开环路方式，联络开关经常闭合的运行方式称为常闭环路方式。多数环式接线采用常开环路方式，即环形线路联络开关是断开的，两条干线分开运行；当任何一段线路故障或检修时，利用联络开关切换隔离后，其他区段上的负荷可继续供电。

环式接线的优点：系统所用设备少，各线路途径不同，不易同时发生故障，故可靠性较高且运行灵活；因负荷有两条线路负担，故负荷波动时电压比较稳定。其缺点：故障时线路较长，电压损失大（特别是靠近电源附近段故障）。环形线路的导线截面按故障情况下能担负坏网全部负荷考虑，故线路材料消耗量增加，两个负荷大小相差越悬殊，其耗材就越大。故这种接线适于供电给负荷容量相差不大，所处地理位置离电源都较远，而彼此较近，允许短时间停电的二、三级负荷。

根据供电需要，以放射式、环式接线为基础发展演化出多种接线，可将一个居民小区的多台配电变压器接成一个小环式接线，小环的两个电源接入环形中压配电网（主环网），形成大环套小环的接线，如图 4-6 所示。有的小型工厂将几个车间变电站接成环式接线，形成类似小环套大环的环网。

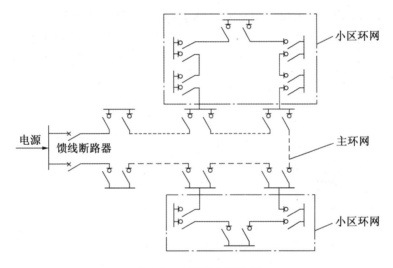

图 4-6　大环套小环接线

对一些要求有双电源或多电源的配电变电站或用户配电站，可采用如图4-7所示的多电源环式接线。图中备用电源柜的负荷开关正常运行时为常开状态。中压配电网也可以接成 1/3 环网接线，如图 4-8 所示。在正常运行情况下的线路负荷率可达 67％，而预留线路容量的 1/3 为备用。这种接线适用于地区负荷比较稳定且接近饱和，按最终规模一次建成。它的优点是供电可靠性与单环网接线相同，但线路负荷率比单环网接线分别高 17％；缺点是适应地区负荷变化的能力较差，且调度操作比单环网接线复杂。

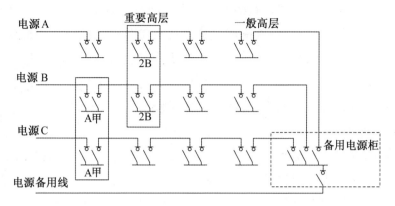

图 4-7　多电源环网接线

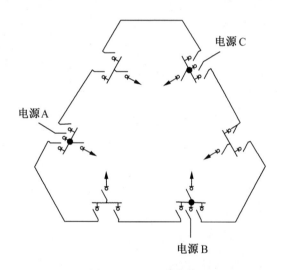

图 4-8　1/3 环网接线

(二)配电线路结构及组成元件

1. 架空线路的结构

架空配电线路是用杆塔支撑导线,使用导线向一定高度的空间输送电能,这是输配电力线路的主要输电方式之一。

架空配电线路主要由基础、杆塔、导线、避雷线、绝缘子、金具及接地装置等部件组成。

导线的作用是传递电能。导线、避雷线架设在杆塔上,以保持导线、避雷线对地面或其他建筑物的安全距离。绝缘子通过金具将导线和杆塔连接固定，并实现电气绝缘隔离。杆塔借助于基础稳定耸立于地面。避雷线安装在杆塔顶部，以防止导线和杆塔遭受直接雷击。在杆塔处的地下设有接地装置，用接地引下线或杆塔本身可将雷电导入大地。空气是架空配电线路导线之间及导线对地之间的绝缘介质。

2. 导线

导线是架空线路构成的主要元件，其作用是传导电流、输送电能。对导线的要求：导电性能良好，温度系数小，机械强度较高，耐振性和抗腐蚀性能强，价格便宜，使用寿命长。

架空配电线路常用的导线分为裸导线和绝缘导线。通常高、中压线路选用裸导线，低压线路选用绝缘导线。

1）裸导线

裸导线是导线外表面无绝缘层的电线，按结构分为三种。

（1）单股导线

单股导线是由金属铜、铝、钢拉制的实心导线。由于单股导线直径小，横截面积一般在 $10mm^2$ 及以下，因而机械强度低。架空线路上不允许采用单股导线。

（2）单金属多股绞线

单金属多股绞线是由金属铜、铝、钢（或其合金）拉制成线径相等的多股细线绞合而成的，其横截面积为 $10 \sim 300mm^2$。多股绞线的优点：机械强度高，耐震能力强，柔韧易弯曲，制造、运输、施工、安装、运行维护都方便。由于价格因素，除特殊要求外，基本不采用铜绞线，广泛采用铝绞线或铝合金绞线。在一些特殊地段或大跨度挡距中，也可用机械强度很高的钢绞线作为导线。

（3）复合金属多股绞线

复合金属多股绞线由两种金属绞线以不同工艺统制而成。

钢芯铝绞线以 3 股、7 股或 19 股的钢绞线为芯线，外面绞以 6 股、28 股或更多股数的铝绞线而制成，横截面积为 $16 \sim 400mm^2$。由于交流电的趋肤效应，钢芯铝绞线既利用了铝线的良好导电性能，又利用了钢绞线较高的机械强度，综合了两种材料的各自优点，使其具有良好的电气性能和力学性能,梁性好,且耐震能力强,使之成为架空线路首选的导线形式。

2)架空绝缘导线

架空绝缘导线(架空绝缘电缆)采用在铝绞线芯外表面紧压半导体(或金属)屏蔽层,外面的绝缘层由耐候型交联聚乙烯或橡胶材料制成。

架空绝缘导线在人口密集的城镇、繁华街区、景观绿化带、林区和污染严重区域广泛使用。

绝缘导线有绝缘外层,可大大降低线路故障率,有利于带电作业,提高线路安全运行水平。

绝缘性能优于裸导线,同时重量轻,价格又比电缆便宜,施工强度较小。

绝缘导线的耐压水平较高,安装距离相比裸导线可缩小1/3～1/2,可减小线间距离,线路走廊较小,有利于实现同杆双回架设,可合理利用土地和空间资源。采用架空绝缘导线代替裸导线是中、低压配电线路发展的必然趋势。

绝缘导线的绝缘电阻很高,可以减少漏电损失,提高线路经济运行水平。

绝缘导线有绝缘保护层,散热性较差,外径比同型截面钢芯铝绞线大一个型号。

绝缘导线耐雷击水平较低,应在适当位置加装金属氧化物避雷器等防雷设施。

3)导线的排列方式

导线在杆塔上的布置方式常有水平排列、三角形排列、垂直排列和伞形排列等多种形式。

选择导线的排列方式时,主要考虑线路运行的可靠性和维护检修方便。导线水平排列适用于重冰区、多雷区线路。三角形排列主要适合单回导线的线路。垂直排列和伞形排列主要适合多回导线的线路,因杆塔高度大,在重冰区、多雷区线路受到一定限制。

架空配电线路通常采用三角形排列与水平排列,多回线同杆架设时一般采用水平加水平、三角加水平、垂直排列等多种架设方式。

3. 避雷线

避雷线（架空地线）直接架设在杆塔顶部，通过钢筋混凝土电杆的主钢筋（铁塔的主材或辅材）作接地引下线，或专门接地引下线（如预应力钢筋混凝土电杆）与接地装置连接，将雷电流排入大地。避雷线与杆塔接地装置相配合是供配电线路最基本的防雷设施之一。

避雷线的主要作用为：

（1）防止大气过电压雷电直击导线和杆塔。

（2）分流雷击电流，减少流入杆塔的雷电流，使塔顶电位降低。

（3）与导线的耦合作用可降低线路绝缘所承受的雷击电压。

（4）对导线有屏蔽作用，可降低雷击时导线上的感应电压。

4. 杆塔

供配电线路的杆塔为钢筋混凝土电杆（水泥杆）、钢管杆和铁塔的总称。

杆塔主要用来支持导线、避雷线、绝缘子及横担，使导线保持对地以及其他设施（如建筑物、公路、铁路、船桅、筏道、电力线、通信线等）应有的安全距离，承受导线、避雷线和其他部件本身的重力以及雪冲、风振的附加负载；对于转角、终端杆塔要承受导线张力、避雷线角度张力和不平衡张力。

1）钢筋混凝土电杆（砼杆）

钢筋混凝土电杆是将混凝土和钢筋这两种力学性质不同的材料采用离心浇注制造而成，利用混凝土的黏着力将钢筋紧密地包住，结成一个坚实的整体。混凝土主要承受压力，钢筋主要承受拉力，充分利用了两种材料的优点，从而保证了钢筋混凝土电杆具有较高的承载能力、机械强度、防腐能力和使用寿命，它在输配电线路中得到了普遍应用。

钢筋混凝土电杆按钢筋受力情况分为普通钢筋混凝土电杆、预应力钢筋混凝土电杆及部分预应力钢筋混凝土电杆三种。预应力混凝土电杆是在浇制混凝土时将钢筋施加一定的拉力使其产生弹性伸长，浇制成形后释放掉拉力，使混凝土承受预压内应力。它可抵消外荷载作用时所引起的部分拉应力，从而提高了钢筋混凝土的强度和抗裂性能，同时还节省了钢材和水泥用量。

钢筋混凝土电杆的钢筋一般分为热轧钢筋、冷轧钢筋和钢丝三大类。钢筋按结构分为主筋、箍筋和螺旋筋,分段式钢筋混凝土电杆还有辅助筋。主筋用以承受弯曲、中心受拉和偏心受拉时的拉应力;螺旋筋和箍筋不仅能保证主筋位置,受压时抵抗构件横向伸长,同时也承受主筋的部分应力及受扭时的抗力。辅助筋用以加强因主筋与钢板圈或法兰盘接头所造成的混凝土断面减弱。

供配电线路广泛使用的钢筋混凝土电杆一般选用符合国家标准的定型产品,有环形、方形断面和空心圆柱式杆形,可分为直线杆、耐张杆、转角杆、终端杆、换位杆、跨越杆和分支杆等。

(1)直线杆(Z)

直线杆分布在耐张杆塔中间,又叫中间杆,用于线路的直线段上,数量最多,在平坦地区可占到全线杆塔总数的80%左右。直线杆的悬垂绝缘子竖直安装,正常运行时承受两侧线路相等的水平荷载和垂直荷载(导线、地线、绝缘子串和覆冰重量),断线时承受导线的纵向不平衡张力。直线杆一般结构简单,耗钢量少,比较轻便,不足的是电杆基础采用深埋式,杆高利用较差,故挡距较小。

在平原和丘陵地区的35~110kV的线路上,广泛采用不带拉线的钢筋混凝土单杆。当杆塔承受的荷载较大(如截面较大、挡距较大等)时,常采用带拉线的单柱直线杆或双柱直线杆。

(2)耐张杆(N)

为了限制倒杆或断线等事故波及较大范围,同时也便于线路施工和维护,在一定距离的直线杆段两端架设耐张杆,两个耐张杆塔之间的距离叫作耐张段。安装在耐张杆上的导线用耐张线夹、耐张绝缘子串或蝶形绝缘子固定在电杆上。耐张绝缘子的位置几乎是平行于地面的,电杆两边的导线用弓子(又称引流线或跳线)连接起来。

耐张杆又称为承力杆,在正常工作条件下承受线路侧面的风力荷重和导线、地线的拉力,在事故情况下承受线路方面的导线荷重。工程中,通常在线路转角、跨越江河、铁路、公路、山坡与大型建筑物等处设置耐张杆。

有多个挡距连在一起的耐张段称为连续挡,只由一个挡距构成的耐张段称为孤立挡。孤立挡杆塔受力特殊,在设计与施工中要注意考虑。

耐张段长度是根据线路走向及地形情况而定的,一般 35kV 线路耐张段长度不宜大于 3~5km,10kV 及以下线路耐张段长度不宜大于 2km。绝缘线耐张段的长度不超过 1km。

(3)转角杆(J)

转角杆是指在线路走向改变方向的转角处设置的专用电杆。转角杆正常运行中除承受导线的垂直荷重和内角平分线方向的风力水平荷重外,还要承受内角平分线方向的导线的全部拉力的合力;当发生事故断线时,还要同时承受不平衡的断线张力。

常用的转角杆塔分为直线型和转角型两种。若线路转角小于 10°,可以采用直线型转角杆。转角型转角杆有三种:转角 30° 以下叫作小转角杆,转角 30°~60° 叫作中转角杆,转角 60°~90° 叫作大转角杆。一般转角角度不宜超过 90°。

(4)终端杆(D)

终端杆是装设在线路首、末端的杆塔,是耐张杆的一种。由它承受线路起、止两端最后一个耐张段内的导线的拉力,可降低发电厂、变电站的建筑物或配电结构的承力和造价。终端杆允许带有转角,并符合耐张杆塔的受力条件,正常运行时除了承受线路方向全部导线的荷重及线路侧面的风力荷重外,还要承受线路一侧的不平衡拉力,因此要求它有较高的稳定性和机械强度。

(5)分支杆

分支杆安装于线路干线向外分接支线处与主配电线路的连接处,是分支线路的终端杆,也叫 T 形杆。它主要承受分支线方向的全部拉力,因而在分支杆上装有拉线,以平衡分支导线的张力。分支杆在主干线方向上时可以是直线型或耐张杆型,而在分支线方向上时则需用耐张杆型,并应能承受分支线路导线的全部荷重。

(6)跨越杆

跨越杆位于跨越河流、铁路、公路、山谷、大型建筑物、特殊设施和不同电压等级的线路相互交叉处,为了保证跨越交叉垂直距离要求的导线的必要悬挂高度,一般要将电杆加高。为加强线路安全,使其具有足够的强度,通常都加装拉线。在特殊的跨越地方,可按照实际需要采用专门的跨越杆。

2)钢管电杆(塔)

钢管电杆按其结构形式分为等径杆和锥形杆;按截面形式分为圆形杆、多边形(棱形)杆;按材科分为纯钢管电杆和薄壁离心钢管混凝土电杆。钢管电杆多为插接式,一般通过法兰盘、地脚螺栓与基础连接。钢管电杆(塔)与普通混凝土电杆相比,其特点明显。

①钢管电杆每段长 2~12m。所有附件均可焊接在钢管上,取消了抱箍等附件,可降低安装工程造价 30% 以上。

②钢管电杆占地面积少,在相同承载条件下,钢管电杆抗冲击和抗腐蚀能力强,使用寿命长,可靠性高,运行维护方便。

③钢管电杆的实物规格、长度和横担间的距离可根据环境需要来设计确定,不受标准定型杆塔的限制。钢管电杆适合在城区线路中的转角、终端杆受力大并且不易安装拉线的地段中使用。在城区线路中将逐步推广钢管电杆,取代拉线转角、终端等的耐张杆。

④钢管电杆可以与城市的中低压线、路灯线同杆架设或多回线路同杆架设,并可根据城市规划的要求选择相应的横担形式,实物美观,主要适合用在城市景观道路以及地形受限制或线路走廊拥挤的地区。

3)铁塔

铁塔是用型钢或管钢构件组装成的空间金属梢架结构,作为导线支持物使用。

铁塔本体分为塔头、塔身和塔基三部分。为便于运输与组装,在每一部分中又分解成若干段,每段的长度一般不超过 8m,可用电焊和螺栓两种方式连接成塔。

塔头是铁塔下部、横担下平面以上或瓶口以上结构的统称。塔头由身部、导线横担、避雷线支架等组成。按塔头形式不同组成各类铁塔,铁塔的名称一般也是根据塔头形式而定的。

塔身指铁塔中段的部分,由主材、斜材、横隔斜材、横隔材和辅助材组成。主材是铁塔受力的主要构件,大多采用单根等边角钢与钢管组成。塔身普遍采用双斜材的形式,塔身较窄、受力较小的铁塔塔身采用单斜材,大跨越高塔塔身中底部常用 K 形斜材。横隔斜材能增强塔身的抗扭能力,减少水平横材的支撑长度,当塔身分段组装时可保证塔身的截面形状不变。辅助材是按照构造上的要求,为减少构件的长细比设置的。

塔身结构按其对称性可分为平面对称和轴对称两种。一般双斜材结构对称于顺线路和横线路方向两个竖直平面;单斜材结构只对称于塔身中心轴线。

塔腿位于铁塔最下部。塔腿上端与塔身连接,下端与基础连接。塔腿有高低腿和等高腿两种,按基础的地形选择。塔腿与基础的连接方式有插入式、底脚螺栓式和铰接(或半铰接)式等。每一种塔形中,塔头的尺寸及结构是一样的。各种不同高度的塔腿与塔身的某一部分或全部连接起来,就组成了各种不同高度的铁塔。

5. 线路绝缘子

线路绝缘子(瓷瓶)的作用是使导线和杆塔绝缘,并固定或悬挂导线,承受导线及各种杆塔附件的机械荷重。绝缘子在运行中要受到各种大气环境(高温、潮湿、多尘埃、污垢、化学气、液体的腐蚀等)的影响,并承受工作电压、内部过电压和大气过电压的作用,因此要求绝缘子在各种自然环境下以及这三种电压的作用下能够正常工作,所以绝缘子应具有良好的电气性能、足够的机械强度、较强的绝缘性能和必要的防污闪能力。

1)线路绝缘子的主要组成

绝缘子主要由绝缘体和金具构成。绝缘体应保证绝缘子有良好的电气绝缘强度,材料通常为电工瓷,也可采用钢化玻璃以及新型的有机复合绝缘材料。金具用来固定绝缘子,金具和瓷制绝缘体之间多用水泥黏合剂黏合。

2)线路绝缘子的分类

(1)按材料分

按材料不同,线路绝缘子可分为瓷绝缘子、玻璃绝缘子和合成绝缘子。

瓷绝缘子具有良好的绝缘性能,以及抗气候变化、耐热、组装灵活和使用运行经验丰富等优点,广泛应用于各种电压等级的线路中。

玻璃绝缘子用钢化玻璃制成,具有尺寸小、重量轻、机械强度高、电容大、抗老化、寿命长、"零值自碎"性能和维护方便等优点,普遍应用于中、高压线路。

合成绝缘子采用环氧玻璃纤维棒做棒芯,由高分子聚合物——聚四氯乙烯或硅橡胶制成盘体,具有抗污闪性强、机械强度高、重量轻、抗老化、尺寸小和维护方便等优点,普遍应用于中、高压线路。

(2)按结构形式分

按结构形式不同,线路绝缘子可分为针式绝缘子、蝶式绝缘子、悬式绝缘子、棒式绝缘子、瓷横担绝缘子等。

3)线路绝缘子的种类

(1)针式绝缘子

针式绝缘子多用于电压等级 35kV 及以下、导线张力不大的直线杆上,导线则用金属线绑扎在绝缘子顶部的槽中使之固定。

针式绝缘子按使用电压等级分为高压针式绝缘子和低压针式绝缘子;按针脚的长短又分为长脚针式绝缘子和短脚针式绝缘子两种,长脚用在木横担上,短脚用在铁横担上。

(2)蝶式绝缘子

蝶式绝缘子多用于电压等级在 10kV 及以下的小截面导线耐张杆、转角杆、终端杆或分支杆上,用以支撑导线,或在低压线路上作为直线耐张杆绝缘子。

蝶式绝缘子按使用电压等级分为高压蝶式绝缘子和低压蝶式绝缘子两种。

(3)悬式绝缘子

悬式绝缘子多用于电压等级在 35V 及以上的耐张杆、转角杆、终端杆、分支杆等承力杆塔上。

悬式绝缘子按材料分为瓷质悬式绝缘子、钢化玻璃悬式绝缘子、合成悬式绝缘子等;按绝缘子头部的连接方式分为槽型和球型两种;按结构分为普通悬式绝缘子和防污悬式绝缘子。

(4)棒式绝缘子

棒式绝缘子(又称"瓷拉棒")是一端或两端外浇装钢帽的实心瓷体,采用外胶装结构。棒式绝缘子具有质量轻、长度短、实心结构、不会闪击穿、泄漏距离长、绝缘水平高、自洁性优良等优点。但由于在运行中易遭受振动等影响而断裂，因此可用在一些应力不大的承力杆上，代替悬式绝缘子串，作耐张绝缘子使用。

（5）瓷横担绝缘子

瓷横担绝缘子是一端外浇装实心瓷件，用螺栓固定在金属横担、木质横担上，同时作为横担的一部分。它广泛应用于 10kV 及以下、导线截面不大的直线杆上。瓷横担绝缘子重量轻，自洁性能好，抗污闪能力强，便于施工、维护和带电检修。当线路发生故障断线时，不平衡张力使陶瓷横担转动到顺线路方向，由承受弯矩变成承受拉力，对电杆有一定的缓冲作用。

瓷横担绝缘子的不足之处是机械强度低，使整个长度有限制，更换大截面导线时受到一定的限制，从而影响了它的使用范围。

（6）柱式绝缘子

柱式绝缘子的用途与针式绝缘子基本相同。由于它的瓷件浇装在底座铁靴内，形成"铁包瓷"的外浇装结构，内部的防击穿、防爆裂能力以及自洁性与抗污闪能力都比针式绝缘子强。

（7）拉紧绝缘子

拉紧绝缘子（又称拉线圆瓷）用于拉线杆塔上，使上、下部拉线绝缘。

6. 金具

在架空线路中，对杆塔、导线、避雷线和绝缘子起连接、组合、固定或防护作用的所有金属附件统称为线路金具（铁件）。

线路金具在大自然中长期运行，除需要承受导线、避雷线和绝缘子等本身的荷载外，还要承受冰雪和风的荷载。因此，架空线路应用的金具均应采用热镀锌工艺处理，以保证有足够的机械强度、良好的电气性能和一定的防腐防锈能力。线路金具种类繁多，按其用途和性能主要分为五大类。

1）支持金具

支持金具主要包括各种规格的铁横担和各类支架（如抱箍、拉线棒螺丝和横担等）。它们的规格型号比较繁杂，国家标准也未作出统一规定，使用单位可以根据实际工程需要自行加工制造。

（1）横担

横担在线路中主要作为绝缘子的安装支架，用以支持绝缘子、导线、杆塔上的电气设备，并使各相导线间、导线与避雷线间具有一定的电气距离，因此，横担要有一定的强度和长度，形式较多。

高、低压配电线路常用的横担按材质分为金属（铁）横担、陶瓷横担、玻璃钢横担、复合绝缘横担以及木横担（已很少采用）等。

10kV 及以下电压等级的金属横担一般使用等边角钢制成，35kV 及以上电压等级线路一般选用槽钢制成，通常要进行热镀锌处理。铁横担因其为型钢，造价较低，且便于加工，所以使用最为广泛。它的长度、形式、尺寸及安装绝缘子孔的数目和孔分布距离，主要根据导线间的电气距离、横担承受的机械荷重等因素，按实际应用自行设计、加工。一般情况下，15°以下转角杆宜采用单横担；15°～45°转角杆宜采用双横担；45°以上转角杆宜采用十字横担。多雾或空气污秽地区的配电线路，当采用木横担时，在绝缘子固定处应装分流绑线。

（2）抱箍

抱箍属于紧固金具，根据使用不同可分为 U 形抱箍、拉线抱箍、撑铁抱箍和横担抱箍等。

抱箍一般用扁钢加工而成，通过螺丝将抱箍固定在电杆上，与其他连接金具配合对横担和拉线起支持和连接作用。

（3）拉板

拉板一般在 0.4kV 低压线路中使用。终端、转角、耐张杆上使用的蝶式绝缘子是通过拉板固定在横担上的。

低压拉板是用扁铁弯曲加工而成的，通常又称为曲型拉板。曲型拉板一般由两个组成一对使用，一端通过螺丝固定在铁横担上，另一端则用螺丝将蝶式绝缘子置于拉板上，再将导线绑扎在蝶式绝缘子上。

2）固定金具

固定金具是指用来连接绝缘子和固定导线串的金属构件，主要指各种类型的线夹，通常按导线型号配套选择。

（1）悬垂线夹

用于直线杆塔上悬挂导线、避雷线并固定绝缘子串的线夹称为悬垂线夹。它与导线和绝缘子串的连接方式为：导线安放在悬垂线夹的船体内，通过压板和 U 形螺丝紧固，其上部通过碗头挂板与绝缘子串连接，再通过其他连接金具将导线固定在杆（塔）的横担上，由于它与横担的连接方式是将导线垂直悬挂在横担下侧，所以称为悬垂线夹。

（2）耐张线夹

耐张线夹的绝缘子串用来将导线、避雷线固定在耐张、转角和终端杆塔等承力杆塔上。

耐张线夹可分为螺栓型和压缩型两种。

螺栓型耐张线夹是将导线安放在线夹槽内，再通过压舌和 U 形螺丝将导线同定在线夹上，施工安装比较简便，适用于导线截面在 $240mm^2$ 及以下的导线。

压缩型耐张线夹的铝管通过爆压与导线连接，引流板与跳线连接，钢锚通过连接金具与绝缘子串连接。它适用于导线截面大于 $240mm^2$ 的导线。

（3）拉线线夹

拉线线夹主要有楔形线夹和 UT 型线夹。

楔形线夹用于电杆拉线的上端，通过延长环或 U 形环与拉线抱箍连接。利用楔形线夹将地线固定在耐张杆或终端杆的杆顶上，承受地线的张力，也可以作避雷线的耐张线夹。

UT 型线夹主要用于拉线的下端，调整拉线的松紧。

3）连接金具

连接金具是将悬式绝缘子组装成串，以及将悬式绝缘子连接、悬挂在杆塔、横担上的各类连接件。

连接金具通常用钢锻件或可锻铸铁件制作，根据使用条件分为专用连接金具和通用连接金具两大类。常用的专用连接金具有球头挂环及碗头挂板，只用于连接绝缘子。常用的通用连接金具有直角挂板、平行挂板、延长环和 U 形挂环等，适用于各种情况的连接。

4）接续金具

接续金具用于接续导线及避雷线的端头，接续非直线杆塔的跳线及补修损伤断股的导线、避雷线，主要有承力接续和非承力接续两类。按施工方法可分为钳压、液压、螺栓及预绞丝式螺旋接续金具等;按接续方法可分为铰按、对接、搭接、插接、螺接等。

(1)承力接续金具

主要有钳压管、液压管、爆压管和钢卡子。

钳压管适用于接续中小截面铝绞线的承力连接,导线端头在管内搭接,用液压钳或机械钳进行钳压。液压管适用于架空绝缘导线或大截面的钢芯铝绞线、铝合金绞线的承力连接,用一定吨位的液压机和规定尺寸的压缩钢模进行接续,接续管受压后产生塑形变形,与接续导线结成为一个整体。液压管、爆压管一般呈圆形,爆压管适用于不同裸导线的承力连接。钢卡子主要用于钢丝绳与拉线的接续。

(2)非承力接续金具

主要有跳线线夹、并沟线夹和安普楔形线夹。

跳线线夹主要用于耐张、转角或分支杆等承力杆塔跳线的连接。并沟线夹分为铝、铁两种,一般用于中小截面的铝绞线、钢芯铝绞线以及架空避雷线的钢绞线在不承受张力的位置上的接续。安普楔形线夹用于铝线、钢线和合金导线的多种组合连接,安装方便,是一种理想的节能金具。

5)保护金具

保护金具分为机械与电气两大类。

(1)机械类保护金具

机械类保护金具用于防止导线、避雷线因风的作用产生振动和舞动,造成断股或断线,主要有防震锤、护线条、重锤、预绞丝及间隔棒等。

防振锤的作用是减轻和消除导(地)线因受风力影响而引起的振动,缩小导(地)线的机械损伤;预绞丝、护线条是用铝金丝预绞成螺旋状,提高导线的耐振性能;重锤用生铁制成,抑制悬垂绝缘子串及跳线绝缘子串摇摆过大、导线上扬;间隔棒用于固定分裂导线排列的几何形,防止导线之间的鞭击,抑制微风振动、次挡距振荡。

(2)电气类保护金具

电气类保护金具主要用于110kV及以上的架空电力线路,配电线路相对采用较少。

电气类保护金具主要分为均压环和屏蔽环。均压环一般用于防止绝缘子串上的电压分布过分不均匀而出现的过早损坏。屏蔽环用来降低金具上的电晕强度。

7. 拉线

拉线在线路中起平衡导线张力、稳定电杆的作用，是架空线路不可缺少的一个组成部分，主要设置在终端杆、转角杆、分支杆及耐张杆等处，用于平衡导线的不平衡张力，减少杆塔的受力强度，使承力杆塔受力均匀，有效防止电杆倾斜、倒杆或导线拉断事故。在土质松软或地形陡峭的线路中设置拉线，可防止电杆受侧向风力影响而发生倾斜，加固杆塔的基础，提高杆塔的稳定性，以及减小杆(塔)材料消耗、降低造价。

1)拉线材料

拉线一般采用三股或多股镀锌钢绞线，使用截面不小于 GJ-25，强度安全系数应大于 2。采用镀锌铁线，最小直径为 $3 \times \phi 4.0$mm，强度安全系数应大于 2.5。拉线棒的直径应根据计算确定，不应小于 16mm。拉线棒应热镀锌。严重腐蚀地区，拉线棒直径应适当加大 2～4mm 或采取其他有效的防腐措施。

2)拉线的基本形式与选择

(1)普通拉线

普通拉线也称落地拉线。它分上下两部分，上部为包括固定在电杆上部的部分(称上把)及与上把连接的部分(称中把或腰把)；下部包括地锚把或拉环、拉线棒及埋在地下部分(称底把，包括拉线盘及地横木)，下端用拉盘(又称地锚)直接埋于地下。拉线与电杆成 45° 的夹角。为了安全，10kV 及以下的拉线中间还加装防触电的绝缘子。

(2)高桩拉线

高桩拉线又称过路拉线、水平拉线。高桩拉线用于因道路或其他设施限制而无法装设普通拉线的电杆。另外，在地形条件受到限制的地方，无法装设拉线时，可用撑杆(戗杆)代替拉线以平衡张力，从而起到稳定电杆的作用。

(3)自身拉线

自身拉线又称弓形拉线。它设置于街道狭窄或因电杆距建筑物太近而无条件埋设普通拉线的地方。安装时，先在电杆需装设拉线的一侧固定一定长度的支撑杆,拉线通过支撑杆后与拉线盘连接。由于自身拉线只能承受较小的拉力作用,故一般用于 0.4kV 的低压配电线路中。

（4）转角拉线

转角拉线安装在转角杆上,其方向是线路转角外侧的角平分线上,用以承受转角杆上的不平衡力矩。当线路转角较大（45°～90°）时,为了平衡转角杆上的不平衡力矩,通常是在转角两侧同时装设两条转角拉线。两根转角拉线的方向分别为:一根与原线路方向相同,另一根与转角后线路方向相反。当设计选用较大导线截面时,由于电杆承受荷载较重,还应在转角的内侧平分线上装置内角拉线。

（5）Y 形拉线

Y 形拉线主要应用在电杆较高、横担层数较多、架设多条导线之处,可在张力合成点处装设 Y 形拉线,例如跨越铁路、公路、河流等两侧挡距较大的Ⅱ型杆上多安装 Y 形拉线。V 形拉线为 Y 形的特殊形式。

（6）其他拉线

按照在电杆上线路上所起的作用分为人字拉线、十字拉线、终端拉线等多种拉线。

人字拉线由两根普通拉线组成,装在线路垂直方向电杆两侧,多用于中间直线杆,用来加强电杆防风抗倾斜能力,如海边及大风等环境。

十字拉线主要安装于耐张杆上。拉线必须承受耐张线段内导线的全部张力。一般 10kV 及以下电压等级的耐张杆的拉线安装方向是两根安装于顺线路,另外两根置于横线路的人字拉线,四根拉线呈十字形。这种布置拉线的好处是当耐张杆一侧发生断线故障时,在断线侧的两条拉线同时承受倒杆因冰冻力矩的作用时,置于线路两侧的两根拉线也同时承受风力或冰冻引起的不平衡张力,使电杆保持稳定。

终端拉线只能承受电杆一侧的导线的张力。它装于终端杆导线的反向侧,用以平衡该线段内导线引起的全部荷载力矩,对终端杆起稳定作用。

8. 杆塔基础

1）杆塔基础的作用

杆塔基础是将杆塔固定在土壤中的地下装置和杆塔自身埋入土壤中

起固定作用部分的统称。线路的杆塔基础起着支承杆塔全部荷载的作用，并保证其杆塔在运行中不发生下沉、上拔、倒塌或在外力作用时不发生倾覆或变形。

2)基本的形式及特点

架空配电线路的杆塔基础分为装配式基础、现浇混凝土基础和普通回填土基础等形式。

(1)装配式基础

装配式基础为常用的"三盘"基础，即底盘、卡盘和拉线盘。底盘是为了供配电线防止电杆受力后下沉，要放在电杆基坑的底部。卡盘则是为了增强电杆的稳定性，安装在电杆离地面 0.5m 处，用来阻止电杆倾斜。拉线盘用来承受拉线的拉力。装配式基础的构件及混凝土构件能在工厂里加工生产，保证了混凝土的质量，施工工期短，施工作业简单，减少了材料运输与浪费。在高山与交通困难的地区使用装配式基础，其优越性特别明显。

(2)现浇混凝土基础

现浇混凝土或钢筋混凝土基础是架空线路杆塔基础的主要类型之一。在杆塔组立的施工现场，以实际基坑建模，现浇混凝土来构筑杆塔基础。现浇混凝土基础尤其适合在气候暖和，沙、石、水来源方便的施工环境，在山区或交通困难地段则受到一定限制。现浇混凝土基础在输电线路的杆塔中应用普遍。配电线路中主要使用在大跨距杆、钢管杆、铁塔基础中。

(3)普通回填土基础

普通回填土基础一般应用在中、低压配电线路，如果土质较好，开挖小口径的圆形坑埋杆，也可以充分利用原状土回填夯实构筑杆塔基础。

杆塔基础形式的选择应结合线路沿线的地质资料，由土壤的地质物理特性、施工条件和杆塔形式与荷载等综合因素确定。跨越河流的基础还应考察水文、地质方面的资料。

9. 接地装置

埋设在基础地下土壤中的圆钢、扁钢、角钢、钢管或其组合式结构均称接地体。连接接地体与杆塔之间的金属导体称为接地线（引下线），是接地电流由接地体传导至大地的通道,主要采用混凝土电杆内钢筋、金属杆塔本身或镀锌钢绞线或小截面的圆钢、扁钢制成。接地体与接地线共同构成接地装置。

接地装置的作用是当雷击杆塔或避雷线时,能将雷电流引入大地,可防止雷电流击穿绝缘子串的事故发生,提高了线路的耐雷水平,减少了线路雷击跳闸率,对保证线路可靠运行有着极其重要的意义。配电线路防雷的主要措施是架设避雷线与装设接地装置。

接地装置主要根据土壤电阻率的大小进行设计,必须满足规程规定的接地电阻值的要求。接地装置施工分为开挖接地沟、埋设接地体、测量接地电阻等工序。施工特点:工程量小,耗费人工及材料少,工期短。

(三)绝缘子绑扎方法

导线在针式绝缘子及蝶式绝缘子上的固定普遍采用绑线缠绕,绑线材料与导线材料相同。铝绑线的直径应在 2.6～3mm 范围内,铜绑线的直径应在 2.0～2.6mm 范围内。铝导线绑扎之前,将导线与绝缘子接触的部位缠裹宽 10mm、厚 1mm 的软铝带,其缠裹长度要超出绑扎长度的 20～30mm。绑扎后导线不得在绝缘子上滑动,也不使导线过分弯曲。绑扎时要避免碰伤导线和绑线。绑扎铝线时只许用钳子尖夹住绑线,不得用钳口夹绑线。绑线在绝缘子颈槽内要顺序排开,不得互相挤压在一起。绑线缠绕方法有顶扎法、颈扎法等。

1. 绝缘子的顶扎法

铝包带应超过瓷瓶绑扎部位两侧 3cm,缠绕应均匀。扎线一般应使用同型号的导线,破股后单线绑扎(材料 2m)3～5 扣。缠绕 3～5 扣后,由下侧顺线到瓷瓶上方的顶部交叉后,分别从对面的下侧收回扎线,自扎即可。使用扎线的中间部位,从瓷瓶的一侧同时自下而上分别缠导线一扣后,两线返到瓷瓶的对面,交叉返回各自的对面,自下而上缠绕。

直线杆一般情况下都采用顶扎法绑扎,如图 4-9 所示。

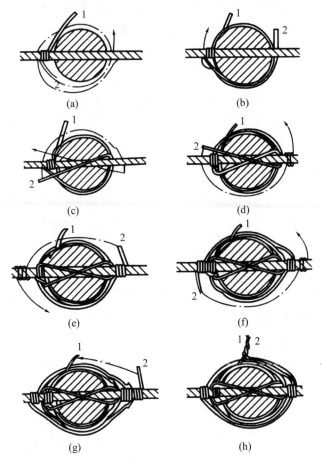

图 4-9　顶扎法

绝缘子顶扎法的绑扎步骤如下：

（1）绑扎处的导线上缠绕铝包带，若是铜线则不缠绕铝包带，把绑线盘成一个圆盘，留出一个短头，其长度为 250mm 左右，用短头在绝缘子侧面的导线上绕 3 圈，方向是从导线外侧，经导线上方向导线内侧。

（2）用盘起来的绑线在绝缘子脖颈内侧绕到绝缘子右侧导线上，并再绑 3 圈，其方向是由导线下方经外侧绕向上方。

（3）用盘起来的绑线在绝缘子脖颈内侧绕到绝缘子右侧导线上，并再绑 3 圈，其方向是由导线下方经内侧绕到导线上方。

（4）把盘起来的绑线自绝缘子脖颈内侧绕到绝缘子右侧导线上，并再绑 3 圈,其方向是由导线下方经外侧绕到导线上方。

(5)把盘起来的绑线自绝缘子外侧绕到左侧导线下面,并自导线内侧绕上来,经过绝缘子顶部交叉压在导线上,然后从绝缘子右侧导线外侧绕到绝缘子脖颈内侧,并从绝缘子左侧的导线下侧经过导线外侧绕上来,经绝缘子顶部交叉压在导线上,此时已有一个十字压在导线上。

(6)重复步骤(5)的方法再绑一个十字(如果是单十字绑法,此步骤略去),把盘起来的绑线从绝缘子右侧的导线内侧,经下方绕到脖颈外侧,与绑线短头在绝缘子外侧中间拧一个小辫,将其余绑线剪断并将小辫压平。

(7)绑扎完毕后,绑线在绝缘子两侧导线上应绕够 6 圈。

2. 绝缘子的颈扎法

扎线一般应使用同型号的导线,破股后单线绑扎。使用扎线的中间部位,从瓷瓶的一侧同时返到瓷瓶的对面,自下而上交叉后返回,各自缠绕瓷瓶后再由下而上缠绕导线 3~5 扣,分别从对面的下侧收回扎线自扎即可,如图 4-10 所示。

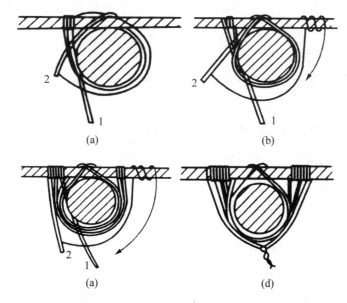

图 4-10 颈扎法

颈扎法适用于转角杆,此时导线应放在绝缘子脖颈外侧,其绑扎步骤如下:

（1）在绑扎处的导线上缠绕铝包带，若是铜线则可不缠铝包带。

（2）把绑线盘成一个圆盘，在绑线的一端留出一个短头，其长度为250mm左右，用绑线的短头在绝缘子左侧的导线上绑3圈，方向为自导线外侧经导线上方绕向导线内侧。

（3）用盘起来的绑线自绝缘子脖颈内侧绕过，绕到绝缘子右侧导线上方，即交叉在导线上方，并自绝缘子左侧导线外侧经导线下方绕到绝缘子脖颈内侧。在绝缘子内侧的绑线绕到绝缘子右侧导线下方，交叉在导线上，并自绝缘子左侧导线上方绕到绝缘子脖颈内侧。此时导线外侧已有一个十字。

（4）重复步骤（3）的方法再绑一个十字（如果是单十字绑法，此步骤略去），用盘起来的绑线绕到右侧导线上，再绑3圈，方向是自导线上方绕到导线外侧，再绕到导线下方。

（5）用盘起来的绑线从绝缘子脖颈内侧绕回到绝缘子左侧导线上，并再绑3圈，方向是从导线下方经过外侧绕到导线上方，然后再经过绝缘子脖颈内侧回到绝缘子右侧导线上，并再绑3圈，方向是从导线上方经外侧绕到导线下方，最后回到绝缘子脖颈内侧中间，与绑线短头拧一个小辫，剪去多余绑线并压平。

（6）绑扎完毕后，绑线在绝缘子两侧导线上应绕够6圈。

六、技能实操步骤

（一）准备工作

1. 开始前现场工作准备

现场工作台周围与其他物体间距不小于1.5m，不同工作台的工位之间不小于3m，工作台之间用隔离栅栏隔离，工作台下铺有橡胶绝缘垫，并保持绝缘垫的清洁，保证两工作台的所有工位能同时进行不同绑扎方法的练习。工作台周围（安全距离外）放垃圾箱，准备进入作业现场携带的工具包，操作者脚下铺帆布绝缘垫。

2. 安全措施及风险点分析

安全措施及风险点分析,如表 4-2 所示。

表 4-2　　　　　　　　　安全措施及风险点分析

序号	危险点	原因分析	控制措施和方法
1	机械伤人	1.准备绑线时,被绑线扎伤 2.绑扎时被绑线扎伤,拧紧时伤手 3.绑线裁取时发生反弹和飞舞伤人 4.准备铝包带及铝包带收尾时伤人	1.进入作业现场必须全程佩戴合格的劳动防护用品,戴安全帽,铺绝缘垫,注意保持安全距离,防止伤人和被伤 2.绑线、铝包带要盘成圆圈;尾线用钳子拧紧,不得用手 3.绑线裁取要有防止绑线反弹和飞舞的措施 4.铝包带尾端不得用手压平

(二)具体操作步骤

1. 着装

穿工作服(系好所有的扣子,包括袖口、领口、裤子后面的口袋)、穿绝缘鞋(严格选用通知规定的品牌)、正确佩戴安全帽(注意按照规定方式佩戴,松紧适中,耳朵在两条绳之间)、线手套。

☞注

未穿工作服、绝缘鞋,未戴安全帽、线手套,缺少每项扣 2 分;着装穿戴不规范,每处扣 1 分。

----

2. 材料、工器具检查及选择

(1)工器具包里准备钳子、断线钳、剪子、棉布和毡布。

(2)一手拿工器具包,一手拿毡布,报告"X 号工位准备完毕",如图

4-11所示。

图 4-11　报告"X 号工位准备完毕"

（3）考官说开始后，考试计时开始，放下工具包，将毡布铺好，如图4-12所示。

图 4-12　铺开毡布

然后依次将工器具包里的工器具检查一遍：拿出工具，检查报告"检查合格"，放回包里，如图 4-13 所示。

图 4-13　检查工器具

　　（4）带上工器具包，选取材料。先选取铝包带，将铝包带的一端捋直一部分，对铝包带外观进行检查，报告"铝包带外观检查合格"，如图 4-14 所示。

图 4-14　检查并选取铝包带

　　以剪子为标尺量出 50cm 长度的侧绑，如图 4-15 所示（此图演示所用剪子长 20cm，2.5 倍长即为 50cm），先平着剪下，然后用 50cm 的铝包带为参考剪出 55cm 的铝包带（误差要求不超过±1cm）作为顶绑，然后分别将两个铝包带剪出两个平行的斜口。

☞注

绑扎完后，缠绕超出绑线边缘 20～30mm，每处小于或大于 1mm
扣2分。

准确
比量

图 4-15　量取铝包带

铝包剪斜口时，要将边角料放入工器具包中，如图 4-16 所示，在工具
包上方剪斜口，余料放在工具包内。

角度约
60°

图 4-16　剪斜口

将选取好的两条铝包带放到工具包中，注意铝包带不能触碰地面，如
图 4-17 所示。

图 4-17　材料放入工具包

(5)再选取绑线。拿起绑线一端,检查绑线外观质量,报告"绑线检查合格",如图 4-18 所示。

图 4-18　绑线外观检查

裁取导线时,偏差不得超过 5cm,不得出现不安全行为。用胳膊量出 2.1m 的距离(因人而异,各自选择),用记号笔标记量取的位置,如图 4-19 和图 4-20 所示。

图 4-19 量取绑线

图 4-20 用记号笔标记位置

（6）将绑线放平，使绑线没有回弹力。用断线钳将绑线剪断（双手握住断线钳把手处，正确使用断线钳），如图 4-21 所示。

图 4-21　剪断绑线

（7）将断线钳放回包中，捡起剪下的绑线的一端，另外一端放在毡布上，并用脚踩住，分离下两根绑线，要求动作迅速利落，如图 4-22 所示。

图 4-22　分离绑线

剥离完成之后，将剩余绑线放回绑线放置处，不得乱扔，如图 4-23 所示。

图 4-23　剩余绑线放回

　　将两根绑线进行分离。分离时，绑线要用脚踩住，防止绑线乱跳，分离过程中不得出现不安全行为，如图 4-24 所示。

图 4-24　分离两根绑线

　　将剩余的两根铝线用手弯成圆圈，大小因人而异（不可太大，绑扎时不方便用力；不可太小，手难以伸进），灵活确定，末端留下 20cm 的直线，并放回工器具包中，如图 4-25 和图 4-26 所示。

图 4-25　绑线弯成圈

图 4-26　弯圈后的绑线

(8)将剪下的所有材料放回包内。

☞ 注

　　工器具齐全,缺少或不符合要求,每件扣 1 分;工器具未检查或检查项目不全、检查方法不规范,每件扣 1 分;材料规格不符合要求,每件扣 5 分;工具使用不当(例如握钳方式不当、使用钢丝钳钳头推压绑线、使用钢丝钳钳把顶压缝隙等),每次扣 1 分;工具掉落或乱扔乱放,每次扣 2 分。

3. 铝包带和绑线的绑扎

1）反向导线的第一种绑扎方法

（1）铝包带的绑扎：先顶绑，后颈绑。将工器具包放到毡布上，首先看导线的绞向，再检查导线是否有损伤，视真实情况报告"导线无损伤"或"导线有划痕"，如图 4-27 所示。

图 4-27　检查导线

检查绝缘子，视真实情况报告"绝缘子无损伤"或"绝缘子有划痕"。双手擦拭绝缘子，仔细检查，如图 4-28 所示。

图 4-28　检查绝缘子

（2）开始绑扎铝包带，注意对比两铝包带的长度，不要将顶绑和颈绑的铝包带混用，顶绑铝包带比侧绑铝包带长 4～5cm，如图 4-29 所示。

图 4-29　对比铝包带长度

将铝包带从中间对折,让剪出的两个斜角朝外,如图 4-30 所示。

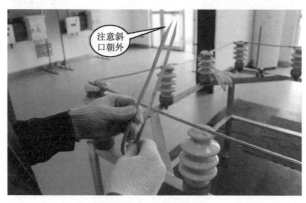

图 4-30　对折铝包带

保证铝包带两个斜角朝外,且高度一致,观察缠绕时方向应与导线绞向一致,如图 4-31 所示。

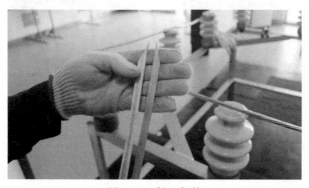

图 4-31　斜口朝外

（3）开始绑扎，绑扎过程中注意运用身体重心的移动带动手臂用力，保证缠绕均匀、圆滑且紧密。铝包带起头时可以利用绝缘子作为支撑，保证从中间对折处开始进行缠绕，中间不得留有缝隙，使用小臂及手指的力量进行缠绕，保证铝包带均匀受力，如图4-32所示。

图 4-32　缠铝包带

缠绕方向应与导线绞向一致，如图 4-33 所示。

☞注

缠绕方向与导线绞向不一致，扣 5 分。

图 4-33　缠绕方向与导线绞向一致

铝包带缠绕效果要求均匀、圆滑、紧密，无重叠、起鼓现象，如图 4-34 所示。

☞注

缠绕不均匀、不圆滑、不紧密、有重叠现象,每处扣 1 分。

图 4-34　均匀紧密缠绕

(4)绝缘子绑扎时,缠绕过程中不能产生死弯,绑线在绝缘子颈内并行排开,入弯始终是从导线下向导线上弯曲,倒手时铝线不能放松。

☞注

绑扎方向与导线绞向不一致扣 5 分;绑扎线的绑扎方法不正确,每处扣 2 分;绑扎、交叉线不牢固,每处扣 3 分;绑扎不均匀,缝隙超过 1mm,每处扣 2 分;顶扎法绝缘子脖颈的内、外侧缠绕均为 4 圈,导线左右侧缠绕均为 6 圈,顶部交叉扎线 2 道,颈扎法绝缘子脖颈的内侧缠绕 6 圈,外侧交叉扎线 2 道,导线左、右侧缠绕均为 6 圈,圈数每少一圈扣 2 分;线头没有回到绝缘子中间收尾扣 2 分;绑扎线损伤,每处扣 2 分。

首先开始顶绑,顶绑留下约 25cm 的尾线。左手用力抓住尾线,确保尾线保持固定。右手握住线圈,从反切线方向出线,确保绑线均匀受力,不要出现羊角弯,如图 4-35 所示。

图 4-35　绑扎起步

缠绕过程中，左手用力顶住已有线圈，保持线圈是紧密排列的，中间不得出现缝隙，如图 4-36 所示。

图 4-36　均匀缠绕

缠绕三圈之后，将线圈向左绕，使得绑线沿绝缘子顶部顺时针缠绕一圈半，线圈倒手过程中，两手要紧密配合，不得松劲，如图 4-37 所示。

图 4-37　绑线不松劲

　　将绑线从绝缘子左侧导线下方绕至绝缘子右侧导线下方,扎好第一个交叉,然后顺势绕绝缘子顶部半圈,如图 4-38 所示。

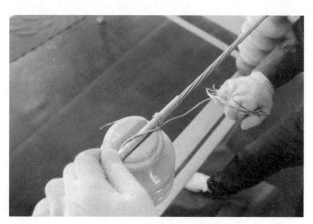

图 4-38　第一条十字线

　　继续将绑线从绝缘子左侧导线下方绕至绝缘子右侧导线下方,扎好第二个交叉,然后顺势绕绝缘子顶部半圈,如图 4-39 所示。

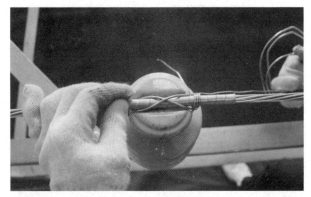

图 4-39   第二条十字线

从绝缘子左侧导线下方开始绕线，保证绑线出弯时是与导线垂直的，并且均匀受力，在绑线圈倒手过程中，确保导线不能松开，如图 4-40 所示。

图 4-40   左侧第一个三圈

继续缠绕三圈绑线，缠绕过程中用左手手指顶住并排线圈，保证线圈之间没有缝隙，如图 4-41 所示。

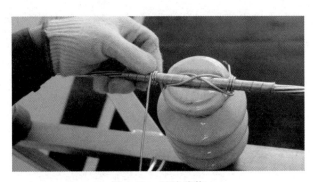

图 4-41   无缝缠绕

　　将绑线从绝缘子左侧导线下方绕至绝缘子右侧导线下方,从绝缘子右侧以相同方法进行第二组线圈的缠绕,如图4-42所示。

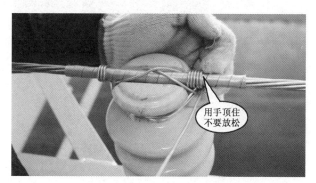

图 4-42　右侧第二个三圈

　　缠绕三圈之后,将绑线从绝缘子右侧导线下方绕至绝缘子左侧导线下方,缠绕半圈,如图 4-43 所示。

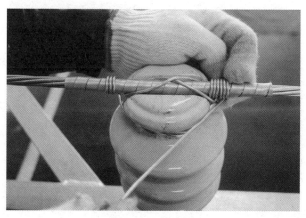

图 4-43　绕半圈

　　以第一组绑线圈为参照,继续从线圈左侧进行第二组线圈的缠绕,要求线圈之间不得留有缝隙。第二组线圈缠绕时可以利用第一组线圈作为支撑将绑线折出一个角度,方便入弯,并且保证两组线圈之间没有横向应力,没有缝隙,如图4-44所示。

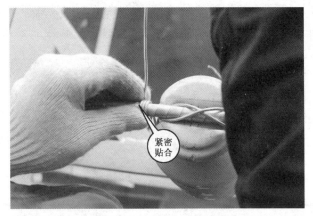

图 4-44　左侧第二个半圈

继续缠绕第二组线圈，缠绕过程用左手顶住线圈，保证线圈之间没有缝隙，缠绕完成后，两侧各有 6 圈，如图 4-45 所示。

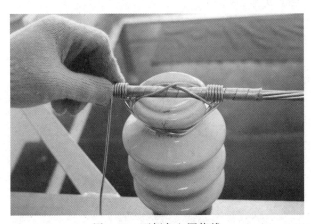

图 4-45　两侧各六圈绕线

第二组线圈缠绕完成之后，从导线下方出弯，如图 4-46 所示。

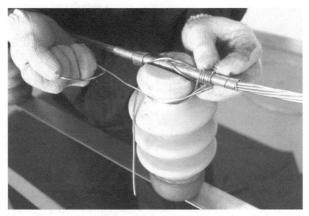

图 4-46　用手顶住绑线

　　将两个尾线在绝缘子中间进行交叉，并进行互绕收尾，互绕过程中保证两根绑线均匀受力，如图 4-47 所示。

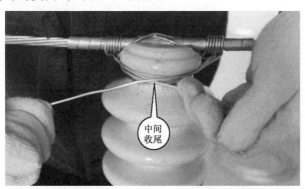

图 4-47　绝缘子中间收尾

　　收尾的时候注意两条尾巴要保持均匀受力，至少 3 扣，如图 4-48 所示。

图 4-48　至少 3 扣

（5）开始侧绑，侧绑留下约 30cm 的尾线，注意缠绕过程中不能产生羊角弯，侧绑绝缘子前保持尾线处于中间并不会受力，如图 4-49 所示。绑扎过程中绑线缠绕等注意事项与顶绑类似。

☞注

　　顶扎法绝缘子脖颈的内、外侧缠绕均为 4 圈，导线左右侧缠绕均为 6 圈，顶部交叉扎线为 2 道，线头没有回到绝缘子中间进行收尾扣 2 分。

图 4-49　侧绑起步

将绑线向上提起的过程中左手要捏紧绑线，不能将绑线后退，沿导线缠绕，否则出现死弯，如图 4-50 所示。

图 4-50 绑线沿导线缠绕

　　缠绕三圈完成之后将绑线从绝缘子右侧导线上方逆时针缠绕一圈半,缠绕过程中导线绑线不能放松,如图 4-51 所示。

图 4-51 绑线不放松

　　将绑线从绝缘子左侧导线上方缠绕至绝缘子右侧导线下方,完成第一条十字绕线,并继续缠绕半圈,如图 4-52 所示。

图 4-52　十字第一条线

将绑线从绝缘子左侧导线下方缠绕至绝缘子右侧导线上方，完成第二个十字绕线，并继续缠绕半圈，如图 4-53 所示。

交叉点
放中间

图 4-53　十字第二条线

将绑线从绝缘子左侧导线上方开始缠绕，保持绑线出弯时与导线垂直，完成三圈缠绕，保证线圈之间没有缝隙，如图 4-54 所示。

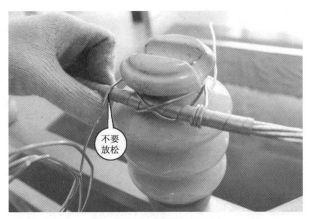

图 4-54 左侧第一个三圈

　　将绑线从绝缘子左侧导线下方绕至绝缘子右侧导线下方,开始进行右侧第二组三圈绑线线圈的缠绕,缠绕过程中保持线圈之间没有缝隙,如图 4-55 所示。

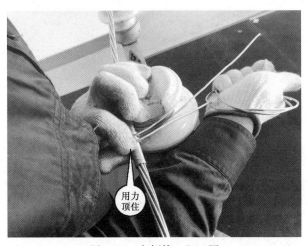

图 4-55 右侧第二组三圈

　　右侧第二组线圈完成之后,将绑线从绝缘子右侧导线上方绕至绝缘子左侧导线上方,整个过程中绑线不能放松,否则线圈之间容易出现缝隙,如图 4-56 所示。

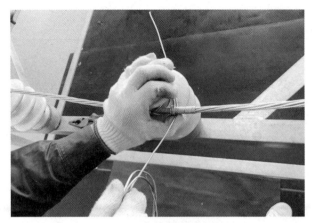

图 4-56　用手顶住线圈

继续缠绕绝缘子左侧的第二组线圈，缠绕过程中保持线圈之间没有缝隙，如图 4-57 所示。

图 4-57　左侧第二组三圈

绝缘子左侧第二组线圈缠绕完毕之后，将绑线绕至绝缘子另一侧进行收尾，收尾时用手顶住线圈，如图 4-58 所示。

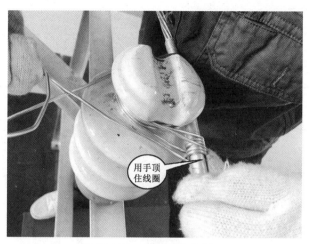

图 4-58　用手顶住线圈

　　回到绝缘子中间收尾,如图 4-59 所示。收尾时注意两条尾巴要保持均匀受力,至少缠绕 3 扣。

图 4-59　中间收尾

　　用钳子分别将两个绝缘子手工拧出的收尾线收紧,不可用力过大,避免拧断绑线,如图 4-60 所示。

☞注

　　线头没有回到绝缘子中间收尾扣 2 分;绑扎线损伤,每处扣 2 分。

图 4-60　尾线收紧

　　用钳子剪去多余部分,剪除部分要用手接着,剩余尾线不能有钳印,如图4-61所示。

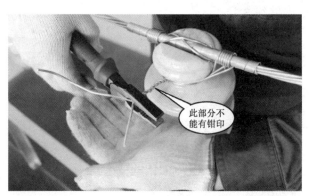

图 4-61　剪掉多余尾线

　　将剪下的尾部放入工具包内,如图 4-62 所示。

图 4-62　剪掉的剩余绑线放工具包

用手将收尾线朝线路方向压平，如图 4-63 所示。

☞注

收尾线未拧紧、少于 3 扣、未剪断压平、未朝线路方向压平，每处扣 2 分。

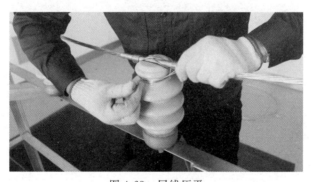

图 4-63　尾线压平

过长的铝包带应剪去，并用手接着，如图 4-64 所示。

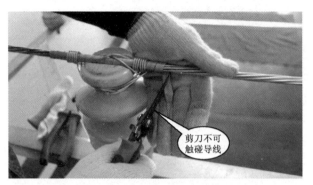

图 4-64　过长铝包带处理

将剪下的铝包带放入工具包内，如图 4-65 所示。

图 4-65　废料入包

铺垫棉布用老虎钳将铝包带末端钳平，如图 4-66 所示。

☞注

铝包带尾端没有钳平，绑扎线损伤，每处扣 2 分。

图 4-66　尾端钳平

绑扎完成的绝缘子如图 4-67 至图 4-69 所示。

☞注

每少一圈扣 2 分；绑扎方向与导线绞向不一致扣 5 分；绑扎、交叉线不牢固，每处扣 3 分；绑扎不均匀，缝隙超过 1mm，每处扣 2 分。

顶绑如图 4-67 所示。

图 4-67　顶绑图

侧绑如图 4-68 所示。

图 4-68 侧绑图

两个成品如图 4-69 所示。

图 4-69 成品图

2)反向导线的第二种绑扎方法

着装、工器具材料的准备和检查、有关绑扎要求与第一种方法相似，此处不再赘述，只做绑扎方法的叙述。

（1）铝包带的绑扎：先顶绑，后颈绑。首先看导线绞向，铝包带两斜口朝外对折，顺导线绞向缠绕，如图 4-70 所示。

图 4-70　顺导线绞向

绑扎完成后的成品如图 4-71 所示。

图 4-71　铝包带缠绕完毕

（2）绝缘子绑扎，首先开始顶绑，顶绑留下约 25cm 的尾线，此种绑扎方式从绝缘子的左侧起步，如图 4-72 所示。

注

绑线起始短头留的不合适，每处扣 2 分；顶扎采用 246 法，顶部交叉绑线有 2 道，绝缘子脖颈的内、外侧缠绕均为 4 圈，导线左右侧缠绕均为 6 圈，每少或多一圈扣 5 分。

图 4-72　绝缘子左侧起步

　　左侧缠绕 3 圈，如图 4-73 所示。缠绕过程中，用手顶住已有线圈，保持线圈是紧密排列的，中间不得出现缝隙。

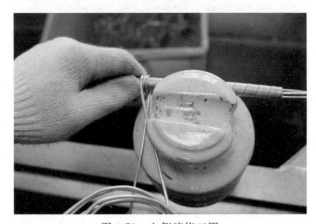

图 4-73　左侧缠绕三圈

　　十字缠绕完成后，右侧起步缠绕 3 圈，注意顺导线绞向缠绕，如图 4-74和图 4-75 所示。

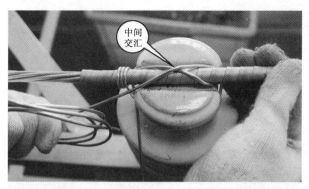

图 4-74　缠十字

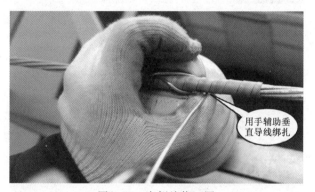

图 4-75　右侧缠绕三圈

采用 246 绑扎方法，完成绝缘子顶扎，如图 4-76 所示。

图 4-76　顶扎完成图

（3）开始侧绑，注意导线绞向，侧绑留下约 30cm 的尾线，如图 4-77 所示。

图 4-77 注意尾部留取长度

左侧紧密缠绕 3 圈，如图 4-78 所示。

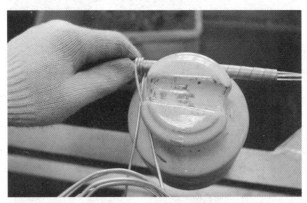

图 4-78 左侧缠绕 3 圈

左侧缠绕 3 圈后，缠十字，如图 4-79 所示。

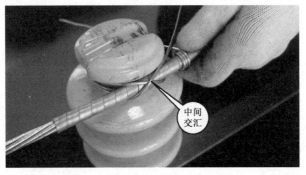

中间
交汇

图 4-79 缠十字

缠完十字后，在右侧顺导线绞向起步缠 3 圈，起步时，导线不能倾斜，为后面导线的缠绕打好基础，如图 4-80 所示。

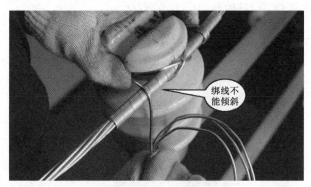

图 4-80　右侧三圈起步

按照 246 的颈绑绑扎方法，完成侧绑绑扎，如图 4-81 所示。

图 4-81　颈扎完成图

绝缘子顶扎、颈扎绑扎完成后的成品，如图 4-82 所示。

图 4-82　成品图

3）反向导线的绑扎

着装、工器具材料的准备和检查以及有关绑扎均要求与第一种方法相似，此处不再赘述，只做绑扎方法的叙述。

（1）铝包带的绑扎：先顶绑，后颈绑。首先看导线绞向，再检查导线是否有损伤，视真实情况报告"导线无损伤"或"导线有划痕"，如图 4-83 所示。

图 4-83　检查导线

检查绝缘子，视真实情况报告"绝缘子无损伤"或"绝缘子有划痕"。双手擦拭绝缘子，仔细检查，如图 4-84 所示。

图 4-84　检查绝缘子

（2）开始绑扎铝包带，注意导线绞向，铝包带两斜口朝外，如图 4-85 和图 4-86 所示。

图 4-85　斜口朝外

图 4-86　缠绕铝包带

铝包带缠绕时,起步接缝角度大约为 45°,美观且缠绕完成后长度合适,如图 4-87 所示。

图 4-87　铝包带缠绕完成

(3)绝缘子绑扎,首先开始顶绑,顶绑留下约 25cm 的尾线,如图 4-88 所示。

☞ **注**

顶扎法绝缘子脖颈的内、外侧缠绕均为 4 圈，导线左右侧缠绕均为 6 圈，顶部交叉扎线为 2 道，圈数每少一圈扣 2 分。

图 4-88　留取尾部长度

注意缠绕方向应与导线绞向一致，如图 4-89 所示。

☞ **注**

绑扎方向与导线绞向不一致扣 5 分。

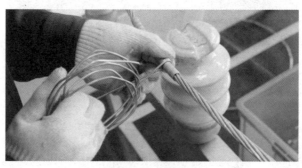

图 4-89　缠绕方向与导线绞向一致

缠绕过程中，左手用力顶住已有线圈，保持线圈是紧密排列的，中间不得出现缝隙，如图 4-90 所示。

图 4-90　拉紧缠绕

十字交叉点要在中间交汇,如图 4-91 所示。

图 4-91　缠十字

注意顺导线绞向起步,如图 4-92 所示。

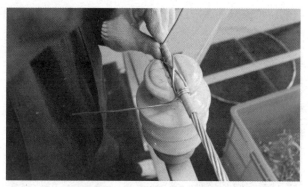

图 4-92　对侧顺导线绞向起步

顶绑按照 246 的绑扎方法,绑扎完成后如图 4-93 所示。

图 4-93　顶绑完成图

（4）开始侧绑，注意导线绞向，侧绑留下约 30cm 的尾线，如图 4-94 所示。

图 4-94　注意尾部留取长度

导线转弯时，另一只手用力顶住，放置绑线缠绕过程中出现缝隙，如图 4-95 所示。

图 4-95　顶住绑线

十字线在中间点交汇，如图 4-96 所示。

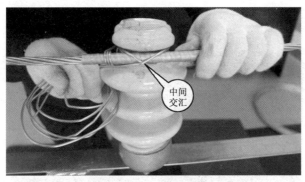

图 4-96　缠十字

起步时，导线不能倾斜，为后面导线的缠绕打好基础，如图4-97所示。

图 4-97　顺导线绞向起步

按照 276 的颈绑绑扎方法，完成绑扎，如图 4-98 所示。

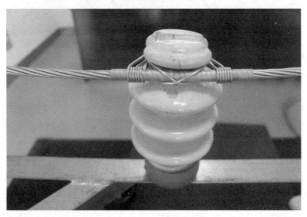

图 4-98　颈扎完成图

绝缘子顶扎、颈扎绑扎完成后的成品如图 4-99 所示。

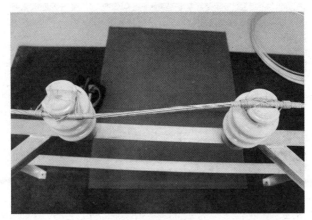

图 4-99　两个成品图

汇报工作结束前，再次检查绑扎是否正确，如图 4-100 所示。

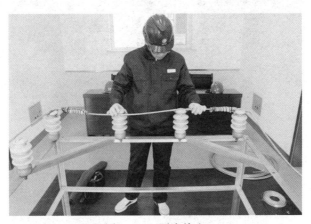

图 4-100　再次检查

4. 质量检查

（1）绑扎线必须使用与导线同一金属材质的合格绑线。

（2）铝包带缠绕紧密，不留缝隙，缠绕方向与导线绞向一致，须超出绑线部分 20～30mm；绑扎方向与导线绞向一致。

（3）绑扎线直径符合要求（绑扎 35mm^2 的导线扎线直径为 2.11mm）；绑扎方法正确，缠绕均匀、紧密，绑扎缝隙不超过 1mm；绑扎、交叉线牢固。

（4）绑扎线收尾在绝缘子脖颈中间；收尾线拧紧，不少于 3 扣，尾线剪断并朝线路方向压平。

(三)工作结束

必须在清理现场后,汇报工作结束。

将钳子和棉布放入工器具包,然后将毡布卷起,捡起剪下的剩余绑线,回到初始报告准备的位置,报告"现场清理完毕,工作结束",要求不得出现不安全行为。

☞注

出现不安全行为,每次扣 5 分;作业完毕,现场未清理恢复扣 5 分,清理不彻底扣 2 分;损坏工器具,每件扣 3 分。

将帆布卷起,清理恢复工作现场,如图 4-101 所示。

图 4-101　清理现场

捡起剪下的剩余绑线,回到初始报告准备的位置,报告"现场清理完毕,工作结束",如图 4-102 所示。

图 4-102 报告工作结束

(四)注意事项

(1)操作过程中禁止将工器具、材料等放置在工作台或导线上。

(2)操作过程禁止损伤导线。

(3)操作过程中禁止伤人伤己。

(4)操作过程中无工具掉落、损坏现象。

(5)操作完毕后将所有工器具、材料带出作业现场。

(6)绑线绑扎完成之后,用钳子将尾线拧紧,拧多少圈由小辫的松紧程度决定,可以用手去检验是否牢固,不能拧圈太多,否则绑线被拧断。将所有有钳印等伤痕的小辫用钳子剪断,剩余无伤痕绑线不得少于 3 扣,剪下来的材料用手接着,并放入工器具包中,将钳子也放入工器具包中,然后将小辫用手推到导线的左侧(线路)方向;检查铝包带是否过长,如果有需要,用剪子剪到合适长度,剪下来的铝包带也要用手接着放入工器具包中。若两端剩余铝包带有缝隙,可用手修正,然后用钳子垫上棉布将铝包带末端钳平。

七、技能等级认证标准

绝缘子顶扎法、颈扎法绑扎项目考核评分记录表,如表 4-3 所示。

表 4-3　　　　　绝缘子顶扎法、颈扎法绑扎项目考核评分记录表

姓名：　　　　　　准考证号：　　　　　单位：　　　　　　时间要求:30min

序号	项目	考核要点	配分	评分标准	得分	扣分	备注
1				工作准备			
1.1	着装穿戴	穿工作服、绝缘鞋,戴安全帽、线手套	5	1.未穿工作服、绝缘鞋,未戴安全帽、线手套,缺少每项扣2分 2.着装穿戴不规范,每处扣1分			
1.2	材料选择及工器具检查	选择材料及工器具齐全,符合使用要求	10	1.工器具齐全,缺少或不符合要求,每件扣1分 2.工具未检查试验、检查项目不全、方法不规范,每件扣1分 3.材料不符合要求,每件扣2分 4.备料不充分扣5分			
2				工作过程			
2.1	工具使用	工具使用恰当,不得掉落	5	1.工具使用不当,每次扣1分 2.工具、材料掉落,每次扣2分			
2.2	铝包带缠绕	正确缠绕铝包带,缠绕均匀、圆滑、紧密	20	1.缠绕方向与导线绞向不一致扣5分 2.缠绕不均匀、不圆滑、不紧密、有重叠现象,每处扣1分 3.缠绕超出绑线边缘20～30mm,每处小于或大于1mm扣2分; 4.尾端没有钳平,每处扣2分			

续表

序号	项目	考核要点	配分	评分标准	得分	扣分	备注
2.3	导线绑扎	正确采用顶扎法绑扎、颈扎法绑扎，扎线缠绕均匀、紧密	50	1.绑扎方向与导线绞向不一致扣5分 2.绑扎线的绑扎方法不正确，每处扣2分 3.绑扎、交叉线不牢固，每处扣3分 4.绑扎不均匀，缝隙超过1mm，每处扣2分 5.顶扎法绝缘子脖颈的内、外侧缠绕均为4圈，导线左右侧缠绕均为6圈，顶部交叉扎线为2道，每少一圈扣2分；颈扎法绝缘子脖颈的内侧缠绕7圈，外侧交叉扎线为2道，导线左、右侧缠绕均为6圈，每少一圈扣2分 6.线头没有回到绝缘子中间进行收尾扣2分 7.绑扎线损伤，每处扣2分 8.收尾线未拧紧、少于3扣、未剪断压平、未朝线路方向压平，每处扣2分			
3				工作终结验收			
3.1	安全文明生产	汇报结束前，所选工器具放回原位，摆放整齐，无损坏元件、工具；恢复现场，无不安全行为	10	1.出现不安全行为，每次扣5分 2.作业完毕，现场未清理恢复扣5分，不彻底扣2分 3.损坏工器具，每件扣3分			
				合计得分			

否定项说明：1.违反《国家电网公司电力安全工作规程（配电部分）》；2.违反职业技能鉴定考场纪律；3.造成设备重大损坏；4.发生人身伤害事故。

考评员： 　　　　　　　　　　　　　　　　　　　　　　年　　月　　日

第五章 更换直线杆横担

架空输配线路的杆塔可用来支持导线、地线和其他附件,使导线与地线之间彼此保持一定的安全距离,并保证导线与地面、交叉跨越物或其他建筑物等物体间具有允许的安全距离。横担是用来固定绝缘子及避雷器等瓷质绝缘体的基础受力部件,同时横担也是部分金具的承力端。横担安装更换的高度、倾斜度与绝缘子的安装及金具的连接都有重要的关系,本章节以介绍更换直线杆横担的方法为核心,旨在提升学员的生产检修技能。

一、培训目标

学员能正确掌握登杆基本技能及全方位安全带的正确使用方法,并能正确完成更换直线杆横担的作业。

二、培训方式

理论学习采取以自学为主、问题答疑为辅的方式,实操采用教练现场讲解、模块化练习和学员自由练习的方式。培训结束后进行理论考试和实操考核,以此检验学员的学习成果。

为提高学习效率、强化练习效果,对更换直线杆横担进行模块化讲解、针对性练习,对影响更换直线杆横担的关键环节着重讲解,将整个过程细化、分解,将教练讲解与学员感受相结合,将讲与做相结合,摒弃盲目追求练习时间的错误方式,注重练习技巧和方法的掌握,分环节,活模式,给予开放性指导,进行富有弹性的练习。运用分解步骤、模块化练习、教练与学员交流的方式,针对训练找不足,交流方法长经验,固化模式提效率,从方法上要效果,从技巧上提质量。

三、培训设施

培训设施及工器具如表 5-1 所示。

表 5-1　　　　　　　　培训工具及器材(每个工位)

序号	名称	规格型号	单位	数量	备注
1	横担	∠63×6×1500mm	条	1	现场准备
2	U形抱箍	∅190mm	副	1	现场准备
3	传递绳		条	1	现场准备
4	安全带	全方位	条	1	现场准备
5	脚扣	—	双	1	现场准备
6	中性笔	—	支	1	考生自备
7	通用电工工具	—	套	1	考生自备
8	工作服	—	套	1	考生自备
9	安全帽	—	只	1	考生自备
10	绝缘鞋	—	双	1	考生自备
11	线手套	—	副	1	考生自备
12	急救箱 (配备外伤急救用品)		个	1	现场准备

四、培训时间

学习基础知识学习　………………………………… 2.0 学时
学习直线杆横担更换作业流程　…………………… 2.0 学时
操作讲解、示范 ……………………………………… 2.0 学时
分组技能操作训练　………………………………… 4.0 学时
技能测试　…………………………………………… 2.0 学时
合计:12.0 学时。

五、基础知识点

(一)停电检修作业流程

1. 准备工作
1)工具准备
(1)个人常规工具:电工钳、扳手、螺丝刀。
(2)防护工具:个人保安线、防护服、绝缘鞋、安全帽等。
(3)登高工具:安全带、脚扣。
(4)停电操作工具:绝缘杆、10kV 和 0.4kV 的验电器、10kV 和 0.4kV 的接地线、绝缘手套、警告牌等。
(5)施工工具具体由工作而定。
2)所需材料
所需材料视工作而定。
2. 履行安全规章制度
1)现场勘察制度
(1)工作票签发人和工作负责人认为有必要现场勘察的施工(检修)作业,施工、检修单位均应根据工作任务组织现场勘察。
(2)现场勘察应察看现场施工(检修)作业需要停电的范围、保留的带电部位和作业现场的条件、环境及其他危险点等。

（3）根据现场勘察结果，对危险性、复杂性和困难程度较大的作业项目，应编制组织措施、技术措施、安全措施，并经本单位主管生产领导批准后执行。

2）工作票制度

工作票是准许在线路上工作的书面手续，要写明工作负责人、工作人员、工作任务和安全措施。在电力线路上工作时，电力线路安全工作规程规定了线路、电缆第一种、第二种工作票，线路带电作业票，电力线路事故应急抢修单和口头或电话命令等形式。

（1）填用第一种工作票的工作为：在停电的线路或同杆（塔）架设多回线路中的部分停电线路上的工作，在全部或部分停电的配电设备上的工作，高压电力电缆停电的工作。

（2）填用第二种工作票的工作为：带电线路杆塔上的工作，在运行中的配电设备上的工作，高压电力电缆不需停电的工作。

（3）填用带电作业工作票的工作为：带电作业或与邻近带电设备距离小于安全工作规程中，在带电线路杆塔上的工作；带电导线最小安全距离规定的工作；低压带电作业。

（4）填用事故应急抢修单的工作为：事故应急抢修可不用工作票，但应使用事故应急抢修单。

（5）按口头或电话命令执行的工作为：测量接地电阻；修剪树枝；杆、塔底部和基础等地面检查、消缺工作；涂写杆塔号、安装标示牌等，工作地点在杆塔最下层导线以下，并能够保持安全工作规程中邻近或交叉其他电力线工作的安全距离的工作；接户、进户装置上的低压带电工作和单一电源低压分支线的停电工作。

3）工作许可制度

（1）填用第一种工作票进行工作时，工作负责人应在得到全部工作许可人的许可后，方可开始工作。

（2）线路停电检修时，工作许可人应在线路可能受电的各方面（含变电站、发电厂、环网线路、分支线路）都拉闸停电，并在挂好接地线后，方能发出许可工作的命令。工作负责人得到值班调度员的工作许可命令时，要重复命令无误，然后执行停电、验电、挂接地线的技术措施。

（3）若停电线路作业还涉及其他单位配合停电的线路时，工作负责人应在得到指定的配合停电设备运行管理单位联系人通知这些线路已停电和接地，并履行工作许可书面手续后，才可开始工作。

（4）严禁约时停、送电。

4）工作监护制度

（1）完成工作许可手续后，工作负责人、专责监护人应向工作班成员交代工作内容、人员分工、带电部位和现场安全措施，进行危险点告知，并履行完确认手续，工作班成员方可开始工作。

（2）工作负责人、专责监护人应始终在工作现场，对工作班人员的安全进行认真监护，及时纠正不安全的行为。

（3）工作票签发人和工作负责人对有触电危险、施工复杂、容易发生事故的工作，应增设专责监护人和确定被监护的人员。

（4）专责监护人不得兼做其他工作。专责监护人临时离开时，应通知被监护人员停止工作或离开工作现场，待专责监护人回来后方可恢复工作。

（5）在线路停电时进行工作，工作负责人在班组成员确无触电等危险的条件下，可以参加工作班工作。工作期间，工作负责人因故暂时离开工作现场时，应指定能胜任的人员临时代替，离开前应将工作现场交代清楚，并告知工作班成员。原工作负责人返回工作现场时，也应履行同样的交接手续。若工作负责人长时间离开工作现场时，应由原工作票签发人变更工作负责人，履行变更手续，并告知全体工作人员及工作许可人。

5）工作间断制度

（1）在工作中遇雨、雪、大风或其他任何威胁到工作人员安全的情况时，工作负责人或专责监护人可根据实际情况临时停止工作。

（2）白天工作间断时，工作地点的全部接地线仍保留不动。如果工作班须暂时离开工作地点，则应采取安全措施和派人看守，不能让人、畜接近挖好的基坑或未竖立稳固的杆塔以及负载的起重和牵引机械装置等。恢复工作前，应检查接地线等各项安全措施的完整性。

（3）填用数日内工作有效的第一种工作票时，若每日收工时将工作地点所装的接地线拆除，则次日复工作前应重新验电，并挂接地线。

（4）如果存在经调度允许的连续停电、夜间不送电的线路，工作地点的接地线可以不拆除，但次日恢复工作前应派人检查。

6）工作终结和恢复送电制度

（1）完工后，工作负责人应检查线路检修地段的状况，确认设备上没有遗留物，查明全部工作人员已从杆塔上撒下后，再命令拆除工作地段所挂的接地线。

（2）接地线拆除后，即认为线路带电，不准任何人再登杆进行工作。

（3）工作终结后，工作负责人应及时向工作许可人报告，报告内容包括：工作负责人姓名，某线路上某处（说明起止杆塔号、分支线名称等）工作已经完工，设备改动情况，工作地点所挂的接地线、个人保安线已全部拆除，线路上已无本班组工作人员和遗留物，可以恢复送电。

（二）绳索的使用

1. 绳索的性能

1）麻绳

麻绳是起重时常用的绳索之一。它具有轻便、柔软、容易绑扎等特点，但强度较低，磨损较快，受潮后容易腐烂，且新旧麻绳强度变化很大。

麻绳（白棕绳）的使用和保养如下：

（1）使用前应根据使用条件对其进行强度验算。

（2）麻绳用作一般允许荷重的吊绳时，应按其断面积 $1kg/mm^2$ 计算。

（3）用作捆绑绳时，应按其断面积 $0.5kg/mm^2$ 计算。

（4）在潮湿状态下，麻绳、棕绳或棉纱的允许荷重应减少一半。

（5）涂沥青的纤维绳在潮湿状态下应降低 20% 的荷重使用。

（6）用于穿绕滑轮时，滑轮直径应大于绳索直径 10 倍以上，如不足 10 倍时，必须将绳索的使用拉力降低。

（7）当用白棕绳起吊或绑扎时，对有棱角处应用软物垫上，以免磨伤绳索。

（8）对于旧绳应酌情降档使用，旧绳断拉力一般取新绳的 40%～60%。

（9）白棕绳应存放在干燥的库房内，不能受潮或受高温烘烤；若在使用中沾上泥浆,应及时清洗、晒干,以防腐烂。

2)蚕丝绳

蚕丝绳是用家蚕丝纤维编织而成的,家蚕丝纤维一般呈白色。它细致平滑、质软,对较稀的碱液、酸的抵抗能力强,耐热性能、耐电弧性能比一般塑料绳强,绝缘强度高,抗拉强度比较高。通常情况下,1m蚕丝绳的干闪电压在400kV左右,极限应力在70~100N/mm²之间。因此,它在架空配电线路带电作业中应用非常广泛。

3)锦纶绳

锦纶绳的电气强度和机械强度均比较高,是架空配电线路带电作业或邻近有电作业中常用的一种绳索。

4)钢丝绳

钢丝绳是起重作业中常用的绳索之一。常用的钢丝绳一般直径为6.2~83mm,抗拉强度为140×9.8N/mm²、185×9.8N/mm²和200×9.8N/mm²等。

(1)钢丝绳强度的估算

使用钢丝绳时,必须对强度进行验算,绳索的允许拉力为

$$F = 131 \times d^2$$

式中:d——钢丝绳的直径(mm)。

(2)钢丝绳报废的规定

钢丝绳有下列情况之一者应报废或截断。

①钢丝绳的钢丝磨损或腐蚀达到原来钢丝直径的40%及以上,或钢丝绳受过严重退火或局部电弧烧伤。

②绳芯损坏或绳股挤出。

③笼状畸形、严重扭结或弯折。

④钢丝绳压扁变形,表面起毛刺严重。

⑤钢丝绳断丝数量不多,但断丝增加很快。

(3)钢丝绳的选用

钢丝绳应按其力学性能选用,并应配备一定的安全系数。

(4)起重钢丝绳端部固定的连接

钢丝绳端部用绳卡固定连接时,绳卡压板应在钢丝绳主要受力的一

边,不准正反交叉设置。绳卡间距不应小于钢丝绳直径的6倍;绳卡数量应符合规定,钢丝绳直径为7～18mm时,绳卡数量为3个;钢丝绳直径为19～27mm时,绳卡数量为4个;钢丝绳直径为28～37mm时,绳卡数量为5个;钢丝绳直径为38～45mm时,绳卡数量为6个。

插接的环绳或绳套的插接长度应不小于钢丝绳直径的15倍,且不准小于300mm。新插接的钢丝绳套应作120%允许负荷的抽样试验。

通过滑轮及卷筒的钢丝绳不准有接头。滑轮、卷筒的槽底或细腰部直径与钢丝绳直径之比应遵守下列规定:起重滑车时,若机械驱动,则直径之比不应小于11;若人力驱动,则直径之比不应小于10。绞磨卷筒时,直径之比不应小于10。

2. 绳扣的系法

1)紧线扣(腰绳扣)

在系紧线扣时,首先应有一个固定的圆圈式回头套,然后在此套上进行绑扎,紧线扣的系法如图5-1所示。将绳从下向上穿入圆圈,然后按箭头所示方向穿越,如图5-1(a)所示;在主绳上绕一圈,即打一个倒扣,如图5-1(b)所示;图5-1(c)为完成上述步骤以后,紧线扣的松散状;图5-1(d)为收紧后的紧线扣。

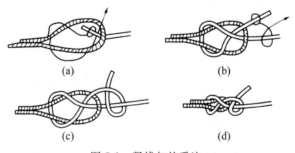

(a)　　　　　　　　　　(b)

(c)　　　　　　　　　　(d)

图 5-1　紧线扣的系法

2)直扣(十字结、平结)与活扣

直扣与活扣常用来连接一条绳的两头或临时将两根绳连接在一起,也常作终端使用。

直扣的系法与步骤如图5-2所示。首先将右绳头搭在左绳头上相交,然后一个绳头向另一绳头上绕一圈,即成一半结,如图5-2(a)所示;第二次将左绳头搭在右绳头上相交,再将一个绳头按箭头所示方向穿越,如图 5-2(b)所示;图 5-2(c)为整个直扣完成后的松散状;图 5-2(d)为整个直扣收紧后的状态。

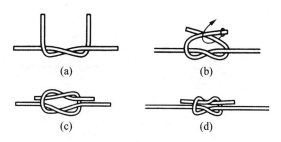

(a)

(b)

(c)

(d)

图 5-2　直扣的系法

活扣与直扣的不同之处是在第二次穿越时活扣留有绳耳,故解扣时极为方便,只要将绳头向箭头所示方向一抽即可。系法如图 5-3 所示。

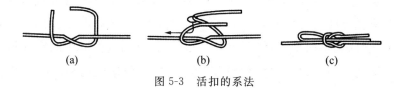

(a)

(b)

(c)

图 5-3　活扣的系法

3)猪蹄扣(梯形结)

猪蹄扣(梯形结)常用在绑扎桩、柱、传递物体等处,有时在抱杆顶部等处也绑此结。

图 5-4 为猪蹄扣在平面上和实物上的结法。图 5-4(a)为猪蹄扣在平面上的形状,按箭头所示方向进行重合;图 5-4(b)为完成后的猪蹄扣,两绳圈中心为所要绑扎的物体。图 5-4(c)为猪蹄扣绑扎在物体上的方法,首先在绑扎物上缠绕一圈,再按箭头所示方向进行穿越绑扎;图 5-4(d)为完成后的猪蹄扣。

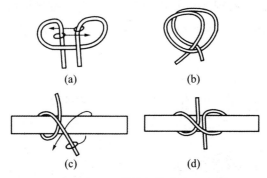

图 5-4　猪蹄扣的系法

4）抬扣

图 5-5 为抬扣的系法。此系扣法常在抬较重的物体时使用，先将绳从所抬物体的底部穿过，在短头上打一团头，然后将另一绳头按箭头所示方向缠绕，如图 5-5（a）所示；图 5-5（b）为在团头上缠绕一圈后的情况，再按箭头所示方向进行调整；图5-5（c）为将绳缠绕一圈后，从绳圈的下端拿出一个绳套；调整两个套，使两个套长短保持一致，在两套中间穿入抬具，可使其达到受力一致，调整两个短头，可使抬杆距地面的高度有所变化，如图 5-5（d）所示。

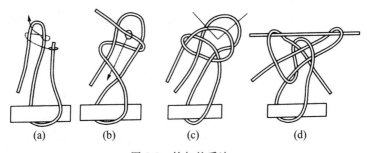

图 5-5　抬扣的系法

5）倒扣

在施工过程中，电杆或抱杆起立时，用此绳扣可将临时拉线固定在地锚上。

倒扣的系法如图 5-6 所示。将绳索绕穿过金属环，把绳头部分在绳身上绕圈并穿越，再间隔一段距离，按箭头所示方向继续穿越。应当注意的是，每次的缠绕方向应一致，并且在实际工作现场中，此扣系完后，应在上部用绑线将短头与主绳固定,以防止绳长的突然变化。

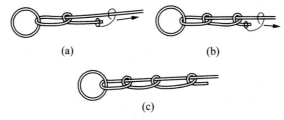

图 5-6　倒扣的系法

6)背扣

此结多用作临时拖、拉、升降物件之用,受到张力时会越拉越紧;在高空作业时,常用于上下传递材料、工具。背扣的系法如图 5-7 所示。

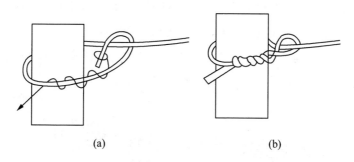

图 5-7　背扣的系法

7)倒背扣

此结将背扣与倒扣相组合,物体上的环形绳结(倒扣)可根据需要任意增减。倒背扣的系法如图 5-8 所示,图 5-8(a)为垂直起吊物体时的绑法,图 5-8(b)为水平拖拉物体时的绑法。

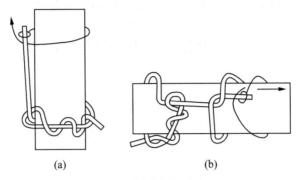

(a) (b)

图 5-8 倒背扣的系法

8）拴马扣

在临时绑扎某些物件时，常常使用拴马扣。拴马扣有普通系法和活扣系法两种。拴马扣的系法如图 5-9 所示，将绳穿越物件后，用主绳在短头上缠绕一圈，然后按箭头所示方向继续穿越，如图 5-9（a）所示。用短头折回头，收紧主绳后按箭头方向穿越即完成此结，如图 5-9（b）所示。完成后的拴马扣如图 5-9（c）所示，活拴马扣如图 5-9（d）所示。

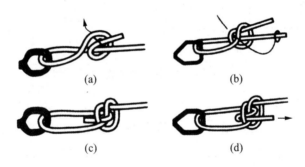

(a) (b)

(c) (d)

图 5-9 拴马扣的系法

（三）登杆作业

1. 登杆的基本要领

（1）站在杆下两手扶杆，用一只脚扣稳稳地扣住电杆，另一只脚扣准备提升。若左脚向上跨扣，则左手应同时向上扶住电杆，接着右脚向上跨扣，右手应同时向上扶住电杆，这时左脚可借助右脚的跨扣力（惯性）从杆上提起脚扣。

（2）在登杆过程中，身体上身前倾，臂部后坐，双手切忌搂抱电杆，双手起扶持作用。

（3）如果登的是拔梢杆，应注意适当调整脚扣。若要调整左脚扣，应左手扶住电杆用右手调整，调整右脚扣与其相反。

（4）两只脚交替上升，步子不宜过大，快到杆顶时要防止横担碰头，到工作位置，应系好安全带。

（5）上杆、下杆的每一步都必须使脚扣与电杆之间完全扣牢，脚扣之间不许相搭，防止出现滑竿及其他事故。

（6）下杆时也要用脚扣一步一步地下，距地面 1m 处不准丢掉脚扣跳杆或抱杆滑下。

2. 杆上作业

（1）操作者在电杆左侧作业。此时操作者左脚在下，右脚在上，即身体重心放在左脚，右脚为辅助。估测好人体与作业点的距离，并找好角度，系牢安全带后即可开始作业。

（2）操作者在电杆右侧作业。此时操作者右脚在下，左脚在上，即身体重心放在右脚，左脚为辅助。估测好人体与作业点的距离，并找好角度，系牢安全带后即可开始作业。

（3）操作者在电杆正面作业。此时操作者可根据自身方便，采用步骤（1）或步骤（2）的方式进行作业，也可根据负荷轻重、材料大小采取一点定位，选好距离和角度，系好安全带后进行作业。

（4）杆上工作结束后，首先解脱安全带，然后把置于电杆上方的（或外边的）脚先向下跨扣，同时与向下跨扣的脚同侧的手向下扶住电杆，然后再将另一只脚向下跨扣，手也向下扶住电杆，照此步骤重复，直至着地。

3. 危险点及其预防

（1）出现六级以上大风或雷雨时，禁止登杆。停电检修的线路，作业人员应核对停电线路的双重编号，在未验明导线确实不带电前，禁止登杆。

（2）作业人员穿戴好劳动保护服装，以防伤身。现场作业人员必须戴好安全帽，以防高空坠落物体打击，在杆塔上作业时，工作点下方应按坠落半径设围栏或其他保护措施，严禁在作业点正下方逗留。

（3）登杆塔前要进行检查。

①要对杆塔进行检查,包括杆塔是否有裂纹,杆塔埋设深度是否达到要求,拉线是否紧固,基础是否坚实。

②要对登高工具进行检查,包括安全带有无损坏,并对脚扣和安全带进行人体载荷冲击试验。脚扣带的松紧要适当,防止脚扣在脚上转动或脱落。

（4）上杆时,两脚应在脚扣上,攀登杆塔时应检查脚钉或爬梯是否牢固可靠。攀登横担时应检查横担及紧固件是否牢固、良好。安全带应系在牢固的构件上,应防止安全带从杆顶冒出或被锋利物损害。

（5）上杆作业时,不得失去监护。离开地面 2m 及以上即为高空作业,高空作业中不得失去安全带和保险绳的双重保护,作业移位时不得失去任何一重保护。应使用有后备绳或速差自锁器的双控背带式安全带、当后保护绳超过 3m 时,应使用缓冲器。安全带和保护绳应分挂在杆塔不同部位的牢固构件上,后备保护绳不准对接使用。

（6）作业中,传递绳索与横担之间的绳结应系好,杆塔作业应使用工具袋,较大的工具应固定在牢固的构件上,不准随便乱放。上下传递物件时,应用绳索拴牢传递,禁止上下抛掷。

（7）杆上有人工作时,不得调整或拆除拉线。

（四）更换直线杆横担作业方法

1. 横担的安装要求

（1）直线单横担在电杆上的安装位置一般在线路受电侧;承力杆单横担装在张力的反侧;90°转角杆或终端杆在采用单横担时,应安装于拉线侧,多层横担也一样;直线杆、终端杆横担以及与线路方向垂直30°及以下的转角杆横担应与角平分线方向一致。

（2）15°以下的转角杆,一般采用单横担;15°～45°的转角杆,一般采用双横担;45°以上的转角杆,一般采用十字横担。

（3）横担安装必须平、正,从线路方向观察其端部上下歪斜不超过 20mm,从线路方向的两侧观察,横担端部左右斜歪不超过 20mm。双杆横担形式时,与电杆接触处的高度差不应大于两杆距的 5‰,左右扭斜不大于横担总长的 1%。如果是两层以上横担,各横担间应保持平行。

（4）上层横担准线与水泥杆顶部的距离为 200mm。

（5）水平排列、同杆架设的双回路或多同路,横担间的垂直距离不应小于表 5-2 所列数值。

表 5-2　　　　　　同杆架设线路横担之间的最小垂直距离

架设方式	直线杆（mm）	分支或转角杆（mm）
1~10kV 与 1~10kV	800	500
1~10kV 与 1kV 以下	1200	1000
1kV 以下与 1kV 以下	600	300
10kV 与 35kV	2000	—
35kV 与 35kV	2250	—
220/400V 与通信广播线路	1200	—

（6）同杆多层用途不同的横担排列时,自上而下的顺序是高压、低压动力、照明路灯、通信广播。

2. 架空线路绝缘子与横担的连接

（1）直线杆宜采用针式绝缘子或瓷横担。

针式绝缘子应与横担垂直,顶部的导线槽应顺着线路方向,紧固应加镀锌的平整弹垫,或者应有弹簧垫圈或双螺帽紧固,以防松脱。针式绝缘子不得平装或倒装,绝缘子表面应清洁无污。

瓷横担安装时应在固定处垫橡胶垫,垂直安装时,顶端顺线路歪斜不应大于 10mm;水平安装时,顶端应向上翘起5°~15°;水平对称安装时,两端应一致,且上下歪斜或左右歪斜不应大于 20mm。当安装于转角杆时,顶端竖直安装的瓷横担支架应安装在转角的内角侧。

（2）耐张杆宜采用一个悬式绝缘子和一个蝶式绝缘子或两个悬式绝缘子串及耐张线夹。

　　悬式绝缘子使用的平行挂板、曲形拉板、直角挂环、单联碗头、球头挂环、双联挂板等连接金具必须外观无损、无伤、镀锌良好,机械强度符合设计要求,开口销子齐全且尾部已曲回。由绝缘子连接成的绝缘子串应能活动,必要时要做拉伸试验。弹簧销子、螺栓的穿向应符合规定。

　　蝶式绝缘子使用的穿钉、拉板的要求同悬式绝缘子一致,所有螺栓均应由下向上穿入。

　　(3)低压架空绝缘线路绝缘子与横担连接时,直线杆应采用低压针式绝缘子、低压蝶式绝缘子或低压悬挂线夹。耐张杆宜采用低压蝶式绝缘子、悬式绝缘子或低压耐张线夹形式。

　　(4)绝缘子安装除外观检查合格外,高压绝缘子应用5000V的摇表摇测每个绝缘子的绝缘电阻,阻值不得小于500MΩ;低压绝缘子应用500V的摇表摇测,阻值不得小于10MΩ,测试后将绝缘子擦拭干净。绝缘子裙边与带电部位间隙不得小于50mm。

　　3. 横担安装方法

　　(1)先从电杆的顶部开始安装横担。

　　①直线杆横担一般使用M16螺栓与横担连接并固定,在此孔安装螺栓时应该放上一片∅8mm的垫圈。

　　②耐张横担由两个单帽螺栓和两个双头四帽螺栓、垣圈等与横担连接并固定于电杆上。

　　(2)按照设计图纸在杆身上面出横担的安装位置。

　　①直线杆的单横担应装于受电侧,横担准线距杆头200mm,先把横担U形抱箍套在电杆横担安装位置处,装入横担垫铁,再将横抱孔套入U形抱箍的螺栓上,拧上螺母,调整好横担安装位置,拧紧螺母。安装好的横担应和电杆垂直,立起后应呈水平。

　　②终端、转角、分支、耐张杆的横担一般由两根铁横担组成,有正反面,安装时不要装错。横担由四条螺栓固定在电杆上,横担垫铁放在横担与电杆之间,使电杆和横担接触稳固。横担组装好套入电杆顶部,调整到两根横担之间的距离相等后将螺母拧紧。

　　③横担撑铁一般装在面向受电方向的左侧,撑铁上端与横担连接,下端用抱箍固定在电杆上。

（3）横担的歪斜度不应大于长度的 15‰，确定无误后紧固螺丝。

（4）把绝缘子安装在横担上，调整好绝缘子顶槽方向后紧固，拆除传递绳，作业完毕。

4. 绝缘子安装方法

在低压线路上一般使用蝶式绝缘孔，当导线为 35mm² 及以下时，选用 ED-3 蝶式绝缘子，而当导线为 50mm² 及以上时，则选用 ED-2 蝶式绝缘子，绝缘子通过 M16 螺栓与横担连接并固定，如图 5-10 所示。

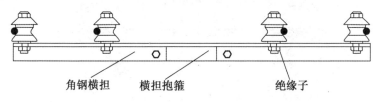

图 5-10　0.4kV 直线绝缘子在横担上的安装图

在中压配电线路上一般使用瓷质或硅橡胶合成材料做成的绝缘子。直线杆绝缘子一般有柱式、针式或横担式。此类绝缘子的顶部或颈部第一槽宽一般在 ∅24mm 左右，适用于 LGJ-185 及以下的导线直径，如图 5-11所示。耐张杆绝缘子一般用悬式，根据导线规格型号选用合适的耐张线夹，再配碗头挂板、球头挂环和直角挂板等；耐张绝缘子安装方式如图 5-12(a) 和图 5-12(b) 所示。有的绝缘子也可用瓷拉棒，两端分别配耐张线夹与导线固定和 U 形环与横担固定，如图 5-12(c) 所示。

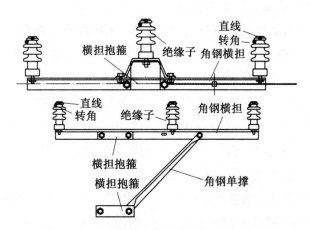

图 5-11　10kV 直线绝缘子在横担上的安装图

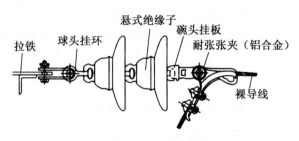

(a) 瓷式绝缘子安装方式

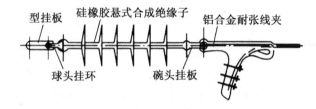

(b) GYP 硅橡胶合成绝缘子安装方式

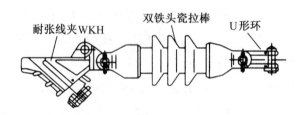

(c) PD 棒型绝缘子安装方式

图 5-12　悬式绝缘子安装示意图

绝缘子在横担的组装过程如下：

（1）安装人员站立在电杆的合适位置，用吊绳将需要安装的金具材料和绝缘子分别进行安装，绳结应打在铁件杆上。当提升较重的绝缘子串时，可以在横担端部安放一个滑轮用于提升重物。

（2）合成绝缘子安装时要小心轻放，绳结应打在端部铁件上，提升时合成绝缘子不得撞击电杆和横担等其他部位。严禁导线、金属物品等在合成绝缘子上摩擦滑行，严禁在合成绝缘子上爬行脚踩。

（3）瓷质悬式绝缘子（球形）在安装过程中首先安装与横担连接的直角挂环，其次安装球头挂环，将瓷质悬式绝缘子和球头挂环连接起来，用W形销子固定，将悬垂线夹和瓷质悬式绝缘子用碗头挂板连接起来，并分别用销钉和W形销子固定。在安装W形销子时，应由内向外推入绝缘子铁件的碗口,一方面是因为施工和维护较为方便,另一方面是因为一旦 W 形销子年久损坏脱落后,地面人员可以比较容易地发现其缺陷。

(4)在安装瓷质柱式或瓷横担式绝缘子时无需用绝缘电阻表进行摇测,但应将柱式或瓷横担式绝缘子颈部槽口与导线方向平行,与横担连接的螺栓应有防松垫圈,使用瓷横担式绝缘子还应安装剪切销子。

(5)在绝缘子安装完毕后,应用干净的抹布将安装过程中沾在瓷质绝缘子表面的脏污抹去,但对于合成绝缘子不可以用布抹,所以安装要小心,一般安装时不拆除外层包装。

5.杆上组装金具

(1)安装人员站立在电杆的合适位置,用吊绳将需要安装的金具材料分别进行安装,绳结应打在铁件杆上。当提升较重的横担时,可以在电杆端部安放一个滑轮用于提升重物。

(2)紧固金具、支持金具等可以和绝缘子一并安装,除了应考虑绝缘子的安装要求外,还应考虑金具与导线的合理匹配。当紧固金具、支持金具是螺栓型金具,并用于固定导线时,铝线的外层应包两层铝包带并用螺栓和垫块来固定导线(铜线可以直接固定)。当紧固金具是模块型耐张线夹时,铝线的线芯上不必缠绕铝包带,可以直接安装,如图 5-13 所示。

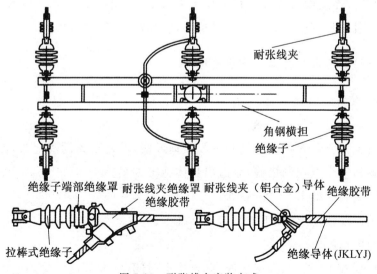

图 5-13　耐张线夹安装方式

（3）在引线搭接时需要使用接续金具，此时应根据导线截面、材料质量等选择相应型号的金具，并满足规定数量的要求。要在导线上涂上电力脂（导电膏），用钢丝刷做清除氧化层工作，并用干净的布擦去污垢，再重复一次做清除氧化层（此时不需再用布擦）。当接续金具是用螺栓固定导线时，用扳手即可安装，但当接续金具是用模块固定导线时，需用专用工具来完成。

（4）连接金具中的压接管在做清除氧化层工作方面与接续金具对导线的处理方法类同，但还要用压接钳对不同类型的导线按不同需求进行压接，压接后应检查是否符合工艺要求。

（5）引线及设备的线夹安装时，引线长度需根据连接点的距离和实际情况，在现场放样确定。引线一般呈松弛连接，有一定的弯曲度，但不能过松或过紧，在各种气象条件下均能保证规定的电气距离；全部同类型引线其长度一致，以便做到整齐规范。由软母线至设备的引线安装顺序如下：

①按确定的引线长度剪截引线，在其两端分别安装 T 接线夹和设备线夹。

②在母线的 T 接点连接 T 接线夹；用细砂纸擦净设备的接线端子的接触面后，连接设备线夹。在接线端子与线夹接触面之间涂中性凡士林。

③引线两端连接之后应进行整形，使其弯曲度一致、整齐。

（五）更换直线杆横担作业流程

1. 准备阶段

1）查阅图纸现场勘测

由工作负责人组织人员到现场实地勘察，填写现场勘察记录，提出停电范围和危险点控制措施，制定出具体施工方案。

2）编制标准卡

根据勘察情况、施工方案编制标准卡。

3）申请停电

根据施工任务和勘察情况，确定停电时间，并向调度办理停电申请。

4）通知用户

停电申请批准后，由调度直接或指定专人提前 7 天通知用户停电时间。

5）办理工作票

根据工作内容和勘察情况，填写并办理工作票。

6）准备材料

（1）绝缘子

①根据工程需要准备绝缘子。

②瓷件和铁件结合要紧密，铁件镀锌完好。

③瓷釉表面光滑、完整，无气泡、斑点、烧伤和缺釉现象。

（2）水泥杆

外表光滑、平整，内外壁均匀、不露筋、不跑浆，保护层不应严重脱落，凸凹不平处不应大于 3mm；杆身弯曲不超过杆长的1/1000；水泥杆无纵向裂纹，横向裂纹宽度不超过 0.5mm，长度不超过周长的 1/3。

（3）横担及金具

①按照更换需要选取热镀锌横担。

②按照需要选用金具。

③横担无锈蚀、变形。

④横担及金具型号应符合工程需要。

7）准备工器具

根据工程需要，准备合格、齐全的工器具。

8）召开班前会

作业之前应组织召开班前会，由工作负责人向作业人员交代本次作业的工作任务，停电线路设备名称、地段、带电部位、危险点及防范措施，施工方法及工艺要求等。

作业危险包括：触电伤害、机械伤害、高处坠落、坠物伤人、误操作。

9）出发前检查

工作前，工作负责人应检查工作人员着装是否整齐，是否符合安全规程的有关规定，工作票上所列工作人员是否到齐，精神状态是否正常，是否满足安全工作要求，所用的工器具和材料是否合格，数量是否备足工作需要。

（1）绝缘拉杆：表面无受潮及发霉现象，确认未超期使用。

（2）验电器：表面无受潮及发霉现象，确认未超期使用；使用前应做音响试验，确认其能正常工作。

（3）接地线：接地线各连接部分可靠，无断股，编号完整，绝缘棒部分表面无受潮及发霉现象。

（4）绝缘手套：表面无受潮及发霉现象，确认未超期使用，卷曲挤压无漏气。

（5）吊车应检验合格，核对铭牌，严禁超载使用，钢丝绳套应根据起吊的重量选用，没有断股、压扁、变形、起毛刺等现象。

（6）使用扒杆时应检查杆身有无弯曲、横向裂纹，是否与作业现场的电杆相匹配，受力白棕绳是否完好、有无霉变、断股，荷重是否符合现场要求。使用的其他起重工器具应符合要求。

2. 作业阶段

1）现场布置安全措施

根据工作票所列的安全措施进行布置：

（1）验电时，应戴绝缘手套，并由专人监护。

（2）线路验电时应逐相进行。对同杆架设的多层电力线路验电时，应先验下层、后验上层，先验低压、后验高压。

（3）线路经验电确认无电压后，方可装接地线。

（4）同杆架设的多层电力线路应先挂下层、后挂上层，先挂低压、后挂高压。装设接地线时应先接接地端、后接导线端，挂接接地线时人体不得接触接地线。接地棒插入地下深度不得小于 0.6m。

（5）悬挂标志牌，人员密集场所和公路旁还应装设安全遮栏。

（6）更换耐张杆时必须打好与相邻电杆的临时拉线。

2）宣读工作票

工作负责人认真核对线路名称及杆号，并列队宣读工作票，交代工作内容、施工方案、停电范围，带电部位，本次作业的"危险点"及控制措施，以及其他注意事项。现场作业人员全部清楚后，逐个在工作票上签字确认。

3)更换工作

(1)撤除绝缘子

①直线杆绝缘子:将导线松开,将导线放在横担上绑牢,防止导线从横担上脱落。

②耐张杆绝缘子:将需要更换的绝缘子所在线路前两基直线电杆的导线松开,紧线器在横担上或牢固的构件上固定后,用紧线器将导线收紧,再将固定导线的线夹从绝缘子上拆下。收紧边相时两边应同时进行,逐相进行更换。

(2)撤除横担

①直线杆横担:先将导线从绝缘子上松开,用传递绳索将导线系牢后放下,再将绝缘子上撤除,最后将横担拆下,并用传递绳放置到地面。

②耐张杆横担:先在前一基电杆打好临时拉线,并将该基电杆的导线用紧线器拉紧后才能将导线从绝缘子松开,用传递绳索将导线系牢后放下,再将绝缘子撤除,最后将横担拆下,用传递绳放置地面。危险点控制:在拆除旧横担时,若螺栓锈蚀,无法松动时,可用钢锯将抱箍锯断,同时应将横担一端与电杆连接牢固,防止横担突然下落。

(3)撤电杆

①撤杆时要设立专人统一指挥,工作人员要明确分工,密切配合,服从指挥。在居民区和交通道路上立、撤电杆时,应设专人看守。使用吊车立、撤电杆时,钢丝绳应套在电杆合适的位置,以防止电杆突然倾倒。

②撤杆工作中,拆除杆上导线时,应先检查杆根,做好防止倒杆的措施。先以吊钩将电杆吊住或用叉杆叉住,将杆上所有连接处断开,并在杆头部拴上拉绳,然后将杆根土挖出,如有卡盘,挖到露出卡盘为止;起吊受力后,要对各个受力点进行检查,无问题后,缓慢起吊,逐渐拔出电杆,控制手绳掌握杆头方向,然后将撤除的电杆落放到合适位置。

(4)立电杆

①立杆时应设专人统一指挥,开工前应讲明施工方法及信号,工作人员要明确分工,密切配合,服从指挥。

②排杆:将电杆中部放置在杆坑中心点,方向为拉绳方向。

③扒杆根部尽量靠近坑边,但是距坑边至少 0.5m 以上,以防止塌

方,扒杆根部两点应水平,应有防塌陷的措施。

④起立扒杆时,应先打好地桩,地桩和杆坑中心点应在一条直线上,其位置与地面的夹角应满足 30°~40°,若土质疏松时应加附桩。扒杆根部应加固,防止滑动,扒杆倾斜角不大于 5°~15°。

⑤采用绞磨起吊电杆时,固定绞磨应打四根地桩,必要时加附桩,安放位置应安排在距离杆坑中心的杆高加 10m 处,采用四线滑轮组起吊电杆时应有足够的人力牵引。

⑥吊点位置:吊点选在电杆重心以上即可(等型水泥杆重心位于杆长的一半;锥型杆重心位于大头算起的 0.44 乘以杆长处)。

⑦选好吊点,安装好滑轮组,固定好地脚后,电杆可以起吊。电杆起立离地后,应对各受力点处做一次全面检查,特别是拉绳及其连接点和地桩,并在杆梢系好浪风绳,必要时在杆身吊点处加一次冲击力进行试验,经检查确无问题,再继续起立,起立 60°后应减缓速度,注意各侧拉绳。

⑧电杆起立好后,应立即校正,将杆基回填夯实,完全牢固后,才能撤去扒杆和拉绳。

(5)组装新横担

①登新立起的电杆,只有在杆基回土夯实完全牢固后,方可登杆作业。

②在上吊横担时应将横担与电杆平行方式系牢,起吊过程中应平稳,不与电杆发生碰撞。

③横担的安装应平直,上下歪斜或左右(前后)扭斜最大偏差应不大于 1/100。单横担在电杆上的安装位置一般在线路编号的大号侧(受电侧),与线路方向垂直。

④螺栓、销钉的穿入方向应符合:水平安装的螺丝在横线路时,由左向右穿(面向大号);顺线路时,由小号侧向大号侧穿(耐张杆的单横担固定螺丝由电杆向横担侧穿入)。垂直安装时,螺丝由下向上穿,销钉由上向下穿。

⑤螺杆应与构件面垂直,螺头平面与构件间不应有空隙。螺栓紧好后,螺丝扣的露出长度:单帽不应少于三个扣,双帽可平扣。螺帽上紧后应采取封帽措施。

⑥单横担在电杆上的安装位置一般在线路编号的大号侧(受电侧),上层横担准线与水泥杆顶的距离为 100~150mm(水平排列)。

(6)绝缘子及导线固定

①横担安装固定后,进行绝缘子的安装。

②绝缘子上固定导线应使用与导线同金属的绑线。导线放在绝缘子槽中并用绑线绑扎,裸铝绞线与瓷瓶(或金属)的接触部分应缠绕铝包带,缠绕长度应长出绑扎部分(或金具外)30mm。

③检查各部件安装是否正确,是否符合工艺标准。

3. 结束阶段

1)自检验收

(1)作业基本结束后,工作负责人对施工质量、工艺标准进行自检验收,令作业人员撤离现场。

(2)运行单位负责人对现场进行验收。

2)拆除安全措施并办理工作终结手续,恢复送电

工作负责人认真检查工具材料等是否遗留在设备上,对照检查工作票上的工作是否全部完成,设备接线是否正确,确认无问题后,工作负责人命令拆除安全措施(围栏、警告牌)。变压器经检查无异常后,工作负责人向许可人汇报,并办理工作终结手续。

3)召开班会

作业结束后,工作负责人组织作业人中召开班后会,总结工作中的经验及存在的问题,并制定出今后的整改措施。

4)资料存档

检修班组完成检修等记录,并将试验报告及竣工报表移交运行部或生技部归档。

六、技能实训步骤

(一)准备工作

1. 工作现场准备

(1)场地准备：必备 4 个工位，布置现场工作间距不小于 4m，各工位之间用遮栏隔离，场地清洁，无干扰，采用 ϕ 190mm×10m 的电杆，每个工位必备防坠措施。

(2)功能采用准备：4 个工位可以同时进行作业，每个工位均能实现更换直线担作业；工位间安全距离符合要求，学员间不得相互影响，能够保证学员独立操作。

2. 工具器准备

对现场的工器具进行检查，确保能够正常使用。工器具要求质量合格，安全可靠，数量满足需要。

3. 安全措施及风险点分析

安全措施及风险点分析如表 5-3 所示。

表 5-3　　　　　　安全措施及风险点分析

序号	危险点	原因分析	控制措施和方法
1	人员高空坠落	脚扣滑脱，安全带未系好，造成人员坠落	专人监护，登杆前检查登高工具，使用全方位安全带，并检查是否扣牢，安全带要系在牢固的构件上，使用防坠落措施
2	高空坠物伤人	上下传递物品时未系牢，工器具未放在工具包内	使用传递绳绑设备材料时，应打好绳结，使用的完工器具应放回工具包内，地面人员尽量避免停留在作业点下方；戴好安全帽

(二)操作步骤

1. 工作前的准备

1)着装规范

穿工作服(扣紧所有扣子),正确佩戴安全帽,穿绝缘鞋,戴线手套,如图 5-14 所示。

☞ **注**

未穿工作服、绝缘鞋,未戴安全帽、线手套,每缺少一项扣 2 分;着装穿戴不规范,每处扣 1 分。

图 5-14　规范着装

2)准备合格的工具及器材

准备合格的工器具及材料:传递绳、安全带、脚扣、活动扳手、工具包、横担、合适型号的 U 形抱箍,准备完毕后汇报"X 号工位准备完毕"。

☞ **注**

工器具应准备齐全,缺少或不符合要求每件扣 1 分;备料每遗漏一件扣 1 分,选择错误每件扣 1 分。

2. 更换直线担

1）材料及工具外观检查

依次对传递绳、安全带、脚扣、活动扳手、工具包、横担及 U 形抱箍进行检查，如图 5-15 所示。横担表面不应有裂纹、砂眼、锌皮剥落及锈蚀等现象，安全带等工器具应在试验期内。检查完毕后汇报"工器具及材料合格齐备，脚扣、安全带在试验周期内"。

☞注

工具未检查试验，检查项目不全，方法不规范，每项扣 1 分。

对绝缘传递绳进行检查，不得出现腐烂、断线、霉烂等现象。

图 5-15　检查材料和工器具

对脚扣进行检查，不得出现变形及损伤，脚扣应处于试验周期内，如图 5-16 所示。

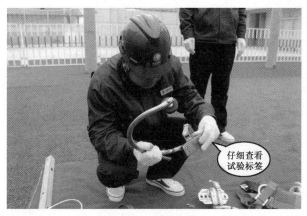

图 5-16　检查脚扣

对要更换的材料仔细检查其材质、外观，如图 5-17 所示。

图 5-17　检查材料

检查完毕后进行汇报"工器具及材料合格齐备，脚扣、安全带合格，在试验周期内"，并汇报"工作准备完毕"，如图 5-18 所示。

图 5-18　检查完毕汇报

2）核对线路名称、杆号及色标

登杆前应核对线路名称、杆号及色标，防止误登电杆。检查完应汇报"线路名称、杆号、色标正确"。如图 5-19 和图 5-20 所示。

☞注

未检查电杆名称、色标、编号扣 2 分，不规范每项扣 1 分。

图 5-19　核对线路名称、杆号及色标（一）

核对线路名称、杆号及色标与预攀线杆是否相符，如图5-20所示。

图 5-20 核对线路名称、杆号及色标(二)

杆身应无横向及纵向裂纹,如图 5-21 所示。

图 5-21 检查杆身裂纹情况

3)杆塔基础检查

检查杆根、杆身、埋深,电杆应牢固,杆身无横向和纵向裂纹,有足够的机械强度,如图 5-22 所示。检查完应汇报"拉线、杆根、基础良好,杆身无横向、纵向裂纹"。

☞**注**

未检查杆根、杆身扣 2 分，不规范每项扣 1 分。

图 5-22　检查杆根、杆身、基础

4）登高工具冲击性试验

登杆前对脚扣、安全带、后备安全绳进行冲击试验，脚扣应无变形、裂纹，安全带应无腐烂、断线、损伤。

☞**注**

登杆前脚扣、安全带、安全绳未做外观检查，未做冲击试验，每项扣 2 分，不规范每件扣 1 分。

对后备安全绳进行冲击试验，如图 5-23 所示。

图 5-23　后备安全绳冲击试验

对安全带进行冲击试验，如图 5-24 所示。

图 5-24　安全带冲击试验

对脚扣进行冲击试验，如图 5-25 所示。

图 5-25　脚扣冲击试验

5）登杆作业

上下杆要平稳、踩牢，防止出现脚扣虚扣、滑脱或滑脚；迈步不要过大，正确使用安全带及后备保护绳；探身姿势应舒展，站位应正确，如图5-26和图5-27所示。

☞注

上下杆时脚扣互碰、虚扣，每次扣 1 分；脚扣下滑小于 10cm，每次扣 2 分，大于等于 10cm 或掉落，每次扣 3 分；探身姿势不舒展、站位不正确，每次扣 2 分；不正确使用安全带、后备保护绳，每次扣 3 分；未检查扣环扣 2 分。

图 5-26　登杆

图 5-27　工作前系好后背保护绳

6）更换直线担

进入操作位置，拆卸横担。拆卸横担的方法应正确规范，如图 5-28 所示。

☞注

横担拆卸及安装的方法不正确，每次扣 5 分。爬到固定高度后，将后备安全绳进行固定，将传递绳拴在电杆上（或牢固的固定构件上）并用扳手将旧横担螺丝拆解。使用扳手应正确规范到位，活动扳手旋转方向应正确，扳手活动部分只能作为旋转支撑，不能作为应力部分。

图 5-28　拆卸横担

拆卸下来的旧横担及 U 形抱箍应安装在一起，然后用传递绳系好，传递绳打结方法应正确规范，如图 5-29 所示。

图 5-29　拆下后组装传递

将横担及 U 形抱箍用传递绳垂直向下传递,传递绳要牢固系在电杆上,上下传递材料及工具时不得碰触电杆,横担传递时保持上下垂直,如图 5-30 所示。

☞ **注**

未用传递绳传递物品,每件扣 1 分;材料传递过程发生碰撞,每次扣 1 分;横担未垂直上下传递,每次扣 2 分。

图 5-30　垂直平稳传递

将更换下的旧横担安全传递到地面,必须平稳传至地面后再解绳,由地面配合人员将新的横担牢固绑到传递绳上,并传递到作业位置,传递横担过程中必须保持横担垂直上下。

☞ **注**

传递绳未固定在牢固构件上传递工具材料扣 2 分;未用传递绳传递物品,每件扣 1 分;材料传递过程发生碰撞,每次扣 1 分;横担未垂直上下传递,每次扣 2 分。

由地面配合人员将旧的横担及 U 形抱箍拆下,如图 5-31 所示。

图 5-31　平稳后解绳

旧横担拆下后,将新的横担及 U 形抱箍组装到一起,用传递绳进行捆绑,传递绳打结方法应规范。配合人员应保持横担稳定,不得晃动,横担应垂直上下,如图 5-32 所示。

图 5-32　传递新横担

更换新的横担时,横担安装方向正确,安装应牢固。横担安装满足工艺要求,更换过程必须规范操作,拆卸的工具、螺母等材料放到工具包中,避免掉落。横担与杆顶的距离为 150cm。

☞注 ───

拆卸横担及安装方法不正确,每次扣 5 分;横担距杆顶误差每超过±50mm,每处扣 3 分;横担安装不牢固扣 5 分;横担水平倾斜超标准

±20mm扣2分；横担左右倾斜超标准±20mm扣2分；螺栓用在椭圆眼上，不使用垫片，每个扣1分；螺栓安装方向不正确，每处扣2分；横担方向反装、安装方向错误扣5分，重新调整扣3分；损坏横担、U形抱箍镀锌层，每处扣2分。

将新的横担从传递绳上拆下，进行安装。安装前应先测量安装位置，如图5-33所示。

图5-33 测量安装位置

将横担和抱箍在电杆上安装固定前，再次测量安装位置，如图5-34所示。

图5-34 再次检查安装位置

安装横担，稍微固定后，检查横担的水平度，若有倾斜，适度调整，如图5-35所示。

图 5-35　检查水平度

　　检查安装位置和横担水平度后,正确使用扳手将横担固定牢固。使用扳手应正确规范到位,活动扳手旋转方向应正确,扳手活动部分只能作为旋转支撑,不能作为应力部分。如图 5-36 所示。

图 5-36　牢固固定横担

安装完成后,将传递绳捆成捆装入工具包中,如图 5-37 所示。

图 5-37　收传递绳

　　将后备安全绳从电杆上解下，正确使用安全带及脚扣从电杆上爬下来，如图 5-38 所示，平稳着地，不能跳跃，如图 5-39 所示。

平稳下杆

图 5-38　下杆

图 5-39　平稳着地

更换完毕的横担如图 5-40 所示。

图 5-40　更换完毕后的横担

(三)工作结束

1. 工具归位,清理现场

报告"现场已清理恢复,工作结束",如图 5-41 和图 5-42 所示。

☞注

作业完毕,现场不恢复扣 5 分,恢复不彻底扣 2 分。

图 5-41　工作完毕后整理工器具

图 5-42　报告工作结束

2. 工作结束,离场

整个过程不能出现不安全行为,不得损坏工器具。

☞注

出现不安全行为,每次扣 5 分;损坏工器具,每件扣 3 分。

七、技能等级认证标准

更换直线杆横担项目考核评分记录表,如表 5-4 所示。

表 5-4　　　　　　　更换直线杆横担项目考核评分记录表

姓名:　　　　　　准考证号:　　　　　单位:　　　　　　时间要求:30min

序号	项目	考核要点	配分	评分标准	得分	扣分	备注
1				工作准备			
1.1	着装穿戴	穿工作服、绝缘鞋;戴安全帽、线手套	5	1.未穿工作服、绝缘鞋,未戴安全帽、线手套,每缺少一项扣 2 分 2.着装穿戴不规范,每处扣 1 分			
1.2	材料选择及工器具检查	选择材料及工器具齐全,符合使用要求	10	1.工器具应齐全,缺少或不符合要求,每件扣 1 分 2.工具未检查试验、检查项目不全、方法不规范,每项扣 1 分 3.备料每遗漏一件扣 1 分,选择错误,每件扣 1 分			
2				工作过程			
2.1	工器具使用	工器具使用恰当,不得掉落	10	1.工器具使用不当,每次扣 2 分 2.工器具材料掉落,每次扣 2 分			

续表

序号	项目	考核要点	配分	评分标准	得分	扣分	备注
2.2	登杆作业	检查杆跟；登杆平稳、踩牢；全过程正确使用安全带；探身姿势应舒展，站位应正确；避免高空意外落物；材料传递过程中不得发生碰撞，横担应垂直上下传递	35	1.未检查杆根、杆身扣2分，不规范每项扣1分 2.未检查电杆名称、色标、编号扣2分，不规范每项扣1分 3.登杆前脚扣和安全带未做外观检查、冲击试验，每项扣2分，不规范每件扣1分 4.上下杆时脚扣互碰、虚扣，每次扣1分；脚扣下滑小于10cm，每次扣2分；下滑大于等于10cm或掉落，每次扣3分 5.探身姿势不舒展，站位不正确，每次扣2分 6.不正确使用安全带、后备保护绳每次扣3分，未检查扣环扣2分 7.未用传递绳传递物品，每件扣1分；材料传递过程发生碰撞，每次扣1分；横担未垂直上下传递，每次扣2分 8.传递绳未固定在牢固构件上传递工具材料扣2分 9.高空意外落物，每次扣2分，高空坠落本项不得分			
2.3	更换横担	拆卸横担方法正确，安装横担工艺规范、平正、牢固，螺栓安装方向正确	30	1.拆卸横担及安装方法不正确，每次扣5分 2.横担与杆顶误差每超过±50mm，每处扣3分 3.横担安装不牢固扣5分 4.横担水平倾斜超标准±20mm扣2分，横担左右倾斜超标准±20mm扣2分 5.螺栓用在椭圆眼上，不使用垫片，每个扣1分；螺栓安装方向不正确，每处扣2分 6.横担方向反装、安装方向错误扣5分，重新调整扣3分 7.损坏横担、U型抱箍镀锌层，每处扣2分			

续表

序号	项目	考核要点	配分	评分标准	得分	扣分	备注
3				工作终结验收			
3.1	安全文明生产	无损坏元件、工具；恢复现场，无不安全行为	10	1.出现不安全行为，每次扣5分 2.作业完毕，现场不恢复扣5分，恢复不彻底扣2分 3.损坏工器具，每件扣3分			
				合计得分			

否定项说明：1.严重违反《国家电网公司电力安全工作规程（配电部分）》；2.违反职业技能鉴定考场纪律；3.造成设备重大损坏；4.发生人身伤害事故。

考评员：　　　　　　　　　　　　　　　　　　　年　　月　　日

第六章　更换 10kV 跌落式熔断器

高压跌落式熔断器用于高压配电线路、配电变压器、电压互感器、电力电容器等电气设备的过载及短路保护。跌落式熔断器的熔丝装于一个在电弧下能产生气体的绝缘管中,利用绝缘管在电弧作用下产生大量气体所形成的气流来吹熄电弧。熔丝熔断后,熔断管能自动断开掉下来,把电弧拉长并熄灭,同时将线路分断,形成明显的隔离间隙。跌落式熔断器的作用是当下一级线路或设备出现过负荷或短路故障时,熔丝熔断,跌落式熔断器自动跌落断开电路,确保上一级线路仍能正常供电。本章节以介绍更换 10kV 跌落式熔断器的方法为核心,旨在提升学员的生产检修技能。

一、培训目标

通过专业理论学习和技能操作训练相结合的方式,学员能进一步了解 10kV 跌落式熔断器绝缘电阻测量、熔丝的选择及更换方法,并能掌握更换 10kV 跌落式熔断器作业的操作流程、仪表使用及安全注意事项。

二、培训方式

理论学习采取以自学为主、问题答疑为辅的方式,实操采用教练现场讲解、现场演示、模块化练习和学员自由练习的方式。在培训结束时,进行理论考试和实操考核,从而检验学员的学习成果。

为提高学习效率、强化练习效果,对更换10kV跌落式熔断器进行模块化讲解、针对性练习,对影响更换10kV跌落式熔断器的关键环节着重讲解,将整个过程细化、分解,将教练讲解与学员感受相结合,将讲与做相结合,摒弃盲目追求练习时间的错误方式,注重练习技巧和方法的掌握,分环节,活模式,给予开放性指导,进行富有弹性的练习。运用分解步骤、模块化练习、教练与学员交流的方式,针对训练找不足,交流方法长经验,固化模式提效率,从方法上要效果,从技巧上提质量。

三、培训设施

培训设施及工器具如表6-1所示。

表6-1　　　　　　　　培训工具及器材(每个工位)

序号	名称	规格型号	单位	数量	备注
1	跌落式熔断器	10kV	只	1	现场准备
2	熔丝	不同型号	根	若干	现场准备
3	绝缘操作杆	—	套	1	现场准备
4	绝缘电阻表	2500V	只	1	现场准备
5	传递绳	—	根	1	现场准备
6	脚扣	—	副	1	现场准备
7	安全带	全方位	副	1	现场准备
8	梯子	—	架	1	现场准备
9	中性笔	—	支	2	考生自备
10	通用电工工具	—	套	1	考生自备
11	安全帽	—	顶	1	考生自备
12	绝缘鞋	—	双	1	考生自备
13	工作服	—	套	1	考生自备
14	线手套	—	副	1	考生自备
15	急救箱(配备外伤急救用品)	—	个	1	现场准备

四、培训时间

学习更换 10kV 跌落式熔断器的专业知识…………………… 2.0 学时
学习更换 10kV 跌落式熔断器的作业流程…………………… 1.0 学时
操作讲解、示范 ………………………………………………… 1.0 学时
分组技能操作训练 …………………………………………… 4.0 学时
技能测试 ……………………………………………………… 2.0 学时
合计：10.0 学时。

五、基础知识点

(一)高压设备

1. 高压熔断器的用途

熔断器是电气设备中最简单并且最早使用的一种保护电器，可串联在电路中使用。

熔断器主要由金属熔体、连接熔体的触头装置和外壳组成。金属熔体是熔断器的主要元件，熔体的材料一般有铜、银、锌、铅和铅合金等。熔体在正常工作时，仅通过不大于熔体的额定电流值的负载电流，其正常发热温度不会使熔体熔断。当电路中通过过负荷电流或短路电流时，熔体产生的热量使自身熔断，从而切断电路，以达到保护的目的。

高压熔断器主要用于高压输电线路、变压器、电压互感器等电气设备的过载和短路保护。高压熔断器的作用是为高压系统提供短路保护，当运行的负荷量与熔体匹配合理时，还兼作过流保护。

高压熔断器在工作中，如果电路中的电流超过了规定的值以后，其自身会产生一种热量使得熔体熔断，从而来断开电路，保护电器。经过熔体上的电流越大，熔断的速度就越快。当然，熔断的时间和熔体的材料、熔断电流的大小也有一定的关系。我国生产的 6～35kV 熔丝额定的电流等级规定为 3A、5A、7.5A、10A、15A、20A、30A、40A、50A、75A、100A、

150A、200A。

2. 跌落式熔断器的基本结构

户外跌落式熔断器由以下几个部分组成：

(1)导电部分：上、下接线板，用以串联，接于被保护电路中；上静触头、下静触头，用来分别与熔丝管两端的上、下动触头相接触，以进行合闸，接通被保护的主电路；下静触头与轴架组装在一起；下动触头与活动关节组装在一起，活动关节下方带有半圆轴，此轴嵌入轴架槽中，活动关节通过拉紧的熔丝闭锁。

(2)熔丝管(熔体管)：由熔管、熔丝(熔体)、管帽、操作环、上动触头、下动触头和短轴等组成。熔管外层为酚纸管或环氧玻璃布管，管内壁套以消弧管。消弧管的材质是石棉，它的作用是防止熔丝熔断时产生的高温电弧烧坏熔管，另一个作用是产气有利于灭弧。

(3)绝缘部分：绝缘子。

(4)固定部分：在绝缘子的腰部有固定安装板。

3. 户外型高压熔断器的工作原理

跌落式熔断器的工作原理是将熔丝穿入熔管内，两端拧紧，并使熔丝位于熔丝管中间偏上的地方，上动触头由于熔丝拉紧的张力而垂直于熔丝管向上翘起，同时下动触头后动关节被闭锁。用绝缘拉杆将带有球面突起的上动触头推入上静触头球面坑内，成闭合状态(合闸状态)并保持这一状态。

熔断器通过固定安装板安装在线路中(成倾斜状态)，上、下接线端与上、下静触头固定于绝缘瓷瓶上，下动触头套在下静触头中，可转动。熔丝管的动触头借助熔体张力拉紧后，推入上静触头内锁紧，成闭合状态，熔断器处于合闸位置。当线路发生故障时，大电流使熔体熔断，熔丝管下端触头失去张力而转动下翻，使锁紧机构释放熔丝管，在触头弹力及熔丝管自重作用下，回转跌落，造成明显的可见断口。

这种熔断器的灭弧原理是靠消弧管产气吹弧和迅速拉长电弧而熄灭。它还采用了"逐级排气"的新结构。熔丝管上端有管帽，在正常运行时是封闭的，可防雨水滴入。分断小的故障电流时，由于上端封闭形成单端排气(纵吹)，使管内保持较大压力，有利于熄灭小故障电流产生的电弧;而在分断大电流时,由于电弧使消弧管产生大量气体,气压增加快,上端管帽被冲开,而形成两端排气,以免造成熔断器机械破坏,有效地解决了自产气电器分断大、小电流的矛盾。

4. 熔断器的选择

熔断器额定电压一般不超过 35kV。首先应根据使用环境、负荷种类、安装方式和操作方式等条件选择出合适的类型,然后按照额定电压、额定电流及额定断流能力选择熔断器的技术参数。户外型跌落式熔断器需校验断流能力的上、下限值,应使被保护线路的三相短路的冲击电流小于其上限值,而两相短路电流大于其下限值。

在选择高压熔断器时,要注意以下几点:

(1)熔断器的额定电压应与线路额定电压相同。

(2)选择高压熔断器时,除了考虑熔断器的额定电流,还要考虑熔体的额定电流。

(3)限流式高压熔断器不宜用于工作电压低于其额定电压的电网中,以免因过电压而使电网中的电器损坏。

(4)高压熔断器熔管的额定电流应不小于熔体的额定电流。熔体的额定电流应按高压熔断器的保护熔断特性选择。

(5)选择熔体时,应保证前后两级熔断器之间、熔断器与电源侧继电保护之间以及熔断器与负荷侧继电保护之间的动作的选择性。

(6)高压熔断器熔体在满足可靠性和下一段保护选择性的前提下,当在本段保护范围内发生短路时,应能在最短的时间内切断故障,以防止熔断时间过长而加剧被保护电器的损坏。

(7)保护 35kV 及以下电力变压器的高压熔断器,其熔体的额定电流可表示为

$$I_m = K \times I_{gmax}$$

式中:I_m——熔体的额定电流(A);

$\quad\quad K$——系数,当不考虑电动机自启动时,可取 1.1～1.3,当考虑电动机自启动时,可取 1.5～2;

$\quad\quad I_{gmax}$——电力变压器回路最大工作电流(A)。

对于 100kVA 及以下的变压器,熔丝的额定电流按变压器一次额定

电流的 2～3 倍来选取,考虑到机械强度最小不得小于 10A。对于 100kVA 以上的变压器,熔丝的额定电流按变压器一次额定电流的 1.5～2 倍来选取。

为了防止变压器突然投入时产生的励磁涌流损伤熔断器,变压器的励磁涌流通过熔断器产生的热效应可按 10～20 倍的变压器满载电流持续 0.1s 计算,必要时可再按 20～25 倍的变压器满载电流持续 0.01s 计算。

(8)保护电压互感器的高压熔断器只需根据额定电压和断流容量来选择,熔体的选择只限于能承受电压互感器的励磁冲击电流,不必校验额定电流。

(9)保护并联电容器的高压熔断器熔体的额定电流可表示为

$$I_m = K \times I_{rc}$$

式中:I_m——熔体的额定电流(A);

　　　K——系数,对限流式熔断器,当保护一台电力电容器时,系数可取 1.5～2.0,当保护一组电力电容器时,系数可取 1.43～1.55;

　　　I_{rc}——电力电容器回路的额定电流(A)。

(10)电动机回路熔断器的选择应符合下列规定:

①熔断器应能安全通过电动机的容许过负荷电流。

②电动机的启动电流不应损伤熔断器。

③电动机在频繁地投入开断或反转时,其反复变化的电流不应损伤熔断器。

5. 跌落式熔断器的安装

跌落式熔断器的安装应满足产品说明书及电气安装规程的要求。

(1)熔管轴线与铅垂线的夹角一般应为 15°～30°。

(2)熔断器的转动部分应灵活,熔管跌落时不应碰及其他物体而损坏熔管。

(3)抱箍与安装固定支架连接应牢固;高压进线、出线与上接线螺钉和下接线螺钉应可靠连接。

(4)相间距离合适,室外安装时应不小于 0.7m,室内安装时应不小于 0.6m。

（5）熔管底端对地面的距离：装于室外时以 4.5m 为宜，装于室内时以 3m 为宜。

（6）装在被保护设备上方时，与被保护设备外廓的水平距离不应小于 0.5m.

（7）各部元件应无裂纹或损伤，熔管不应有变形。

（8）熔丝应位于消弧管的中部偏上处。

6. 跌落式熔断器的操作与运行

1）跌落式熔断器操作注意事项

操作跌落式熔断器时，应有人监护，使用合格的绝缘手套，穿绝缘靴，戴防护眼镜。操作时动作应果断、准确，不要用力过猛、过大，要用合格的绝缘杆来操作。对管的操作环往下拉。合闸时，先用绝缘杆金属端钩穿入操作环，令其绕轴向上转动到接近上静触头的地方，稍加停顿，看到上动触头确已对准上静触头，果断而迅速地向斜上方推，使上动触头与上静触头良好接触，并被锁紧机构锁在这一位置，然后轻轻退出绝缘杆。

操作时应戴上防护色镜，以免拉、合闸时发生意外故障产生弧光灼伤眼睛，同时站好位置，操作时果断迅速，用力适度，防止冲击力损伤瓷体。

操作跌落式熔断器有几个重要的安全事项必须严格遵守：

（1）跌落式熔断器如同户外型隔离开关，只能操作 500kVA 及以下的空载变压器。因此，操作前必须认真检查，确认该变压器低压侧总开关已处于断开状态，合或拉开跌落式熔断器之前必须履行此项检查。

（2）一组三相跌落式熔断器由三个单极跌落式熔断器组成，为避免操作时造成相间弧光短路，要求合闸时，先合两边相（遇有较强的、与熔断器排列方向大体一致的风时，要先合迎风相后合背风相），再合中相；拉闸时，操作顺序恰恰与合闸顺序相反。

（3）不允许带负荷操作。

（4）不可站在熔断器的下方，应有 60°的角度。

2）跌落式熔断器的运行

运行中，触头接触处滋火，或一相熔丝管跌落，一般都属于机械性故障（如熔丝未上紧、熔丝管的上动触头与上静触头的尺寸配合不合适、锁紧机构有缺陷以及受到强烈振动等),应根据实际情况进行维修。若由于分断时的弧光烧蚀作用使触头出现不平,应停电并采取安全措施后进行维修,将不平处打平、打光,消除缺陷。

7. 跌落式熔断器的检修

1)跌落式熔断器的检查

跌落式熔断器的检查项目如下:

(1)瓷绝缘部分应完整,铸件无松动。

(2)上、下两部分触头位置应在一条直线上,不能上下扭歪。

(3)熔丝管与触头的接触应紧密。

(4)压紧弹簧片的弹性应良好。

(5)熔丝管上、下部位触头位置的距离应合适,以便灵活拉、合。

(6)静触头上的防护金属盖弹簧应完好,使合闸后闭锁正常、灵活。

(7)触头的接触面应光滑、无麻点。

(8)熔丝管应完好,外绝缘层表面无损伤变形。

(9)各活动部位应涂润滑油。

(10)熔体完整无损伤,并与负载相配合。

(11)熔断器安装角度和相间距离应符合规程要求。

2)高压熔断器的检修和更换

检修和更换熔断器部件时应注意以下几点:

(1)检查并判明熔体熔断的原因(是过负荷,还是短路或其他)。

(2)检查熔断器绝缘管的损伤程度,检查有无开裂、烧坏。

(3)检查熔断器导电部分有无熔焊、烧损、影响接触的情况。

(4)检查熔断器上、下触头处的弹簧是否有足够的弹性,接触面是否紧密。

(5)检查熔断器与其他保护的配合关系是否正确无误。

8. 高压熔断器故障诊断及处理

1)熔体不能迅速跌落

跌落式熔断器的熔体熔断后,熔体管不能迅速跌落,主要是由安装不良所引起的。

(1)转动轴粗糙而转动不灵活,或熔断管被其他杂物堵塞,使熔体管转动卡住,可用砂纸将转动轴打光,或将堵塞熔体管的杂物消除干净。

（2）上、下转动轴安装不当,俯角不合适,仅靠熔体管自重的作用不能迅速跌落,应按要求正确安装,调整俯角为15°～30°。

（3）熔体管的附件太粗,熔体管太细,出现卡阻现象,即使熔体管中的熔体熔断后,熔体元件也不易从管中脱出,使熔体管不能迅速脱落,应安装相应规格的熔体配套附件。

2)跌落式熔断器的熔体管烧坏

熔体管烧坏一般是安装不良和熔断器规格选择不当所引起的。

（1）若熔断器安装不良,熔体熔断后不能迅速脱落,使熔体管烧坏,可参照上例进行处理。

（2）若熔断器规格选择不当,短路电流超过了熔断器的断流容量,使熔体管烧坏,可按短路电流的大小合理选择熔断器的规格。

3)跌落式熔断器在运行中跌落

运行中,触头接触处滋火,或一相熔体管跌落,一般都属于机械性故障（如熔体未上紧、熔体管上的动触头与上静触头的尺寸配合不合适、锁紧机构有缺陷以及受到强烈振动等）,而两相或三相跌落则是由相间短路或过载引起的。

遇有熔管跌落时,应立即拉开变压器低压侧的断路器,使变压器空载,再拉下跌落相的熔管。因为当一相跌落时,变压器处于缺相运行状态,低压侧带的三相设备就会缺相运行,如为三相电动机,时间长了就可能烧毁,所以应尽快拉开低压侧总断路器。

完成以上操作后,立即根据跌落的相数初步判断跌落原因,据此检查有关的故障范围,找出和确认具体的原因,并消除。然后更换熔丝重新投入运行,并在投入运行的一段时间里,加强特殊巡视。

4)熔体管误跌落及熔体误熔断

这一般是由装配不良、操作粗心大意及熔体选择不当而引起的。

（1）熔体管的长度与熔断器固定接触部分的尺寸配合不合理,在遇有大风时熔体管容易被吹落,应重新装配,适当调整熔体管两端铜套的距离。

（2）操作者疏忽大意,使熔体管未合紧,造成动、静触头配合不良,稍有振动而自行脱落,操作时应试合几次并观察配合情况,可用绝缘棒端触及操作环轻微晃动几下,确认合紧即可。

(3)熔断器上部静触头弹簧压力过小,鸭帽(熔断器上盖)内舔舌烧毁或磨损,挡不住熔体管而跌落,应更换新熔断器。

(4)熔体管本身质量不好,焊接处受温度和机械力作用而脱落,应更换合格的熔体。

(5)若熔体多次更换,反复熔断,可能是熔体选择过小,或下一级配合不当而发生越级熔断,应重新选择合适的熔体。

(二)登高工具

登高工具是电工在架空线路施工及维修过程中的专用防护性工具。登高工具必须牢固可靠,使用时应特别注意人身安全。

1. 脚扣

脚扣的主要作用是攀登水泥电杆。

(1)作业人员要使用合格的脚扣登杆,生产厂家的标牌要清楚。根据规程要求定期做静荷载试验(1176N、120kg),试验合格证要粘贴在脚扣踏板背面醒目位置,使用前检查脚扣是否在合格证有效期范围内,超出有效期禁止使用。

(2)脚扣型号与现场杆径相适应,正式登杆前在杆根处用力试登,判断脚扣是否有变形和损伤。

(3)登杆前应将脚扣登板的皮带系牢。

(4)特殊天气使用脚扣时,应采取防滑措施。

(5)严禁从高处往下扔、摔脚扣。

(6)使用脚扣攀登电杆时,应使用安全带进行全过程保护。

(7)注意选择正确的攀登路线,遇障碍物时,应采取避让等措施。脚扣不能踩在电杆接地线、杆号牌、拉线、抱箍等处。

(8)变距脚扣应根据拔梢杆的杆径及时进行调节脚扣尺寸,

(9)搭挂脚扣时,必须把脚扣放平(指脚扣踏板要平),并紧靠电杆挂牢,严禁搭挂不平和出现伪挂牢现象。

(10)身体向上提升时,脚在脚扣踏板上的用力方向要向正下方,不得出现斜向用力。

（11）在下至离地面较近，脚还不能接触地面时，不得直接从脚扣上向下跳。

（12）脚扣出现以下情况时不得使用：

①脚扣与混凝土杆尺寸不相吻合，禁止用大脚扣上小杆。

②脚扣带有磨损、霉变、裂缝或严重变形、断裂，脚扣带紧固长度与双脚不适合。

③小爪与脚扣的胶皮有开裂露铁情况。

④脚扣小爪螺母不牢固、缺销子，活动不灵活。

⑤胶皮磨损严重，脚扣有明显变形。

⑥脚扣超过试验周期。

⑦金属母材及焊缝有可目测到的变形。

2. 安全带

安全带的主要作用是防止作业人员从高处坠落。

（1）作业人员登杆时，要使用合格的安全带，生产厂家的标牌要清楚。根据规程要求定期做静荷载试验（2205N、225kg），试验合格证要粘贴在安全带醒目位置，使用前检查安全带是否在合格证有效期范围内，超出有效期禁止使用。

（2）在杆塔上工作时，应将安全带系在牢固的物体上，禁止挂在移动或不牢固的物件上，不得失去后备保护，还要防止安全带从杆顶脱出或被锋利物伤害。安全带要高挂或平行拴挂使用，严禁低挂高用。

（3）安全带的围杆带应根据工作人员左右手习惯，采取一端封死的措施。不得将围杆带当作安全绳悬挂使用。使用普通电工安全带时，围杆带的挂钩必须使用保险环，不得随意解除保险装置使用，不得任意拆卸、改动安全带上的各种部件。

（4）安全带出现以下情况时不得使用：

①安全带有明显的磨损，绳索、编带脆裂、断股或扭结。

②任一铆钉出现磨损，铆钉有明显偏位，表面不平整。

③金属配件有裂痕，焊接有缺陷，锈蚀严重。

④组件不完整、短缺、伤残破损。

⑤任一连接环磨损严重,弹簧环开、张口不顺畅。

⑥挂钩的钩舌咬口不平整、错位,保险装置不完整、不可靠。

3. 安全帽

安全帽的作用是防止高空落物砸伤头部和作业人员登杆时头部碰撞伤害。

(1)安全帽戴好后,应将后扣拧到合适位置(或将帽箍扣调整到合适的位置),锁好下颚带,防止工作中前倾后仰或其他原因造成滑落。

(2)安全帽检查不能出现以下情况:

①安全帽的帽壳、帽箍、顶衬、下颚带、后扣(或帽箍扣)等组件不完好。

②帽壳与顶衬缓冲空间超出 25～50mm。

4. 防坠器

防坠器的主要作用是防止作业人员高处坠落,一般作为安全的二道保护用。

(1)作业人员登杆时,要使用合格的防坠器,生产厂家的标牌要清楚。根据规程要求定期做静荷载试验(7500N、765kg),试验合格证要粘贴在防坠器醒目位置,使用前检查防坠器是否在合格证有效期范围内,超出有效期禁止使用。

(2)防坠器必须高挂低用,使用时应悬挂在使用者上方坚固钝边的物件上,悬挂绳要满足使用要求,悬挂必须要牢固、可靠。

(3)防坠器使用前应对安全绳进行外观检查,并试锁 2～3 次,安全绳拉出距离不超过 200mm。

(4)使用防坠器进行倾斜作业时,原则上倾斜不超过 30°。30°以上使用时,必须考虑能否撞击到周围物体。

(5)防坠器出厂前已对关键零部件进行了耐磨、耐腐蚀处理,并经严密调试,使用时不需加润滑剂。

(6)使用时安全绳不得扭结,不得形成金钩,使用后应放在干燥少尘的地方。

(7)防坠器出现以下情况时不得使用:

①安全绳不能拉出和自动回收到器内。

②用力猛拉安全绳不能自锁或拉出距离超过 200mm。

③安全绳出现扭结变形，形成了永久性金钩。

(三)绝缘电阻表使用及注意事项

1. 绝缘电阻表的使用

(1)做好准备工作：切断电源，对设备和线路进行放电，确保被测设备不带电，必要时被测设备加接地线。

(2)选表：根据被测设备的额定电压选择合适电压等级的绝缘电阻表。测量额定电压在 500V 以下的设备时，宜选用500～1000V 的绝缘电阻表；额定电压在 500V 以上时，应选用1000～2500V 的绝缘电阻表。在选择绝缘电阻表的量程时，不要使测量范围过多地超出被测绝缘电阻的数值，以免产生较大的测量误差。通常，测量低压电气设备的绝缘电阻时，选用0～500MΩ量程的绝缘电阻表；测量高压电气设备、电缆时，选用0～2500MΩ 量程的绝缘电阻表。有的绝缘电阻表标度尺不是从零开始，而是从 1MΩ 或 2MΩ 开始刻度的，这种表不宜用来测量低压电气设备的绝缘电阻。绝缘电阻表表盘上刻度线旁有两个黑点，这两个黑点之间对应刻度线的值为绝缘电阻表的可靠测量值范围。测低压电气设备绝缘电阻时，通常选 500V 绝缘电阻表；测 10kV 变压器绝缘电阻时，通常选 2500V 绝缘电阻表。

(3)验表：绝缘电阻表内部由于无机械反作用力矩的装置，指针在表盘上任意位置皆可，由于无机械零位，因此在使用前不能以指针位置来判别表的好坏，而是要通过验表来判别。首先将表水平放置，两表夹分开，一只手按住绝缘电阻表，另一只手以 90～130r/min 转速摇动手柄，若指针偏到"∞"，则停止转动手柄，再将表夹短路，若指针偏到"0"，则说明该表良好，可用。特别要指出的是：绝缘电阻表指针一旦到零，应立即停止摇动手柄，否则将使表损坏。此过程又称校零和校无穷，简称校表。

(4)接线：一般情况只用"L"和"E"两接线柱。当被测设备有较大分布电容(如电缆)时，需用"G"接线柱。首先将两条接线分开，不要有交叉，将"L"端与设备高电位端相连，"E"端接低电位端(如测电机绕组与外壳绝缘电阻时，"L"端与绕组相连，"E"端与外壳相连)。若被测设备的两部分电位不能分出高低,则可任意连接(如测电机两绕组间绝缘电阻时)。

(5)测量:先慢摇,后加速,加到 120r/min 时,匀速摇动手柄 1min,并待表指针稳定时,读取指示值为测量结果。读数时,应边摇边读,不能停下来读数。

(6)拆线:拆线原则是先拆线后停表,即读完数后,不要停止摇动手柄,将"L"线拆开后,才能停摇。如果电气设备容量较小,其内无电容器或分布电容很小,亦可停止摇动手柄后再拆线。

(7)放电:拆线后对被测设备两端进行放电。

(8)清理现场。

2. 测量的注意事项

电气设备的绝缘电阻都比较大,尤其是高压电气设备处于高电压工作状态时,测量过程中保障人身及设备安全至关重要。同样,测量结果的可靠性也非常重要。测量时,必须注意以下几点:

(1)测量前必须切断设备的电源,并接地短路放电,以保证人身和设备的安全,获得正确的测量结果。

(2)在绝缘电阻表使用过程中要特别注意安全,因为绝缘电阻表端子有较高的电压,在摇动手柄时不要触及绝缘电阻表端子及被测设备的金属部分。

(3)对于有可能感应出高电压的设备,要采取措施,消除感应高电压后再进行测量。

(4)被测设备表面要处理干净,以获得测量的准确结果。

(5)绝缘电阻表与被测设备之间的测量线应采用单股线,单独连接;不可采用双股绝缘绞线,以免绝缘不良而引起测量误差。

(6)禁止在雷电时用绝缘电阻表在电力线路上进行测量,禁止在有高压导体的设备附近测量绝缘电阻。

(四)更换 10kV 跌落式熔断器的作业流程

1. 危险点分析与控制措施

(1)为防止误登杆塔,作业人员在登塔前应核对停电线路的双重称号与工作票,一致后方可工作。

（2）登杆塔前要对杆塔进行检查，包括杆塔是否有裂纹，杆塔埋设深度是否达到要求，同时检查登高工具是否在试验期限内，登杆前要对脚扣和安全带做冲击试验。

（3）为防止高空坠落物体打击，现场作业人员必须戴好安全帽，严禁在作业点正下方逗留。

（4）为防止作业人员高空坠落，杆塔上的作业人员必须正确使用安全带、保险绳作为两道保护。在杆塔上作业时安全带应系在牢固的构件上，高空作业工作中不得失去双重保护，上杆、下杆过程及转向移位时不得失去一重保护。

（5）高空作业时不得失去监护。

（6）杆上作业时必须使用传递绳上下传递工器具、材料等，严禁抛扔。传递绳索与横担之间的绳结应系好以防脱落，金具可以放在工具袋内传递，防止高空坠物。

（7）操作跌落式熔断器时，应先断开低压负荷，防止操作时发生短路事故。

2. 作业前准备

1）现场勘察

工作负责人接到任务后，应组织有关人员到现场勘察，现场勘察时应察看接受的任务是否与现场相符，作业现场的条件、环境，所需的各种工器具、材料及危险点辨识等。

2）工器具准备

跌落式熔断器更换所需工器具如表 6-2 所示。

表 6-2 跌落式熔断器更换所需工器具

序号	名称	型号	单位	数量
1	验电器	10kV	只	1
2	验电器	0.4kV	只	1
3	接地线	10kV	组	2
4	接地线	0.4kV	组	2

续表

序号	名称	型号	单位	数量
5	警告牌、安全围栏	—	—	若干
6	绝缘手套	10kV	副	1
7	安全带	—	条	2
8	脚扣	—	副	2
9	绝缘操作杆	4m	套	1
10	钢锯弓子	1	把	1
11	钢卷尺	3m	个	1
12	绝缘电阻表	2500V	只	1
13	挂钩滑轮	0.5T	个	1
14	传递绳	12	条	5
15	个人工具	—	块	3

3)跌落式熔断器更换前的检查

(1)检查熔断器出厂安装说明书、合格证及试验报告是否齐全有效。

(2)检查熔断器绝缘子表面有无硬伤、裂纹、烧闪痕迹,清除表面灰垢、附着物及不应有的涂料。

(3)检查熔断器的各部零件是否齐全完整,铸件有无砂眼、裂纹。

(4)检查动、静触头接触良好,熔丝管跌落正常、无卡涩。

(5)熔丝管不应有吸潮膨胀或弯曲现象。

(6)用2500V绝缘电阻表摇测绝缘电阻不得小于500MΩ。测试时,"E"端接熔断器中间固定铁件,"L"端分别接熔断器上下桩头。

4)作业条件

跌落式熔断器的更换工作为室外及电杆上进行的作业项目,要求天气良好,无雷雨,风力不超过6级。

3. 操作步骤及质量标准

1)跌落式熔断器更换的工作流程

跌落式熔断器更换的工作流程如图6-1所示。

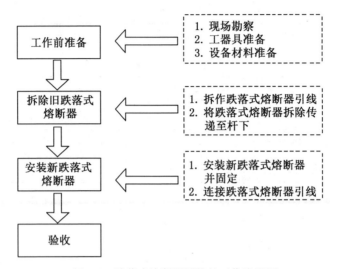

图 6-1 跌落式熔断器更换的工作流程图

2)操作步骤和质量标准

(1)拆除旧跌落式熔断器

①登杆前,必须检查杆根并确认无异常。

②拆除跌落式熔断器端子的护罩及引线。

③拆除跌落式熔断器,用传递绳送至杆下。

(2)安装新跌落式熔断器

①地面人员用传递绳绑牢跌落式熔断器并缓缓拉上杆,在向上拉的过程中防止跌落式熔断器与电杆相碰而损坏绝缘子。

②安装跌落式熔断器,并固定牢靠。

③连接跌落式熔断器引线,铜铝连接应有可靠的过渡措施。

④安装跌落式熔断器连接端子绝缘防护罩。

(3)验收质量标准

①跌落式熔断器安装牢固,排列整齐,高低一致,熔丝管轴线与地面垂线夹角应在 15°～30°范围内。

②跌落式熔断器和引线排列整齐,相间距离不小于 500mm。

③分合闸操作灵活可靠,动触头与静触头压力正常,接触良好。分合熔丝管时触头应有一定的压缩行程。

④引线连接宜采用接线端子,且牢固可靠。

4.清理现场

作业结束后,工作负责人依据施工验收规范对施工工艺、质量进行自查验收,合格后清理施工现场,整理工具、材料,办理工作终结手续。

六、技能培训步骤

(一)准备工作

1.工作现场准备

布置现场工作间距不小于 4m,工作现场用围栏隔离,场地清洁。工位在电杆上已安装 10kV 跌落式熔断器,引线已连接;工位已做好停电、验电、装设接地线的安全措施,必备防坠落措施。

2.工器具准备

对进场的工器具进行检查,确保能够正常使用,并整齐摆放于铺设绝缘垫的地面上。

3.安全措施及风险点分析

安全措施及风险点分析如表 6-3 所示。

表 6-3　　　　　　　　安全措施及风险点分析

序号	危险点	原因分析	控制措施和方法
1	绝缘电阻测试	测试时,手误碰测试线的裸露部分被电击	专人监护,注意与测试线裸露部分的安全距离
2	防止高空坠落	脚扣滑脱或梯子滑落,安全带未系好,造成人员滑落	专人监护,登杆前检查登高工具,使用全方位安全带,并检查安全带是否扣牢,安全带要系在牢固的构件上,使用防坠落措施,要专人扶梯
3	高空坠物伤人	上下传递物品时未系牢传递绳,工器具未放在工具包内	使用传递绳绑设备材料时,应打好绳结,使用完工器具应放回工具包内,地面人员尽量避免停留在作业点下方;戴好安全帽

（二）操作步骤

1. 工作前的准备

（1）着装要求正确规范，穿工作服、绝缘鞋，正确配戴安全帽、线手套，准备完毕后汇报"X 号工位准备完毕"，如图 6-2 所示。

👉 **注**

未穿工作服、绝缘鞋，未戴安全帽、线手套，缺少每项扣 2 分；着装穿戴不规范，每处扣 1 分。

图 6-2　规范着装

（2）对工具、材料进行外观检查。跌落式熔断器用绝缘电阻表进行绝缘电阻测试，选择合适熔丝并组装在新跌落式熔断器上。

👉 **注**

工器具应齐全，缺少或不符合要求，每件扣 1 分；工具未检查试验、检查项目不全、方法不规范，每件扣 1 分；设备材料未做外观检查，每件扣 1 分；跌落式熔断器未试验扣 3 分；未清洁熔断器表面扣 1 分；备料不充分扣 5 分；接点及固定螺栓未压实每项扣 1 分；熔丝安装松紧适宜，过紧或过松每处扣 1 分；熔丝安装时折断，每根扣 2 分。

对绝缘靴进行外观检查,绝缘靴外观不得出现划痕,应处在试验周期内,如图 6-3 所示。

图 6-3　检查绝缘靴

对绝缘手套进行检查,包括外观检查、试验标签检查及气密性检查。气密性检查时应将绝缘手套卷起,使得绝缘手套四指鼓起不漏气,如图 6-4 和图 6-5 所示。

图 6-4　检查绝缘手套试验标签

图 6-5　检查绝缘手套气密性

对跌落式熔断器的熔管进行检查，表面应清洁，为绝缘电阻测试做好基础，如图 6-6 所示。

图 6-6　检查跌落式熔断器熔管

跌落式熔断器的瓷质绝缘子也要进行外观检查，并进行表面清洁，如图 6-7 和图 6-8 所示。

图 6-7　检查跌落式熔断器绝缘子

图 6-8　对跌落式熔断器绝缘子表面进行清洁

对跌落式熔断器进行绝缘电阻测试之前,首先进行绝缘电阻表自检。在接线端子开路情况下,对手摇式绝缘电阻表进行顺时针摇动,摇动到指示值稳定后读数,检测绝缘电阻表能否正确动作。手摇转速应为120r/min左右,此时绝缘电阻表示数应为"∞",绝缘电阻两个端子开路。如图 6-9 和图 6-10 所示。

图 6-9　绝缘电阻测试仪开路自检

图 6-10　指针指向"∞"

　　然后,在接线端子短路情况下,对手摇式绝缘电阻表进行顺时针摇动,摇动到指示值稳定后读数,检测绝缘电阻表能否正确动作。手摇转速应为 120r/min 左右,此时绝缘电阻表示数应为"0",绝缘电阻两个端子短路。如图 6-11 和图 6-12 所示。

图 6-11　绝缘电阻测试仪短路自检

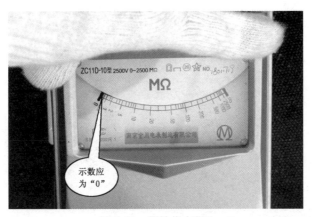

图 6-12 指针指向"0"

手摇式绝缘电阻表自检完毕后,对跌落式熔断器进行绝缘电阻测试。首先,对手摇式绝缘电阻表进行顺时针摇动,手摇转速应为 120r/min 左右,如图 6-13 所示。

图 6-13 规范摇动手摇式绝缘电阻表

然后,将接线端子接至跌落式熔断器两端,同时保持规范转速摇动,观察绝缘电阻表能否正确动作,此时绝缘电阻表示数应为"∞"。如图 6-14 和图 6-15 所示。

图 6-14　测量跌落式熔断器绝缘电阻

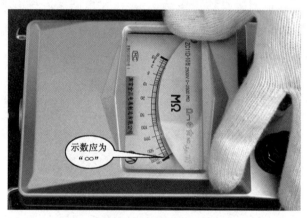

图 6-15　表笔指向"∞"

　　测试完毕后，口述"跌落式熔断器绝缘子检验合格"，然后将表笔从跌落式熔断器上取下，再停止摇动手摇式绝缘电阻测试仪，严格遵循"先摇表，后放笔；先取笔，后停摇"的规范要求，如图6-16所示。

图 6-16　将表笔从跌落式熔断器上取下

绝缘电阻测试完毕后,选择合适熔丝并组装在新的跌落式熔断器上,首先将熔断器端盖旋开,如图 6-17 所示。

图 6-17　旋开跌落式熔断器熔管端盖

将熔丝穿入熔丝管中,并将熔丝从熔丝管另一端穿出,如图 6-18 所示。

图 6-18　穿入跌落式熔断器熔管熔丝

　　用左手拇指按压熔丝管弹性支撑片，并将熔丝通过弹性支撑片缠绕在固定螺丝上，如图 6-19 所示。

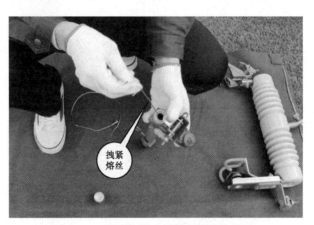

图 6-19　按压跌落式熔断器熔管支撑片

　　熔丝缠绕过程中，左手拇指应该始终按压弹性支撑片，使得熔丝得到有效弹性支撑，如图 6-20 所示。

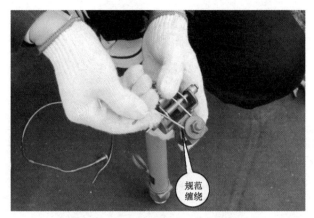

图 6-20 缠绕跌落式熔断器熔丝

熔丝在螺丝上缠绕后，使用扳手紧固螺丝，如图 6-21 所示。

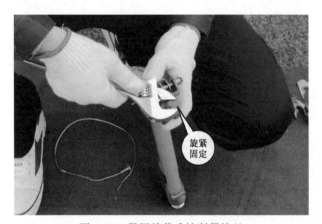

图 6-21 紧固跌落式熔断器熔丝

熔丝装入熔丝管之后，将熔丝管端盖旋紧，如图 6-22 所示。

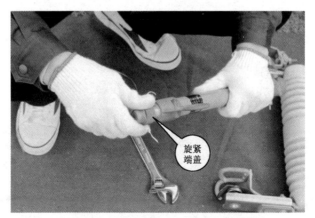

图 6-22　旋紧跌落式熔断器熔管端盖

装好熔丝的跌落式熔断器熔丝管，如图 6-23 所示。

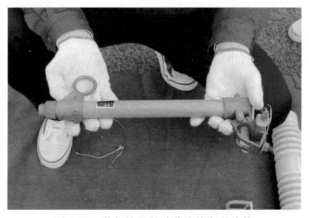

图 6-23　装好熔丝的跌落式熔断器熔管

2. 登杆

登杆前核对线路名称、杆号、色标，对电杆杆根、基础进行检查，杆根、基础应牢固，表面无横向和纵向裂纹，有足够的机械强度，并对登高工具（安全带、保护绳、脚扣、安全绳）做冲击试验。

☞注 ....

未检查杆跟、杆身（或梯角）扣 2 分；使用梯子，未检查防滑措施、限高标志、梯阶距离，每项扣 2 分；梯子与地面夹角应在 55°～60°范围内，过大或过小每次扣 3 分。未检查电杆名称、色标、编号扣 2 分；登杆前脚扣、安全带（或梯子）未做冲击试验，每项扣 2 分。

登杆前将所需工具及传递绳装入工具包，并穿戴好安全带及防坠绳，背好工具包，如图 6-24 和图 6-25 所示。

收拾工具包

图 6-24 将工具及传递绳装入工具包

图 6-25 穿戴好安全带、防坠绳及工具包

核对线路名称、杆号、色标，线路名称、杆号、色标应正确，如图 6-26 和图 6-27 所示。

图 6-26　检查线路名称、杆号、色标

图 6-27　线路名称、杆号及色标

对电杆杆根、基础进行检查，杆根、基础应牢固，如图 6-28 所示。

图 6-28　检查杆根、基础

　　检查电杆表面，电杆表面无横向和纵向裂纹，有足够的机械强度，如图 6-29 所示。

图 6-29　检查电杆表面

　　对安全带进行冲击试验，如图 6-30 所示。

图 6-30　对安全带进行冲击试验

　　对防坠绳进行冲击试验，如图 6-31 所示。

图 6-31　对防坠绳进行冲击试验

对脚扣进行冲击试验，如图 6-32 所示。

图 6-32　对脚扣进行冲击试验

上、下杆（梯）要平稳、踏实，防止出现脚扣虚扣、滑脱或滑落等现象，正确使用安全带，探身姿势应舒展，站位要正确，避免高空意外坠物。将传递绳及防坠绳固定在牢固构件上，如图 6-33 和图 6-34 所示。

☞注

　　登杆（梯）不平稳，脚扣虚扣、滑脱或滑脚，每次扣 1 分，掉脚扣，每次扣 3 分；不正确使用安全带扣 3 分；不检查扣环或安全带扣扎不正确、不牢固，每项扣 2 分；探身姿势不舒展，每次扣 2 分；传递绳未固定在牢固构件进行上下传递，每次扣 2 分；站位不正确，每次扣 2 分。

图 6-33　拴挂防坠绳

图 6-34　拴挂传递绳

拆除旧跌落式熔断器时,先拆除跌落式熔断器的上、下引线,再拆除跌落式熔断器。杆上工作人员与地面工作人员应互相配合,用传递绳将跌落式熔断器绑牢送至地面。传递过程中使用传递绳,禁止触碰电杆(梯子)。

☞注

不用绳传递物品每件扣 1 分;材料传递过程碰电杆(梯子)每次扣 1 分;高空意外落物每次扣 2 分。

首先对跌落式熔断器绝缘护罩进行拆卸,如图 6-35 所示。

图 6-35　拆卸跌落式熔断器绝缘护罩

正确使用扳手对熔断器线路侧导线进行拆卸，使用扳手应正确规范到位，活动扳手旋转方向应正确，扳手活动部分只能作为旋转支撑，不能作为应力部分，如图 6-36 所示。

图 6-36　拆卸跌落式熔断器线路侧导线

正确使用扳手对熔断器变压器侧导线进行拆卸，如图 6-37 所示。

图 6-37　拆卸跌落式熔断器变压器侧导线

使用绝缘绳对跌落式熔断器进行捆绑固定,动作应规范正确,如图 6-38所示。

拆卸前先捆绑

图 6-38　使用绝缘绳捆绑跌落式熔断器

正确使用扳手对熔断器的瓷质绝缘子固定螺丝进行拆卸,如图 6-39 所示。

图 6-39　拆卸跌落式熔断器绝缘子

　　拆卸完毕后，使用传递绳将跌落式熔断器进行下落，打结方法应正确规范，如图 6-40 所示。

图 6-40　使用传递绳将跌落式熔断器进行下落

　　由地面辅助人员将拆卸下的跌落式熔断器接住，并放到地面进行松解，如图 6-41 所示。

图 6-41　松解跌落式熔断器

　　安装新跌落式熔断器,先将跌落式熔断器(未安装熔丝)用绳索绑牢,传递给杆上人员,再安装跌落式熔断器(未安装熔丝)。安装完毕后,操作人员回到操作地面,戴上绝缘手套,用绝缘操作杆将熔丝连接跌落式熔断器上、下端引线。

☞注

　　熔管倾角为 15°~30°,超出范围扣 3 分;熔管上下端扭曲扣 2 分;跌落式熔断器铁件螺栓每缺 1 只扣 2 分;每处螺栓不紧固扣 2 分;螺栓穿向错误,每处扣 1 分;跌落式熔断器安装过程中破损每件扣 3 分;安装过程中扳手反向使用或使用扳手代替手锤使用,每次扣 2 分;引流线扭曲变形扣 2 分;未使用绝缘手套,抛掷绝缘杆,每项扣 2 分。

　　由地面辅助人员将新的跌落式熔断器瓷质绝缘子绑在传递绳上,如图 6-42 所示。

图 6-42　用传递绳捆绑新的熔断器

杆上作业人员将绑牢的跌落式熔断器的瓷质绝缘子上拉至作业高度并进行拆解，其间不得出现绝缘子掉落等不安全行为，如图 6-43 所示。

图 6-43　使用传递绳传递新的熔断器

首先将瓷质绝缘子固定螺丝用扳手固定，使用扳手应正确规范到位，活动扳手旋转方向应正确，扳手活动部分只能作为旋转支撑，不能作为应力部分，如图 6-44 所示。

图 6-44　固定跌落式熔断器绝缘子

正确使用扳手将跌落式熔断器线路侧导线进行固定,如图 6-45 和图 6-46 所示。

图 6-45　固定跌落式熔断器线路侧导线

图 6-46　正确使用扳手对螺丝进行紧固

正确使用扳手将跌落式熔断器变压器侧导线进行连接，如图 6-47 和图 6-48 所示。

图 6-47　固定跌落式熔断器变压器侧导线

图 6-48　正确使用扳手对螺丝进行紧固

对跌落式熔断器绝缘护套进行安装，如图 6-49 所示。

图 6-49　安装跌落式熔断器绝缘护套

　　跌落式熔断器安装完毕后，将传递绳从线杆横担上解下，并进行整理，然后装入工具包中，如图 6-50 和图 6-51 所示。

图 6-50　拆解传递绳

图 6-51　收集传递绳

　　将备用防坠绳从线杆横担上解下，并进行整理，如图 6-52 所示。

图 6-52　拆解防坠绳

正确使用安全带及脚扣从作业高度沿电杆爬下，如图6-53所示。

图 6-53　沿电杆爬下

组装绝缘操作杆，正确穿戴绝缘鞋及绝缘手套，如图 6-54 和图 6-55所示。

图 6-54　组装绝缘操作杆

图 6-55　正确穿戴绝缘鞋及绝缘手套

戴好绝缘手套后,使用绝缘操作杆将跌落式熔断器的熔管挂接到跌落式熔断器瓷质绝缘子上,如图 6-56 所示。

图 6-56　使用绝缘操作杆挂接跌落式熔断器熔管

首先将熔管下部挂接到绝缘子下部,要求将熔管完全嵌入绝缘子卡槽内部,不得出现歪斜及晃动,如图 6-57 和图 6-58 所示。

图 6-57　挂接跌落式熔断器熔管下部

图 6-58 挂接熔管下部放大图

熔管挂接完成之后，使用绝缘杆将熔管扣到绝缘子架上，合跌落式熔断器应一次成功，动作要标准规范，如图 6-59 至图6-61所示。

图 6-59 闭合跌落式熔断器熔管上部

闭合时要干脆、用力，一次闭合，严禁慢推或多次试接触。

图 6-60　闭合跌落式熔断器熔管上部局部放大图

图 6-61　闭合熔管上部完毕放大图

　　完工后进行检查,拉合跌落式熔断器要一次成功,拉杆钩水平移出熔管挂环。跌落式熔断器应垂直安装,不歪斜,固定牢固,排列整齐,高低一致,相间距离不小于 500mm。

☞注

安装完成后未做拉合试验扣 2 分。

(三)工作结束

更换完毕后清点工器具,清理恢复现场,汇报"现场已清理恢复,工作结束"。整个工作过程中不得出现不安全行为,不得损坏工器具。如图6-62和图6-63所示。

☞注

出现不安全行为,每次扣5分;作业完毕,现场未清理恢复扣5分,清理恢复不彻底扣2分;损坏工器具,每件扣3分。

图 6-62　清理工作现场

图 6-63　工作结束

七、技能等级认证标准

更换 10kV 跌落式熔断器项目考核评分记录表,如表 6-4 所示。

表 6-4　　　　　更换 10kV 跌落式熔断器项目考核评分记录表

姓名:　　　　　　准考证号:　　　　　单位:　　　　　　时间要求:30min

序号	项目	考核要点	配分	评分标准	得分	扣分	备注
1				工作准备			
1.1	着装穿戴	穿工作服、绝缘鞋;戴安全帽、线手套	5	1.未穿工作服、绝缘鞋,未戴安全帽、线手套,缺少每项扣 2 分 2.着装穿戴不规范,每处扣 1 分			
1.2	材料选择及工器具检查	选择材料及工器具应齐全,符合使用要求	10	1.工器具齐全,缺少或不符合要求,每件扣 1 分 2.工具未检查试验,检查项目不全,方法不规范,每件扣 1 分 3.设备材料未做外观检查每件扣 1 分,跌落式熔断器未试验扣 3 分,未清洁熔断器表面扣 1 分 4.备料不充分扣 5 分			
2				工作过程			
2.1	熔丝安装	熔丝安装松紧适宜,无折断	5	1.接点及固定螺栓未压实,每处扣 1 分 2.熔丝安装松紧适宜,过紧、过松,每处扣 1 分 3.熔丝安装时折断,每根扣 2 分			

续表

序号	项目	考核要点	配分	评分标准	得分	扣分	备注
2.2	登高作业	检查杆跟（或梯角），登杆（梯）平稳、踩牢，正确使用安全带，探身姿势应舒展，站位正确，避免高空意外落物，材料传递过程中不得碰电杆（梯子）	40	1.未检查杆跟、杆身（或梯角）扣2分 2.使用梯子，未检查防滑措施、限高标志、梯阶距离，每项扣2分；梯子与地面夹角应在55°～60°范围内，过大或过小每次扣3分 3.未检查电杆名称、色标、编号扣2分 4.登杆前脚扣、安全带（或梯子）未作冲击试验，每项扣2分 5.登杆（梯）不平稳，脚扣虚扣、滑脱或滑脚每次扣1分，掉脚扣每次扣3分 6.不正确使用安全带扣3分 7.不检查扣环或安全带扣扎不正确、不牢固，每项扣2分 8.探身姿势不舒展，每次扣2分 9.高空意外落物，每次扣2分 10.材料传递过程碰杆（梯子），每次扣1分 11.不用传递绳传递物品，每件扣1分 12.传递绳未固定在牢固构件进行上下传递，每次扣2分 13.站位不正确，每次扣2分			

续表

序号	项目	考核要点	配分	评分标准	得分	扣分	备注
2.3	跌落式熔断器及引线安装	跌落开关安装符合要求,熔管倾角符合标准,上下端无扭曲,牢固可靠,铁件螺栓齐全紧固	30	1.熔管倾角为 15°~30°,超出范围扣 3 分 2.熔管上下端扭曲扣 2 分 3.跌落式熔断器铁件螺栓每缺 1 只扣 2 分,每处螺栓不紧固扣 2 分,螺栓穿向错误每处扣 1 分 4.跌落式熔断器安装过程中破损,每件扣 3 分 5.安装过程中扳手反向使用或使用扳手代替手锤使用,每次扣 2 分 6.引流线扭曲变形扣 2 分 7.安装完成后未做拉合试验扣 2 分			
3	工作终结验收						
3.1	安全文明生产	汇报结束前,所选工器具放回原位,摆放整齐,无损坏元件、工具,恢复现场,无不安全行为	10	1.出现不安全行为,每次扣 5 分 2.作业完毕,现场未清理恢复扣 5 分,不彻底扣 2 分 3.损坏工器具,每件扣 3 分			
	合计得分						

否定项说明:1.违反《国家电网公司电力安全工作规程(配电部分)》;2.违反职业技能鉴定考场纪律;3.造成设备重大损坏;4.发生人身伤害事故。

考评员: 年   月   日

第七章　钢芯铝绞线插接法连接

导线用以传导电流、输送电能,它通过绝缘子串长期悬挂在杆塔上。导线常年在空中运行,长期受风、冰、雪和温度变化等气象条件的影响,承受着拉力的作用,同时还受到空气中污物的侵蚀。钢芯铝绞线充分利用钢绞线的机械强度高和铝的导电性能好的特点,把这两种金属导线结合起来,使得钢芯不受大气中有害气体的侵蚀。钢芯铝绞线由钢芯承担主要的机械应力,由铝线承担输送电能的任务,而且因铝绞线分布在导线的外层可减小交流电流产生的集肤效应(趋肤效应),可提高铝绞线的利用率。本章节以介绍钢芯铝绞线插接法连接方法为核心,旨在提升学员的生产检修技能。

一、培训目标

通过专业理论学习和技能操作训练相结合,学员能够学会钢芯铝绞线插接法连接的方法,掌握钢芯铝绞线插接法连接的技术规范要求,并能熟练掌握钢芯铝绞线插接法连接的操作工艺和操作步骤,保证导线的导通能力和连接强度,导线连接后可确保电网能够安全运行。

二、培训方式

理论学习采用以自学为主、问题答疑为辅的方式,实操采用教练现场讲解、插接演示、模块化练习和学员自由练习的方式。在培训结束时,进行理论考试和实操考核,从而检验学员的学习成果。

为提高学习效率、强化练习效果,对钢芯铝绞线插接法连接进行模块化讲解、针对性练习,对影响插接工艺、插接质量的关键环节着重讲解,将整个插接过程细化、分解,将教练讲解与学员感受相结合,将讲与做相结合,摒弃盲目追求练习时间的错误方式,注重练习技巧和方法的掌握,分环节,活模式,给予开放性指导,进行富有弹性的练习。运用分解步骤、模块化练习、教练与学员交流的方式,针对训练找不足,交流方法长经验,固化模式提效率,从方法上要效果,从技巧上提质量。

三、培训设施

培训设施及工器具如表 7-1 所示。

表 7-1　　　　　　　　　培训工具及器材(每个工位)

序号	名称	规格型号	单位	数量	备注
1	钢芯铝绞线	LGJ-50	米	若干	现场准备
2	断线钳	600mm	把	1	现场准备
3	木槌	—	把	1	现场准备
4	砂纸	100～200 号	张	1	现场准备
5	细钢丝刷	—	把	1	现场准备
6	电力复合脂	—	盒	1	现场准备
7	木质垫板	—	块	1	现场准备
8	棉纱	—	块	若干	现场准备
9	清洁布	—	块	若干	现场准备
10	米尺	2M	把	1	现场准备
11	镀锌铁丝	20#	米	若干	现场准备
12	汽油	92#	升	0.5	现场准备
13	中性笔	—	支	1	考生自备
14	通用电工工具	—	套	1	考生自备
15	工作服	—	套	1	考生自备

续表

序号	名称	规格型号	单位	数量	备注
16	安全帽	—	顶	1	考生自备
17	绝缘鞋	—	双	1	考生自备
18	线手套	—	副	1	考生自备
19	急救箱（配备外伤急救用品）	—	个	1	现场准备

四、培训时间

学习各种导线的连接知识 ……………………………… 1.0学时

学习钢芯铝绞线插接法连接流程 ……………………… 1.0学时

模块化操作讲解、示范 ………………………………… 2.0学时

分组技能操作训练 ……………………………………… 4.0学时

技能测试 ………………………………………………… 2.0学时

合计：10.0学时。

五、基础知识点

（一）钢芯铝绞线插接法连接在实际施工工作中的应用知识

1. 架空线路施工常用工具的选择及使用

电工在操作过程中离不开工具，工具质量不好或使用不当，会直接影响操作质量和工作效率，甚至会造成生产故障。

线路施工常用的工器具较多，主要的工器具有以下几种：

绳索和索具：包括钢丝绳、大绳等。

滑车：包括单轮、双轮及多轮滑车。

抱杆：分为木质、钢管、角钢组合及铝合金抱杆等。

锚固工具：包括深埋地锚、桩式地锚等。

牵引动力装置：包括绞磨、绞车、电动卷扬机、拖拉机等。

其他起重工具:制动器、拉线调节器、紧线器等。

工器具的选择主要由它需承受的荷重性质和荷重大小决定。

1)绳索

(1)钢丝绳

钢丝绳通常由细钢丝捻绕成股,具有性质柔软、强度高、伸缩性小、使用可靠等特点,常作为固定、牵引、制动系统中的主要受力绳索,是线路立杆、紧线必不可少的工具之一。

杆塔施工中常选用镀锌钢丝绳,应根据实际工作情况合理选择钢丝绳的规格和破断拉力。使用新钢丝绳之前,应以其容许拉力的两倍进行吊荷试验 15min。使用钢丝绳的过程中,应避免突然受力和承受冲击荷载。起吊杆塔时,启动和制动必须缓慢。钢丝绳与铁件棱角接触时,应加衬垫。

(2)起重用麻绳(白棕绳)

线路施工中的起重用麻绳是由抗拉耐磨、不易腐蚀的龙舌兰麻(或称剑麻)等高级麻的茎纤维制成的,也称白棕绳。它具有抗拉力和抗扭力强,滤水快,抗海水侵蚀性好,耐摩擦且富有弹性,受到冲击力、拉力作用不易折断等特点,适用于水中起重、船用锚缆及拖缆、陆上起重及吊物等场所。

起重用麻绳使用前应根据使用条件对其进行强度验算。当用于穿绕滑轮时,滑轮直径应大于绳索直径 10 倍以上,若不足 10 倍,必须将绳索的使用拉力降低。当用白棕绳起吊或绑扎时,对有棱角处应用软物垫上,以免磨伤绳索。白棕绳应存放在干燥的库房内,不能受潮或受高温烘烤,若在使用中沾上泥浆,应及时清洗、晾干,以防腐烂。

2)滑车

滑车亦称滑轮、葫芦,由滑轮、轴承和吊钩等部件组成,是一种具有自由旋转滑轮的起重用具,可以用来改变牵引绳索的方向,提升或托运重物。在输配电线路施工中所用的滑车可根据用途分为起重滑车和放线滑车两大类。

(1)起重滑车

起重滑车包括汽车起重机、起重滑车和人力起重葫芦。

①汽车起重机

汽车起重机又称汽车吊（一般称作吊车）。汽车起重机一般可分为机械传动和液压传动两种类型。在配电线路施工中最为常用的是 5t 和 8t 的液压汽车起重机。

②起重滑车

起重滑车亦称滑轮、葫芦。起重滑轮多用铸铁或钢制造。它是一种具有自由旋转滑轮，使用简易，携带方便，起重能力强的起重工具，常与各类绳索配合一起，用来改变牵引绳索的方向，提升或托运重物。起吊滑车的类型较多，基本分类为：

a.按照其组成部分的滑轮数目，可分为单轮滑车、双轮滑车、三轮滑车和多轮滑车。单轮滑车主要是用以起重和改变绳索运动的方向，多轮滑车（导向滑车）用于穿绕滑车组。

b.按照用途不同，可分为定滑车、动滑车、导向滑车等。定滑车能够改变绳索拉力的方向，动滑车能够省力，导向滑车的作用类似于定滑车。一定数量的定滑车和动滑车组成滑车组，既可按工作需要改变绳索拉力的方向，又可省力。

c.按照材料不同，可分木滑车和钢滑车两种。木滑车一般适用于白棕绳滑车组，通常在起重量不大，不需要使用机动起重设备，从上升到下降距离比较长的场合。

钢滑车一般多用于钢丝绳滑车组，通常起重量从一吨到几百吨不等，它的滑轮数目按起重量的大小确定。

滑车选要根据起吊质量和需要的滑轮数来确定，并依据滑车滑轮槽底的直径和配合使用的钢丝绳直径来选择，同时还要核对所选用的钢丝绳是否符合规定。

③人力起重葫芦

起重葫芦是有制动装置的手动省力起重工具，包括手拉葫芦、手摇葫芦及手扳葫芦。

a.手拉葫芦：用手拉链条操作，一般提升高度为 2.5～3m，允许荷重有 0.5t、1t、2t、3t、5t 等。

b.手摇葫芦：工作原理与手拉葫芦类似，但操作不是拉动手链而是摇动带有换向爪的棘轮手柄。使用时将顶端挂钩固定,底端挂钩加上荷重后换向爪拨向收紧侧,反复摇动手柄即可收紧;放松时换向爪拨向放松侧后反复摇动手柄。常用手摇葫芦允许垂直拉力 30kN,满载时手柄力为 0.37kN 左右,钩间最小距离大于 480mm。

c.手扳葫芦:利用两对自锁的夹钳交替夹紧钢丝绳,使钢丝绳做直线运动。它不但能作一般牵引、卷扬、起重工作,还能在倾斜、高低不平的狭窄地带、曲折转弯的条件下进行工作,允许垂直拉力有 15kN 和 30kN 两种,手柄力为 0.42kN 左右,钩间最小距离为 400~500mm。

(2)放线滑车

放线滑车是为展放导线、避雷线而制造的。放线时导线、避雷线在滑车轮上通过,可以有效避免导线、避雷线的磨损,并减少放线的阻力。

放线滑车主要有:

①根据放线滑车的滑轮材质的不同,可分为钢轮和铝合金轮等,钢轮放线滑车用于展放钢绞线,铝合金轮放线滑车用于展放钢芯铝绞线。

②按照放线滑车的滑轮数不同,可分为单轮、三轮和五轮放线滑车。单轮放线滑车适用于展放单根导线、避雷线;三轮放线滑车适用于展放双导线,其中间轮通过牵引绳;五轮放线滑车适用于展放四导线,其中间轮通过牵引绳。

③按照使用不同,可分为吊挂两用滑车、定位式放线滑车、柱上式手摇放线滑车以及朝天放线滑车等。吊挂两用滑车适用于中、小截面导线的释放,放线滑车挂钩开口可闭合,操作人员可在地面使用操作棒直接吊挂,免除高空作业,既可作挂型放线又可作朝天放线,适用性广。定位式放线滑车用于配电线路及通信电缆的放线作业。柱上式手摇放线滑车安装在电杆上,人力操作全速拉线或放线,用于架空配电线路旧线换新线工程。朝天放线滑车可固定在角钢横担上展放中、小截面导线,结构简单,安全实用。

根据展放的导线、避雷线型号,采用相应的放线滑车型号。

3)起重抱杆

(1)抱杆分类

按制造材料来分,抱杆可分为以下几类:

①圆木抱杆。一般采用杉松或红松木材制成,木材的抗压强度较低,圆木抱杆的容许承载能力受到一定限制,故目前已较少采用。

②角钢抱杆。多数采用 A3 普通碳素钢制作而成,为方便搬运和转移,多设计制作成分段桁架结构,以螺栓连接,可在施工现场组合。

③钢管抱杆。钢管抱杆由无缝钢管制作而成,多数为分段式结构,以内法兰形式连接,可在现场组合或分解。

④铝合金型抱杆。铝合金抱杆大多数设计成圆形、方形桁架分段式结构,分段处以螺栓连接,可在现场根据施工安装的要求连接成所需长度。铝合金抱杆具有质量轻、强度较大、使用性能较好的特点,在线路施工中被广泛采用。

⑤薄壁钢管抱杆。薄壁钢管抱杆材质为 A3 钢或 16Mn 钢,一般采用 3～4mm 厚的钢板经弯卷后焊成薄壁圆管或拔梢圆锥管,以分段式内法兰连接。其特点是采用铰链支座,适用于倒落式或固定抱杆式组立杆塔。抱杆长度按需要长度分段制作,可在施工现场组合,且每段抱杆均密封,以内法兰形式连接。由于抱杆筒壁较薄,故抱杆本体的质量相对较轻,运输较为方便。

(2)抱杆高度的选择

用倒落式抱杆组立杆塔,在其他参数相同的情况下,由于抱杆高度增加,则各起重索具的受力相对减小。但抱杆高度增加后,因纵向受压稳定条件限制,抱杆的强度也应增加,因此抱杆的截面和质量将相应增加,两者互为制约条件。根据经验,抱杆的高度约等于杆塔结构重心高度的 0.8～1.0 时为宜。

(3)抱杆端部支承方式

抱杆端部支承方式对其纵向受压时的稳定性影响很大。一般按理想的杆端支承方式有铰支端、嵌固端、自由端三种。按线路施工支承方式主要有:两端铰支抱杆,根端嵌固、顶端铰支抱杆,根端嵌固、顶端自由(悬臂)抱杆。

4)绞磨

在线路施工中,绞磨起到动力源的作用。磨轴上的磨芯缠绕牵引钢丝绳,当磨芯与钢丝绳之间的摩擦力足够时,便能牵引和提升重物。绞磨分为机动绞磨、手推绞磨及手摇绞车等,主要由磨芯、磨轴、磨杠以及支承磨轴的磨架等部件构成。

手摇、手推绞车在线路施工中主要用于重量轻、体积小的部件吊装。

机动绞磨又称为机动卷扬机,按其动力一般可分为燃油卷扬机、电动卷扬机与液压卷扬机等类型。机动绞磨具有体积小、结构紧凑及重量轻等优点,并有利于搬运。与手推绞磨相比,机动绞磨不仅施工时间短,节约劳动力,而且效率高,特别适用于一般山区、无电源地区施工。由于机动绞磨有众多优点,目前已逐渐替代手推绞磨。

施工中选用绞磨必须对绞磨的牵引力、磨芯强度(壁厚)和磨打强度进行验算。

5)紧线工具

紧线工具是架空线路施工中收紧或放松导线,调整弧垂,更换绝缘子及安装附件的工具之一,将钢丝绳和导线连接,具有越拉越紧的特点。

紧线器的部件都用高强度钢、铝合金制成,其钳口槽内刻有斜纹,以增加握着力。紧线工具的种类很多,而且可以有不同的组合,视实际需要而定。

双钩紧线器由钩头螺杆、螺母、杆套和棘轮扳手等主要构件组成,两端的钩头螺杆可以同时向杆套内收进或伸出,从而达到收紧或放松导线与绳索的目的,其长度短,调节距离长,携带方便。

棘轮式收线器可与导线卡线器配合使用,牵引、收紧导线,收紧范围大,实用性强。

棘轮式手扳葫芦适用于收紧钢绞线、铝绞线等,收紧范围大,通用性强。

钢制导线卡线器适用于铝包钢绞线架线时拉紧导线、调整弧度。

铝合金导线卡线器适用于架线时调整弧度、拉紧导线以及地线紧线。

6)放线支架

架空线路的导线是绕在线盘上运到施工现场的,为了便于展放,应将线盘牢固可靠地安装在放线盘(架)上。展放线时牵引导线,线卷随线盘一起灵活转动。放线支架底盘上装有制动装置,用以控制转速,避免线卷过快松开。

常用的放线盘(架)与线轴的安装方法有立式安装和卧式安装两种。

(1)立式安装

将放线轴下盘安放在平整而较硬的平地上,把上盘扣在下盘上方,下盘中心轴穿入上盘中心孔,上盘轴承在下盘边缘上转动,再将线轴立式放在放线盘上,使放线盘和线轴同心,即线轴下盘垂直中心轴穿入线轴中心孔中。

(2)卧式安装

将放线架支好放在平坦而较硬的地面上,两放线支架之间的距离与线轴宽度相配合,将放线杠穿入线轴中心孔,架在放线支架上,调节升降丝杠,使线轴离地悬空调平即可。

线轴的安装还有其他一些方法,如地槽支架法、三脚架支架法、起吊机械起吊放线等。

所有线轴的安装位置要和牵引方向的第一基杆塔保持适当距离,以避免线轴出线角过大。

线轴的架设方向要对准放线走向,以免线轴在放线杠上产生过大的摆动和走偏。

7)锚固工具

输配电线路施工中,固定牵引设备(绞磨,滑车)、临时拉线、制动杆根等均要使用临时锚固工具,它的材料一般有角钢、圆钢、钢管和圆木等,具有承重可靠、施工方便、便于拔出以及能重复使用等特点。常用的锚固工具有地锚、桩锚和钻式地锚等。

(1)地锚

地锚是输电线路野外施工最常用、最经济的锚固工具,用于施工作业时临时性锚固钢丝绳,也可作为永久地锚或地面钻孔用。使用时,将地锚埋入一定深度的地锚坑内,固定在地锚上的钢绞线或连接在地锚上的钢丝绳套同地面呈一定角度从马道引出,最后填土夯实。

(2)桩锚

桩锚是以角钢、圆钢、钢管或圆木以垂直或斜向(向受力反方向倾斜)打入土中,依靠土壤对桩体嵌固和稳定的作用而承受一定拉力。它的承载力比地锚小,但设置简便、省时省力,所以在输配电线路,尤其是配电线路施工中,得到广泛使用。为增加承载力,可采用单桩加埋横木或用多根桩加单根横木连接在一起。

（3）钻式地锚

钻式地锚也叫地钻,是适用于软土地带的锚固工具,其端部焊有螺旋形钢叶片,旋转钻杆时叶片进入土壤一定深度,靠叶片以上倒锥体土块的重力承受荷载。

8）压钳

压钳是线路施工中常用的工具,主要用于铜、铝导线的压接,根据工作原理可分为机械压钳和油压钳两种。

（1）机械压钳

机械压钳是导线、电缆冷压连接用的一种专用手动工具,适用于线路电缆终端和中间接头的安装,不受防爆、防火要求的限制。机械压钳的种类很多,特点是采用机械传动,所以压力传递稳定。只有当连接金具达到压坑深度时,压模才能复位,由于这一特性,可靠地保证了压接质量。机械压钳重量轻,压力大,操作方便,易于维护。

（2）油（液）压钳

油（液）压钳的作用与机械压钳相同,其主要是由油缸和手柄两大部分组成。同机械压钳相比,油压钳在开启回油阀后,压接模具能够自动返回,节省了压接模具的机械推出时间,而且压力更强。

9）验电器

验电器又称电压指示器,是用来检查导线和电力设备是否带电的工具。

高压验电器又称为高压测电器,主要类型有发光型高压验电器、声光型高压验电器以及高压电磁感应风车旋转验电器。发光型高压验电器由握柄、护环、紧固螺钉、氖管窗、氖管和金属探针（钩）等部分组成。

棒状伸缩型高压验电器的灵敏度高,不受阳光、噪声影响,白天、黑夜、户内、户外均可使用,抗干扰能力强,内设过压保护、温度自动补偿,具备全电路自检功能。

高压验电器用来检测高压架空线路、电缆线路和高压用电设备是否带电。

高压验电时，必须使用试验合格、在有效期内、符合该系统电压等级的验电器，并先在带电导体上试验，确认良好后方可进行。验电时应由两人进行，一人操作、一人监护，操作者应穿绝缘靴并戴绝缘手套，手握部分不得超过使用护环，人体要与带电体保持一定的安全距离（10kV、0.7m，35kV、1.0m）。遇有雷雨天气时，不宜验电。验电器应每半年进行一次预防性试验。

10)钢丝钳、尖嘴钳、断线钳和断线剪子

钢丝钳俗称钳子，也是电工常用工具之一，主要由钳头和钳柄组成，钳头由钳口、齿口、刀口和铡口组成。钳子的规格用钳子的长度来表示，有 150mm、175mm 和 200mm 三种。

钢丝钳用途很多，钳口用来弯绞或夹导线线头，齿口用来紧固或起松螺母，刀口用来剪切导线或剥削软导线绝缘层，铡口用来铡切电线线芯、钢丝或铅丝等较硬金属。

使用钢丝钳时，须检查钢丝钳的绝缘套是否良好，以防触电。使用时，不可用钳头代替锤子作敲打工具。带电操作时，手与钢丝钳的金属部分保持 2cm 以上的距离。根据不同的用途选用不同的钢丝钳。

尖嘴钳也是电工常用工具之一，主要由钳头（头部尖细）和钳柄组成，钳柄上套有耐压 500V 的绝缘套。带有刃口的尖嘴钳能剪切细小的金属丝。尖嘴钳能夹持较小螺钉、垫圈、导线等元件。在装接电气连接点时，尖嘴钳能将单股导线弯成一定圆弧的接线圈。

断线钳的头部"扁斜"，因此又叫斜口钳或剪线钳，钳柄有铁柄、管柄和绝缘柄三种形式，其耐压值为 1000V。断线钳是专供剪断较粗的金属丝、材料及电线电缆等使用的。

断线剪子是用来剪切大截面积导线的工具，手柄套有 500V 的绝缘套，常用的有 450mm、600mm 和 750mm 三种。它可以剪断较粗的金属丝、线材、电线和电缆等。

2. 架空线路施工验收规范

(1)导线在展放过程中，对已展放的导线应进行外观检查，不应发生磨伤、断股、扭曲、金钩、断头等现象。

(2)导线在同一处损伤，同时符合下列情况时，应将损伤处棱角与毛

刺用 0 号砂纸磨光,可不作补修:

①单股损伤深度小于直径的 1/2。

②钢芯铝绞线、钢芯铝合金绞线损伤截面积小于导电部分截面积的 5%,且强度损失小于 4%。

③单金属绞线损伤截面积小于 4%。

☞注 ....

a.“同一处”损伤截面积是指该损伤处在一个节距内的每股铝丝沿铝股损伤最严重处的深度换算出的截面积总和(下同)。

b.当单股损伤深度达到直径的 1/2 时按断股论。

....

(3)当导线在同一处损伤需进行修补时,应符合下列规定:

①损伤补修处理标准应符合表 7-2 的规定。

表 7-2　　　　　　　　　导线损伤补修处理标准

导线类别	损伤情况	处理方法
铝绞线	导线在同一处损伤程度已经超过规范(2),但因损伤导致强度损失不超过总拉断力的 5%	以缠绕或修补预绞丝的方法进行修理
铝合金绞线	导线在同一处损伤程度损失超过总拉断力的 5%,但不超过 17%	以补修管补修
钢芯铝绞线	导线在同一处损伤程度已经超过规范(2),但因损伤导致强度损失不超过总拉断力的 5%,且截面积损伤又不超过导电部分总截面积的 7%	以缠绕或修补预绞丝的方法进行修理
钢芯铝合金绞线	导线在同一处损伤的强度损失已超过总拉断力的 5% 但不足 17%,且截面积损伤也不超过导电部分总截面积的 25%	以补修管补修

②当采用缠绕处理时，应符合下列规定：

a.受损伤处的线股应处理平整。

b.应选与导线同金属的单股线为缠绕材料，其直径不应小于2mm。

c.缠绕中心应位于损伤最严重处，缠绕应紧密，受损伤部分应全部覆盖，其长度不应小于100mm。

③当采用补修预绞丝补修时，应符合下列规定：

a.受损伤处的线股应处理平整。

b.补修预绞丝长度不应小于3个节距，或应符合现行国家标准《电力金具》预绞丝中的规定。

c.补修预绞丝的中心应位于损伤最严重处，且与导线接触紧密，损伤处应全部覆盖。

④当采用补修管补修时，应符合下列规定：

a.损伤处的铝（铝合金）股线应先恢复其原绞制状态。

b.补修管的中心应位于损伤最严重处，需补修导线的范围应于管内各20mm处。

c.当采用液压施工时应符合国家现行标准《架空送电线路导线及避雷线液压施工工艺规程》的规定。

(4)导线在同一处损伤有下列情况之一者，应将损伤部分全部割去，重新以直线接续管连接：

①损失强度或损伤截面积超过规范(3)以补修管补修的规定。

②连续损伤其强度、截面积虽未超过规范(3)以补修管补修的规定，但损伤长度已超过补修管能补修的范围。

③钢芯铝绞线的钢芯断一股。

④导线出现灯笼的直径超过导线直径的1.5倍而又无法修复。

⑤金钩、破股已形成无法修复的永久变形。

(5)作为避雷线的钢绞线，其损伤处理标准，应符合表7-3的规定。

表 7-3　　　　　　　　　　　钢绞线损伤处理标准

钢绞线股数	以镀锌铁丝缠绕	以补修管补修	锯断重接
7	不允许	断 1 股	断 2 股
19	断 1 股	断 2 股	断 3 股

（6）不同金属、不同规格、不同绞制方向的导线严禁在挡距内连接。

（7）采用接续管连接的导线或避雷线，应符合现行国家标准《电力金具》的规定，连接后的握着力与原导线或避雷线的保证计算拉断力比，应符合下列规定：

①接续管不小于 95％。

②螺栓式耐张线夹不小于 90％。

（8）导线与连接管连接前应清除导线表面和连接管内壁的污垢，清除长度应为连接部分的 2 倍。连接部位的铝质接触面，应涂一层电力复合脂，用细钢丝刷清除表面氧化膜，保留涂料，进行压接。

（9）导线与接续管采用钳压连接，应符合下列规定：

①接续管型号与导线的规格应配套。

②压口数及压后尺寸应符合表 7-4 的规定。

③压口位置、操作顺序应按图 7-1 进行。

④钳压后导线端头露出长度，不应小于 20mm，导线端头绑线应保留。

⑤压接后的接续管弯曲度不应大于管长的 2％，有明显弯曲时应校直。

⑥压接后或校直后的接续管不应有裂纹。

⑦压接后接续管两端附近的导线不应有灯笼、抽筋等现象。

⑧压接后接续管两端出口处、合缝处及外露部分，应涂刷电力复合脂。

⑨压后尺寸的允许误差，铝绞线钳接管为 ±1.0mm，钢芯铝绞线钳接管为 ±0.5mm。

（10）导线或避雷线采用液压连接时，应符合国家现行标准《架空送电线路导线及避雷线液压施工工艺规程》中的有关规定。

表 7-4 钳压压口数及压后尺寸

导线型号		压口数	压后尺寸（mm）	钳压部位尺寸（mm）		
				a_1	a_2	a_3
铝绞线	LJ-16	6	10.5	28	20	34
	LJ-25	6	12.5	32	20	36
	LJ-35	6	14.0	36	25	43
	LJ-50	8	16.5	40	25	45
	LJ-70	8	19.5	44	28	50
	LJ-95	10	23.0	48	32	56
	LJ-120	10	26.0	52	33	59
	LJ-150	10	30.0	56	34	62
	LJ-185	10	33.5	60	35	65
钢芯铝绞线	LGJ-16/3	12	12.5	28	14	28
	LGJ-25/4	14	14.5	32	15	31
	LGJ-35/6	14	17.5	34	42.5	93.5
	LGJ-50/8	16	20.5	38	48.5	105.5
	LGJ-70/10	16	25.0	46	54.5	123.5
	LGJ-95/20	20	29.0	54	61.5	142.5
	LGJ-120/20	24	33.0	62	67.5	160.5
	LGJ-150/20	24	36.0	64	70	166
	LGJ-185/25	26	39.0	66	74.5	173.5
	LGJ-240/30	2×14	43.0	62	68.5	161.5

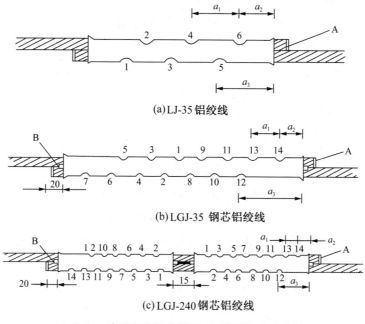

(a)LJ-35 铝绞线

(b)LGJ-35 钢芯铝绞线

(c)LGJ-240钢芯铝绞线

1,2,3,…表示压接操作顺序;A 为绑线;B 为垫片

图 7-1　钳压管连接图

(11)35kV 架空电力线路的导线或避雷线,当采用爆炸压接时,应符合国家现行标准《架空电力线路爆炸压接施工工艺规程》中的有关规定。

(12)10kV 及以下架空电力线路的导线,当采用缠绕方法连接时,连接部分的线股应缠绕良好,不应有断股、松股等缺陷。

(13)10kV 及以下架空电力线路在同一挡距内,同一根导线上的接头,不应超过 1 个。导线接头位置与导线固定处的距离应大于 0.5m,当有防震装置时,应在防震装置以外。

(14)35kV 架空电力线路在一个挡距内,同一根导线或避雷线上不应超过 1 个直线接续管及 3 个补修管。补修管之间、补修管与直线接续管之间及直线接续管(或补修管)与耐张线夹之间的距离不应小于 15m。

(15)35kV 架空电力线路观测弧垂时应实测导线或避雷线周围空气的温度;弧垂观测挡的选择,应符合下列规定:

①当紧线段在 5 挡及以下时,靠近中间选择 1 挡。

②当紧线段在 6~12 挡时,靠近两端各选择 1 挡。

③当紧线段在 12 挡以上时,靠近两端及中间各选择 1 挡。

(16)35kV 架空电力线路的紧线弧垂应在挂线后随即检查,弧垂误差不应超过设计弧垂的＋5％、－2.5％,且正误差最大值不应超过 500mm。

(17)10kV 及以下架空电力线路的导线紧好后,弧垂的误差不应超过设计弧垂的±5％。同挡内各相导线弧垂应一致,水平排列的导线弧垂相差不应大于 50mm。

(18)35kV 架空电力线路导线或避雷线各相间的弧垂应一致,在满足弧垂允许误差规定时,各相间弧垂的相对误差,不应超过 200mm。

(19)导线或避雷线紧好后,线上不应有树枝等杂物。

(20)导线的固定应牢固、可靠,且应符合下列规定:

①直线转角杆:对针式绝缘子,导线应固定在转角外侧的槽内;对瓷横担绝缘子导线应固定在第一裙内。

②直线跨越杆:导线应双固定,导线本体不应在固定处出现角度。

③裸铝导线在绝缘子或线夹上固定应缠绕铝包带,缠绕长度应超出接触部分 30mm。铝包带的缠绕方向应与外层线股的绞制方向一致。

(21)10kV 及以下架空电力线路的裸铝导线在蝶式绝缘子上作耐张且采用绑扎方式固定时,绑扎长度应符合表 7-5 的规定。

表 7-5 绑扎长度值

导线截面(mm²)	绑扎长度(mm)
LJ-50、LGJ-50 及以下	≥150
LJ-70	≥200

(22)35kV 架空电力线路采用悬垂线夹时,绝缘子应垂直地平面。特殊情况下,其在顺线路方向与垂直位置的倾斜角,不应超过 5°。

(23)35kV 架空电力线路的导线或避雷线安装的防震锤,应与地平面垂直,其安装距离的误差不应超过±30mm。

(24)10~35kV 架空电力线路当采用并沟线夹连接引流线时,线夹数量不应少于 2 个。连接面应平整、光洁。导线及并沟线夹槽内应清除氧化膜,涂电力复合脂。

（25）10kV 及以下架空电力线路的引流线（跨接线或弓子线）之间、引流线与主干线之间的连接应符合下列规定：

①不同金属导线的连接应有可靠的过渡金具。

②同金属导线，当采用绑扎连接时，绑扎长度应符合表 7-6 的规定。

表 7-6　　　　　　　　　　　　绑扎长度值

导线截面（mm²）	绑扎长度（mm）
35 及以下	≥150
50	≥200
70	≥250

③绑扎连接应接触紧密、均匀、无硬弯，引流线应呈均匀弧度。

④当不同截面导线连接时，其绑扎长度应以小截面导线为准。

（26）绑扎用的绑线，应选用与导线同金属的单股线，其直径不应小于 2.0mm。

（27）1～10kV 线路每相引流线、引下线与邻相的引流线、引下线或导线之间，安装后的净空距离不应小于 300mm；1kV 以下电力线路，不应小于 150mm。

（28）线路的导线与拉线、电杆或构架之间安装后的净空距离，35kV 时，不应小于 600mm；1～10kV 时，不应小于 200mm；1kV 以下时，不应小于 100mm。

（29）1kV 以下电力线路当采用绝缘线架设时，应符合下列规定：

①展放中不应损伤导线的绝缘层和出现扭、弯等现象。

②导线固定应牢固可靠，当采用蝶式绝缘子作耐张且用绑扎方式固定时，绑扎长度应符合规范（21）的规定。

③接头应符合有关规定，破口处应进行绝缘处理。

（30）沿墙架设的 1kV 以下电力线路，当采用绝缘线时，除应满足设计要求外，还应符合下列规定：

①支持物牢固可靠。

②接头符合有关规定，破口处缠绕绝缘带。

③中性线在支架上的位置,设计无要求时,安装在靠墙侧。

(31)导线架设后,导线对地及交叉跨越距离,应符合设计要求。

3. 导线接续连接专业知识

导线放完后,导线的断头都要连接起来。若断头在跳线处,可用线夹进行接续,若断头在其他位置,可用钳压接等方法接续。导线的接续质量直接影响导线的机械强度和导电质量,切不可粗心大意。

1)导线接续的一般要求

(1)导线的连接要求

①不同金属、不同规格、不同绞向的导线严禁在一个挡距内连接。

②在一个挡距内,每根导线不应超过一个接头,接头距导线的固定点不应小于 0.5m。

(2)导线的接头要求

①钢芯铝绞线、铝绞线在挡距内的接头宜采用钳压或爆压(采用爆压连接,须注意接头处不能有断股)。

②铜绞线与铝绞线连接时,宜采用铜铝过渡线夹、铜铝过渡线。

③铝绞线、铜绞线的跳线连接宜采用钳压、线夹连接或搭接。

④对于独股铜导线和多股铜绞线还可以采用缠绕法(又称缠接法),拉线也可以采用这种方法。

导线连接时,其接头处的机械强度不应低于原导线强度的 95%;接头处的电阻不应超过同长度导线电阻的 1.2 倍。

导线连接的质量好坏,直接影响导线的机械强度和电气性能,所以必须严格按照连接方法,认真仔细做好接头。

2)导线的接续方法

导线的接续方法有钳压接法、单股线绑接法、多股线交叉缠绕法等。

(1)钳压接法

以压接 LGJ 为例,具体步骤如下:

①准备。准备工作为:

a.根据导线的规格选相应的接续管,不要加填料。

b.将准备连接的两个线头用绑线扎紧再锯齐。

c.将导线连接部分表面和连接管内壁用汽油清洗干净,清洗导线长度等于连接长度的 1.25 倍。

d.清除连接部分导线表面和连接管内壁的氧化膜和油污,并涂上导电膏或中性凡士林。

e.将连接导线分别从接续管两端穿人,使导线端露出管口 20～30mm,并用绑扎线将端头扎紧,以防松散;若为钢芯铝绞线,两导线间还要夹垫铝垫片。

f.根据导线规格(截面)选用相应的模具装于压接钳上,调整压接钳上支点螺钉,使适合于压接深度。

②压接。压接要按顺序进行:

将导线连接处置于压接钳钳口内进行压接,要使钳压管端头的压坑恰在导线端部那一侧。压接顺序一般由一端起,两侧交错进行,但钢芯铝绞线则要由中间压起。依次上下交错地压向一端,然后再压向另一端。压口位置、操作顺序应按图 7-2 所示进行。

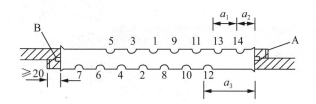

图 7-2 压口位置操作顺序

③检查。检查内容分别为:

a.压接后管身应平直,否则应予以校直。

b.钳压管压后不得有裂纹,否则锯掉重做。

c.钳压管两端处的导线不应有灯笼、抽筋等现象。

d.钳压管两端涂刷电力复合脂、导电膏或中性凡士林。

e.导线连接处要测直流电阻值,不应大于同长度导线的阻值。

(2)爆炸压接法

爆炸压接的原理是利用炸药爆炸瞬间产生的高温高压气体,使压接管产生塑性变形,从而把导线牢固地连接起来。此种方法一般用在丘陵山区、交通不便之处。在爆炸压接时,特别需要注意炸药的配置,不能使导线发生断股、折裂,一定要认真检查连接质量。

(3)单股线绑接法

单股线的缠绕法(又称绑接法)适用于单股直径 2.6～5.0mm 的裸铜线。缠绕前先把两线头拉直,除去表面铜锈,用一根比连接部位长的裸铜绑线(又称辅助线)衬在两根导线的连接部位,用另一根铜绑线,将需要连接的导线部位紧密地缠绕。缠绕后,将绑线两端与底衬绑线两端分别绞合拧紧,再将连接导线的两端反压在缠绕圈上即可,如图 7-3 所示。

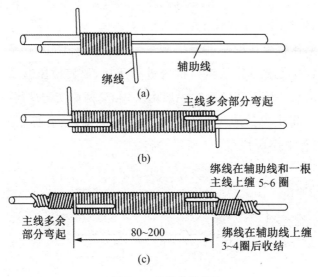

图 7-3 单股线绑接法

具体步骤如下:

①将两线接头处拉直,除去表面铜锈。

②在两线间填充辅助线,用与导线相同材料的单股绑线从距左侧线头 30mm 左右的地方进行紧密绑绕(绑绕线长80～200mm)。

③将主线两端多余的 30mm 部分弯起,压在绑线上,将绑线在辅助线和主线上绑绕 5～6 圈。

④将绑线在辅助线上缠绕 3～4 圈后收结。

另一端采用同样方法进行绑绕。

(4)多股线交叉缠绕法

多股线交叉缠绕法适用于多股 35mm 及以下的裸铝线或裸铜线的接续,如图 7-4 所示。

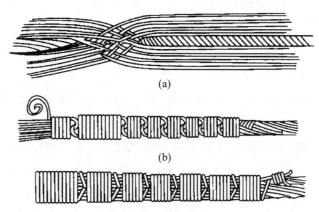

(a)

(b)

图 7-4　多股线交叉缠绕法

具体步骤如下：

①按规定量好接头长度，将接头拆开，砂光拉直，做成伞骨架的形状（另一端同样处理）。

②将两接头的多股导线相互交叉插到一起，然后束合到一块。

③中间一段用同质绑线缠紧 50mm，将所有股线捋包在导线周围，拿起用本身一股线缠绕。

④缠绕剩余线头和下一股线交叉后，作为被裹的线压在下边，再用本身一股线缠绕，直至将股线全部缠完。

⑤最后一段缠完后与压在里面的线头拧绞成小辫，多余的剪掉。

(5)铜、铝导线的连接

铜、铝导线直接连接，在外因作用下，会形成电池效应，产生电化腐蚀，致使连接处接触不良，接触电阻增大；在运行中发热，加速电化腐蚀，直至断线，引发事故。因此，铜、铝导线不要直接连接，而要通过"铜铝过渡接头"进行连接。这种接头是用闪光焊或摩擦焊等方法焊成的一半是铜、一半是铝的连接板或连接管，使用时铜导线接头接铜质端，铝导线接头接铝质端。

4. 钢芯铝绞线插接法的工艺要求

(1)按要求选择工具和材料，做好施工前的准备工作和施工安全措施。

(2)清理导线，去除氧化层，剪去多余钢芯。

(3)取 400~500mm 长度,分成伞状(六铝芯,伞状打开不能超过30°),将钢芯从分开位起量取 120mm 剪断,不能松散。

(4)把单根伞状成15°角芯线头隔根对叉,伞状根部理顺贴紧,并捏平交叉部芯线,用木槌整理。

(5)取截面 2.6~3.0mm 单芯线(长 1200mm)对折,自插接中心分向两侧各缠绕 25mm 后顺线折成90°贴肤主线并留 20mm,余线剪去。

(6)取步骤(5)中贴肤线前侧的主线单根芯线按导线绞向缠绕。

(7)每股主线线芯缠绕 6~7 圈后,将余下的芯线顺线折 90°,留 20mm,余线剪去。在把下面第二根芯线扳直,也按前一根绕向紧紧压住前一根扳直的芯线缠绕。第三、四、五根芯线依此类推,第五根缠绕 6~7 圈后,与第六根芯线拧成小辫收尾(3~5 扣),余线剪去。

(8)用同样的方法再缠绕另一边芯线,缠绕方法正确、紧密、圆滑,圈数符合要求。

(9)涂凡士林。

(10)剪断成根导线、钢芯线用剪钳,剪断、打节纯铝线用钢丝钳,其余操作不能用钢丝钳,以免伤及导线。

(二)钢芯铝绞线插接法连接步骤

钢芯铝绞线插接法连接的工作流程如图 7-5 所示。

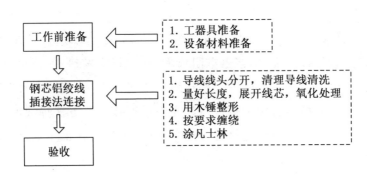

图 7-5　流程图

六、技能培训步骤

(一)准备工作

1. 工作现场准备

(1)场地准备:必备 8 个工位,可以同时进行作业。

(2)功能准备:布置现场工作间距不小于 3m,各工位之间用遮栏隔离、警示牌隔开,场地清洁,无干扰。

2. 工器具及使用材料准备

对进场的工器具进行检查,确保能够正常使用,并整齐摆放于工具车上。工器具要求质量合格,安全可靠,数量满足需要。

3. 安全措施及风险点分析

安全措施及风险点分析如表 7-7 所示。

表 7-7　　　　　　　　安全措施及风险点分析

序号	危险点	原因分析	控制措施和方法
1	机械伤人	1.未正确使用劳动防护用品 2.绑线时线头伤人 3.使用木槌时木槌伤人	1.工作全程正确使用劳动防护用品,严禁随意移动、跨越现场设置的工器具 2.工作时,正确使用工器具,操作人员与辅助人员保持一定的安全距离,保证线头长度在规定的长度范围内 3.使用前检查木槌,槌头安装要牢固,使用木槌时不准戴线手套,槌头方向不准对着人体

(二)操作步骤

1. 工作前的准备

正确着装,穿工作服、绝缘鞋,戴安全帽、线手套,并汇报"X 号工位准备完毕",如图 7-6 所示。

☞ **注**

未穿工作服、绝缘鞋,未戴安全帽、线手套,每缺少一项扣 2 分;着装穿戴不规范,每处扣 1 分。

图 7-6　正确着装

2. 选择工器具及材料

对工器具进行检查,如图 7-7 至图 7-9 所示。正确选择工器具及材料,工器具准备齐全,外观检查合格,熟悉现场布置情况。要求工器具使用规范,不得出现工器具掉落现象。

☞ **注**

工器具应齐全,缺少或不符合要求,每件扣 1 分;工器具未检查,检查项目不全,方法不规范,每件扣 1 分;备料不充分扣 5 分;工器具使用不当,每次扣 1 分;工器具掉落,每次扣 1 分。

图 7-7　检查断线钳

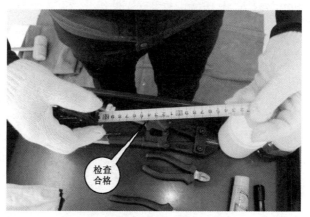

图 7-8　检查米尺

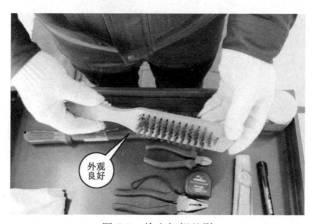

图 7-9　检查细钢丝刷

3. 线头处理

（1）取 400～500mm 长度，用 20♯镀锌铁丝缠绕 2～3 圈固定，分成伞状（六铝芯，伞状打开不能超过 30°），钢芯线从分开位置起向端头量取 120mm，用断线钳剪断，伞状根部牢固不能松散。

使用米尺量取长度为 800mm 的导线，并用记号笔做好标记，使用断线钳在标记处进行裁剪，如图 7-10 和图 7-11 所示。

☞注

铝线分离长度为 400～500mm，每超出范围 10mm 扣 2 分；钢芯线裁剪长度为 120mm，每超出 10mm 扣 2 分；损伤导线，每处扣 2 分；导线分芯时，伞根部芯线未绞紧，松散，每处扣 2 分；伞根未绑扎，扣 4 分；伞状打开超过 30°，每根芯线扣 1 分。

图 7-10　正确量取钢芯铝绞线

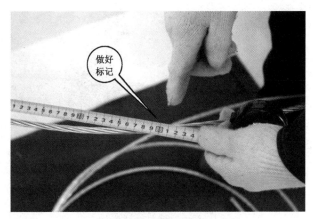

图 7-11　做好标记

　　使用断线钳在标记处进行裁剪时,应双手握紧断线钳手柄处。剪出第一段导线后,以此为基准比量出第二段导线的位置,正确使用断线钳进行裁剪,如图 7-12 所示。

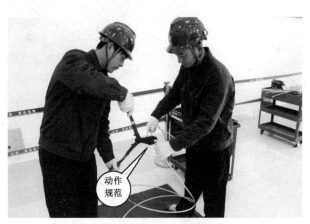

图 7-12　裁剪动作规范

　　使用尖嘴钳裁剪出长度为 120mm 的 20♯镀锌铁丝 2 根,如图 7-13所示。

图 7-13　裁剪镀锌铁丝

对两段导线进行处理,使其笔直,不得出现弧度,如图 7-14 所示。

图 7-14　捋直钢芯铝绞线

在已裁剪出的两段导线上,使用米尺量测出 400～500mm 的距离,并使用记号笔做好标记,如图 7-15 和图 7-16 所示。

图 7-15　正确量取钢芯铝绞线

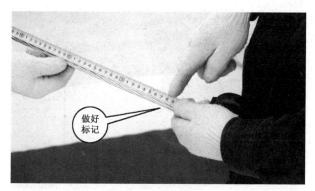

图 7-16　做好标记

在做好标记的导线处,用裁剪好的 20♯镀锌铁丝缠绕 2～3 圈,如图 7-17 所示。

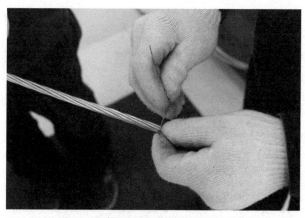

图 7-17　使用 20♯镀锌铁丝缠绕导线

使用老虎钳对镀锌铁丝进行收紧处理,如图 7-18 所示。

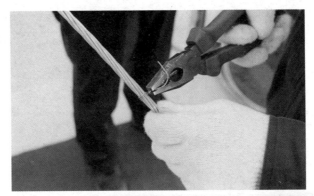

图 7-18　对镀锌铁丝进行收紧

　　对导线的六根铝线分别进行拆分，拆分至镀锌铁丝收紧处，单根导线分离角度为 15°，要求动作规范，不得出现不安全行为，如图 7-19 和图 7-20所示。

图 7-19　对导线进行拆分

图 7-20　单根导线分离角度为 15°

对六根铝线分别进行拆解后，从镀锌铁丝收紧处使用米尺量测出120mm 的距离，并使用记号笔做好标记，如图 7-21 所示。

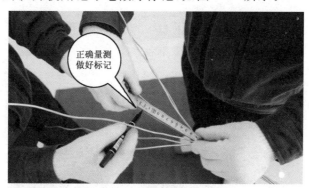

图 7-21　正确量测做好标记

正确使用断线钳对标记处钢芯线进行裁剪，不得出现不安全行为，不得出现工器具掉落的情况，如图 7-22 所示。

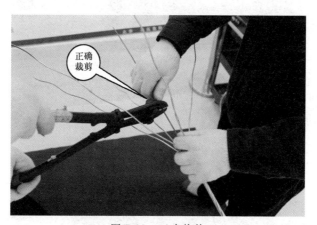

图 7-22　正确裁剪

（2）清理导线，去除氧化层。用细钢丝刷从伞根部向线头单向擦磨，每根铝线不低于两次；再用砂纸从伞根部向线头单向擦磨，每根铝线不低于两次；随后用清洁布擦去导线上的氧化层碎屑，并用棉纱团蘸汽油分别对每股导线进行清洗、晾干。

☞注

没用清洁布擦除碎屑，扣 2 分；没用汽油清洗晾干，扣 2 分；每根线芯未用细钢丝刷、砂纸单向擦磨或擦磨低于两次，扣 2 分。

使用细钢丝刷从伞根部向线头单向擦磨，每根铝线不低于两次，如图 7-23 所示。

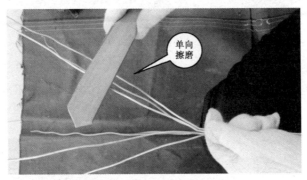

图 7-23　细钢丝刷单向擦磨

使用砂纸从伞根部向线头单向擦磨，每根铝线不低于两次，如图 7-24 和图 7-25 所示。

图 7-24　单向擦磨

图 7-25　擦磨完整充分

使用清洁布擦去导线上的氧化层碎屑,擦拭范围要完整、充分,如图 7-26 所示。

图 7-26　清除氧化层碎屑

用棉纱团蘸汽油分别对每股导线进行清洗、晾干,如图7-27和图 7-28 所示。

图 7-27　用棉纱团蘸汽油

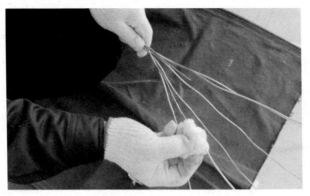

图 7-28　清洗和晾干

4. 钢芯铝绞线插接法连接

（1）把单根伞状成 15°角，去除缠绕的 20♯镀锌铁丝，芯线头隔根对叉，伞状根部理顺贴紧，捏平交叉部芯线，并用木槌整理。

☞注
......

伞状芯线未分隔对插，每处扣 2 分。

......

将两根处理好的导线段伞状部分进行交叉，要求每根铝线都互相间隔分布，如图 7-29 所示。

图 7-29　隔根对插

将每根导线剩余的 12cm 钢芯线分别交叉平行对齐，如图 7-30 所示。

图 7-30　平行对齐

将打开的伞状部分进行收紧,如图 7-31 所示。

图 7-31　收紧伞状部分

使用断线钳将两根导线处缠紧的镀锌铁丝剪断,如图 7-32 所示。

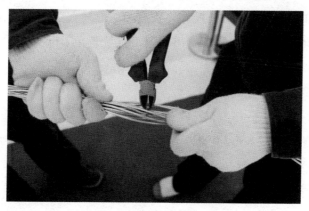

图 7-32　剪断镀锌铁丝

　　将剪断的镀锌铁丝拉出，使得铝线之间不存在异物，并将铝线用木槌锤紧，减少缝隙，如图 7-33 和图 7-34 所示。

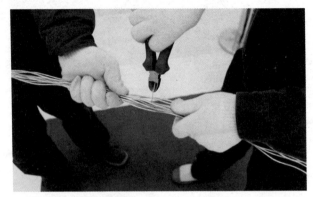

图 7-33　拉出镀锌铁丝

摘下线手套

图 7-34　木槌锤紧

　　(2)将任一根芯线折成 90°，按导线绞向缠绕 6～7 圈后，余下的芯线顺主线折 90°，再把下面第二根芯线折成 90°，顺导线绞向紧紧压住前一根折直的芯线缠绕 6～7 圈。不得出现返工重绕现象。

☞注

　　缠绕不紧密、不圆滑，每处扣 1 分；缠绕的圈数不符合要求（6～7 圈），每处扣 3 分；绑扎、组数不符合要求，每少一组扣 5 分；缠绕方向错误，每组扣 5 分；出现返工重绕，每次扣 5 分；未用木槌整理扣 3 分；使用木槌时戴手套扣 3 分。

　　将互相交叉的任意两根铝线在交叉点根部进行弯折，要求弯折点尽量靠近根部，使得铝线压紧密实，如图 7-35 所示。

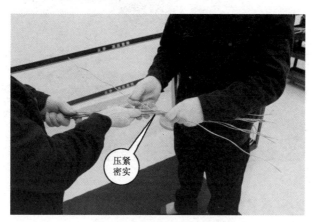

图 7-35　铝线间压紧密实

　　弯折角度为 90°，使得整体呈十字排列，如图 7-36 所示。

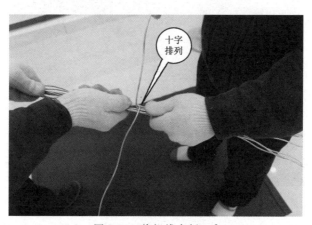

图 7-36　将铝线弯折 90°

　　沿导线绞向对弯折铝线进行缠绕，要求缠绕紧密，线圈之间不得出现缝隙，如图 7-37 所示。

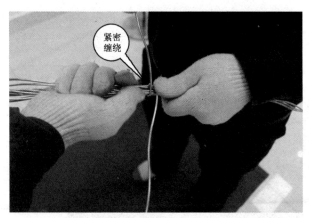

图 7-37　紧密缠绕

缠绕 6 圈后，将紧靠的下一根铝线在交叉处进行弯折，要求弯折处尽量靠近导线，使得导线压接紧密，如图 7-38 所示。

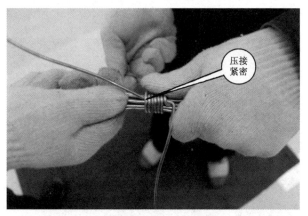

图 7-38　弯折下一根铝线

将缠绕完成后的铝线沿导线方向进行压实，弯折过程不得出现死弯，如图 7-39 和图 7-40 所示。

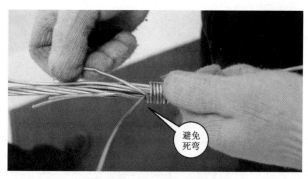

图 7-39　沿导线方向压实

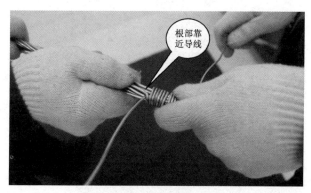

图 7-40　弯折根部靠近导线

将弯折好的下一根铝线用同样方法进行缠绕,如图 7-41 所示。

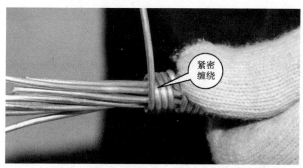

图 7-41　紧密缠绕下一段导线

(3)第三、四、五、六根芯线依此类推进行缠绕,第六根缠绕 6~7 圈后,用钢丝钳与任意一根芯线头拧 3~4 转,余线和剩余芯线一并用钢丝钳剪去,并顺导线方向压平。

☞注

多余的芯线头未处理，处理不规范，每根芯线扣 1 分；绑线线端未钳平，每处扣 2 分；收尾未拧紧，少于 3 转，扣 3 分；收尾未剪断压平，每处扣 2 分。

使用钢丝钳将多余铝线进行裁剪，要求动作规范，不出现不安全行为，如图 7-42 和图 7-43 所示。

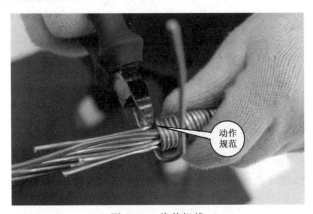

图 7-42　裁剪铝线

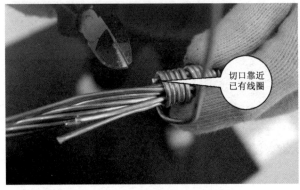

图 7-43　切口靠近已有线圈

继续对铝线进行缠绕，使得铝线将裁剪的铝线头进行覆盖，如图 7-44 所示。

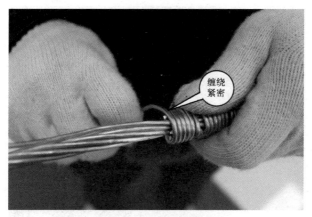

图 7-44 紧密缠绕

缠绕六圈完成之后,将线头与最后一根剩余铝线进行互绕,要求互绕至少 6 个小结,共3 圈,要求两线均匀受力,如图 7-45 所示。

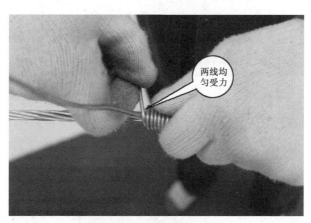

图 7-45 两线均匀受力

使用钢丝钳对拧紧线头进行收紧,动作规范,不等出现不安全行为。如图 7-46 所示。

使用钢丝钳对铝线进行裁剪,要求剩余部分至少留有 6 个小结,共3 圈,且不得出现铝线损伤,如图 7-47 所示。

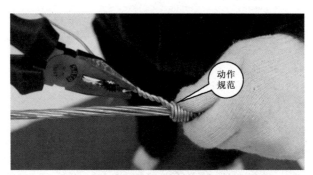

图 7-46　收紧线头

图 7-47　裁剪线头

将剪切完成之后的收尾沿导线方向进行压平，完成之后如图 7-48 所示。

图 7-48　沿导线方向压平线头

（4）用同样的方法再缠绕另一边芯线，缠绕方法正确、紧密、圆滑，圈数、组数符合要求，如图 7-49 所示。

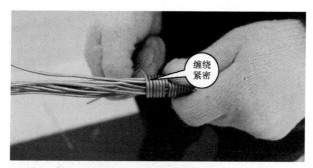

图 7-49　缠绕紧密

结尾时可以先使用手指进行收尾,要确保两根铝线均匀受力,如图 7-50 所示。

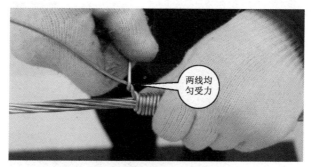

图 7-50　两线均匀受力

导线缠绕完成,如图 7-51 所示。

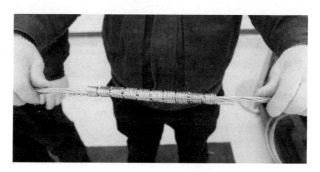

图 7-51　缠绕完成

5. 涂电力复合脂油

在接头缠绕处均匀地涂抹电力复合脂油。涂抹时,从线头的中间分别向两端进行,如图 7-52 和图 7-53 所示。

☞ 注

涂电力复合脂不均匀扣 1 分；涂抹不规范扣 1 分；没有涂电力复合脂扣 5 分。

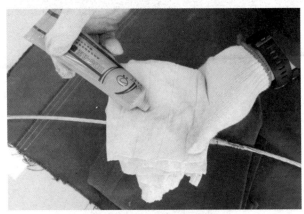

图 7-52　挤出电力复合脂油

均匀
涂抹

图 7-53　均匀涂抹电力复合脂油

6. 检查验收

（1）操作方法、步骤必须正确，每道工序后均应检查、修正。

（2）缠绕必须紧密、整齐。

（3）各股接茬应在导线的同一平面上。

（4）当剪断成根导线、钢芯线时用断线钳，纯铝线剪断、打节用钢丝钳，其余操作不能用钢丝钳，以免伤及导线。

（三）工作结束

清理工作现场，将现场所有工器具放回原位，摆放整齐。要求工作过程中不得出现不安全行为，不得损坏设备和工器具。报告"工作结束"。

☞注

出现不安全行为，每次扣 5 分；作业完毕，现场未清理扣 5 分，清理恢复不彻底扣 2 分；损坏工器具，每件扣 3 分。

工作完成之后对工作现场进行清理并对所有工器具进行复位，将线头等垃圾放入垃圾桶，恢复现场，如图 7-54 所示。

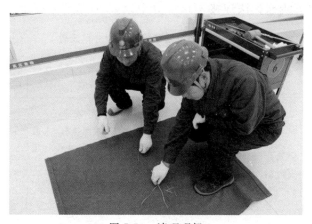

图 7-54　清理现场

现场清理结束以后，报告"工作结束"，如图 7-55 所示。

图 7-55　工作结束

七、技能等级认证标准

钢芯铝绞线插接法连接考核评分记录表，如表 7-8 所示。

表 7-8　　　　　钢芯铝绞线插接法连接考核评分记录表

姓名：　　　　　准考证号：　　　　单位：　　　　时间要求：30min

序号	项目	考核要点	配分	评分标准	得分	扣分	备注
1				工作准备			
1.1	着装穿戴	穿工作服、绝缘鞋，戴安全帽、线手套	5	1.未穿工作服、绝缘鞋，未戴安全帽、线手套，每缺少一项扣 2 分 2.着装穿戴不规范，每处扣 1 分			
1.2	备料及检查工器具	选择材料及工器具，准备齐全，符合使用要求	10	1.工器具齐全，缺少或不符合要求，每件扣 1 分 2.工器具未检查，检查项目不全，方法不规范，每件扣 1 分 3.工器具不符合要求，每件扣 1 分 4.备料不充分扣 5 分			

续表

序号	项目	考核要点	配分	评分标准	得分	扣分	备注
2				工作过程			
2.1	工器具使用	工器具使用恰当,不得掉落	5	1.工器具使用不当,每次扣1分 2.工器具掉落,每次扣1分			
2.2	导线分离、清除氧化层	导线分离及拉直长度符合要求,钢芯线裁剪准确,氧化层处理规范	10	1.铝线分离长度为400～500mm,每超出范围10mm扣2分 2.钢芯线裁剪长度为120mm,每超出10mm扣2分 3.损伤导线每处扣2分 4.每线芯用细钢丝刷、砂纸单向擦磨低于两次扣2分 5.线芯没用清洁布擦除碎屑扣2分 6.线芯没用汽油清洗晾干,每处扣2分			
2.3	导线分芯伞骨状	伞根芯线紧密,伞根绑扎,芯线开伞角度适宜	10	1.导线分芯时,伞根部芯线未绞紧、松散,每处扣2分 2.伞根未绑扎,每处扣2分 3.伞状打开超过30°,每根芯线扣1分			
2.4	导线对叉、分芯缠绕	插接芯线时要间隔交叉并敷实,导线缠绕紧密、圆滑,圈、匝数、组数(12组)符合要求,顺导线绞向缠绕	25	1.伞状芯线未分隔对插每处扣2分 2.未用木槌整理扣3分 3.使用木槌时未戴手套扣3分 4.缠绕不紧密、不圆滑,每处扣1分 5.缠绕的圈数不符合要求(6～7圈),每处扣3分 6.绑扎、组数不符合要求,每少一组扣5分 7.缠绕方向错误扣10分 8出现返工重绕,每次扣5分			

续表

序号	项目	考核要点	配分	评分标准	得分	扣分	备注
2.5	导线芯线处理	绑线、芯线端头叠压自然,端头处理正确	20	1.多余的芯线头未处理、处理不规范,每根芯线扣1分 2.绑线线端未钳平,每处扣2分 3.收尾未拧紧、少于3转扣3分 4.收尾未剪断压平,每处扣2分	·		
2.6	涂电力复合脂	在缠绕处涂电力复合脂	5	1.涂电力复合脂不均匀扣2分 2.涂抹不规范扣2分 3.没有涂电力复合脂扣5分			
3	工作终结验收						
3.1	安全文明生产	汇报结束前,所选工器具放回原位,摆放整齐,无损坏元件、工具,恢复现场,无不安全行为	10	1.出现不安全行为,每次扣5分 2.作业完毕,现场未清理扣5分,清理恢复不彻底扣2分 3.损坏工器具,每件扣3分			
合计得分							

否定项说明:1.违反《国家电网公司电力安全工作规程(配电部分)》;2.违反职业技能鉴定考场纪律;3.造成设备重大损坏;4.发生人身伤害事故。

考评员：　　　　　　　　　　　　　　　　　　　　　年　　　月　　　日